SAIPAN
사이판

김정원 지음

시공사

Contents

4 저자의 말
5 저스트고 이렇게 보세요
6 사이판 여행 전 알아둘 기본 정보
8 북마리아나 제도의 역사 바로 알기

베스트 오브 사이판

12 사이판 추천 여행 일정
18 사이판에서 꼭 해야 할 것
22 사이판에서 꼭 먹어야 할 것
24 사이판에서 꼭 사야 할 것
26 축제
28 야생화
30 차모로 음식
32 열대 과일
34 노니
36 재래시장
38 전망대
40 다이내믹 쇼쇼쇼
42 채플 웨딩
44 스파 · 마사지
48 골프 코스
52 카지노
54 바다로 향하는 트레킹
56 마나가하 아일랜드 완전 정복
58 스쿠버 다이빙
64 옵션 투어
74 알아두면 도움 되는 사이판 깨알 정보
78 전쟁의 아픈 흔적

사이판 Saipan

90 사이판 가는 법
91 공항에서 시내로 가기
92 사이판 교통수단

사이판 관광 명소

96 사이판 중서부
101 사이판 중동부
106 사이판 북부
110 사이판 남부

사이판 맛집

114 스테이크
118 버거 · 피자 · 파스타
121 뷔페 레스토랑
124 퓨전 · 로컬 요리
129 태국 · 필리핀 · 베트남 · 네팔 요리
132 한국 요리
137 일본 요리
140 중국 요리
142 바 · 라운지
147 아이스크림
148 카페 · 디저트 · 베이커리
152 패스트푸드

사이판 쇼핑

154 명품 브랜드
156 기념품
158 부티크 · 전문 상점
161 타운 하우스 쇼핑센터
162 슈퍼마켓

사이판 숙소

164 사이판 중서부
174 사이판 중동부
176 사이판 북부
180 사이판 남부

티니안 Tinian

195 티니안 들어가기 · 시내 교통
196 티니안 관광 명소
204 티니안의 옵션 투어
208 티니안 맛집
211 티니안 기념품, 뭘 사면 좋을까?
212 티니안 숙소

로타 Rota

221 로타 들어가기 · 시내 교통
222 로타 관광 명소
230 로타의 옵션 투어
233 로타 쇼핑
234 로타 맛집
237 로타에서 놓치지 말아야 할 맛!
238 로타 숙소

여행 준비하기

242 여행 계획 세우기
245 여권과 비자
248 비자 면제 신청서 작성 방법
249 증명서와 여행자 보험
250 환전과 여행 경비
251 여행 가방 꾸리기
252 은행 · 전화 · 우편
255 렌터카 정보
257 사고 예방과 대응법
258 쇼핑 정보
259 세관 신고
260 출국 수속
261 여행 회화

266 INDEX

저자의 말

처음《저스트고 사이판》을 담당했을 때 주변 반응은 대부분 '별것 없겠다'는 식이었다. 크기도 작거니와 취재할 식당이나 상점, 호텔도 그리 많지 않을 것이라는 추측에서였다. 하지만 보면 볼수록, 알면 알수록, 즐기면 즐길수록 북마리아나 제도의 재미와 매력은 차고 넘친다. 고작 3박 5일, 4박 6일 일정에 다 담을 수 없을 만큼 말이다. 멋진 자연 경관, 신나는 액티비티, 맛있는 음식이 넘쳐나는 사이판과 자연 그대로의 아름다움이 남아 있는 티니안과 로타. 어느 곳 하나 놓칠 수 없다. 꼬박 1년을 취재해 2016년 4월《저스트고 사이판 · 티니안 · 로타》를 발행했고, 시간이 날 때마다 북마리아나 제도를 방문해 여행 정보를 업데이트했다. 그런데 2019년 9월《저스트고 사이판》개정판이 나온 지 얼마 되지 않아 코로나19 팬데믹 탓에 하늘길이 막혀 버렸다. 태풍과는 또 다른 위기였다. 관광 수입 의존도가 큰 이곳에서 경제적 손실은 당연한 일. 결국 버티지 못하고 문을 닫은 식당과 상점, 호텔이 부지기수다. 4년이라는 시간을 뛰어 넘어 다시 개정판을 준비하면서 솔직히 설렘보다 두려운 마음이 컸다. 하지만 사이판은 역시 사이판이다. 힘든 시간을 버티며 섬을 지켜온 사람들은 또 다른 희망을 품고 앞으로 나아가고 있었다. 처음부터 다시 시작하는 마음으로 사이판과 티니안, 로타를 방문해 새로운 여행 정보를 수집했다. 이 책은 자유로운 일정으로 여행을 즐기려는 사람들을 위해 만들었으며, 모든 정보는 2015년부터 2023년 7월까지 수시로 사이판과 티니안, 로타 등 북마리아나 제도를 여행한 기록을 바탕으로 했다. 여행에는 정답이 없다. 여행의 즐거움은 스스로 찾아가는 것.《저스트고 사이판》이 여행자에게 쉽고 빠른 선택을 할 수 있도록 조금이나마 도움이 되었으면 하는 바람이다.

Special Thanks to 2015년부터 2023년까지 무려 8년 동안 변함없이 취재에 큰 도움을 준 사이판 굿투어 장문수 소장님, 스카이투어 박은주 과장님, 사이판 어드벤쳐 수장 미키와 크루들, 그리고 깨알 고급 정보만 쏙쏙 알려주는 SB, 모두 진심으로 감사합니다.

글·사진 김정원

영화에 흠뻑 빠져 영화인이 되겠다는 포부를 가졌으나 대한민국에서 영화 스태프 생활로는 삼시 세끼는커녕 한 끼도 제대로 챙겨 먹기 힘들다는 결론을 내리고 일찌감치 영화 관련 잡지 기자로 눈을 돌렸다. 이후 패션, 뷰티, 디자인, 웨딩, CEO 등 다양한 분야의 매거진 기자로 활동하며 영화보다 더 재미있는 세상과 마주했고, 돈이 모일 때마다 주저 없이 여행을 떠나 달콤한 휴식을 즐겼다. 현재 프리랜서 기자와 여행 작가로 활동 중이며, 저서로《대한민국 커플 여행 바이블》,《부산 가자》,《한국인이 사랑하는 오래된 한식당》,《여자 여행 백서》등이 있다.

저스트고 이렇게 보세요

이 책에 실린 모든 정보는 2023년 7월까지 수집한 정보를 기준으로 했으며, 이후 바뀔 가능성이 있습니다. 특히 교통편의 운행 일정과 요금, 관광 명소와 상업 시설의 개방 시간 및 입장료, 물가 등은 수시로 바뀌므로 여행 계획을 세우기 위한 가이드로 활용하고, 여행 전 홈페이지를 통해 검색하거나 현지에서 다시 한 번 확인하시길 바랍니다. 바뀐 정보가 있을 경우 편집부로 연락 주시면 적극 반영하겠습니다.

이메일 justgo@sigongsa.com

- 이 책에서 소개하는 지명이나 상점 이름 등에 표시된 영어 발음은 국립국어원의 외래어 표기법을 최대한 따랐습니다.
- 관광 명소, 식당, 상점의 휴무일은 정기 휴일, 공휴일을 기준으로 했습니다. 연말연시나 명절에는 달라질 수 있으니 주의하시기 바랍니다.
- 관광 명소에는 추천 별점이 있습니다. 추천도에 따라 별 1~3개를 표기했습니다.
- ★★★ 놓치지 말아야 할 명소 ★★ 볼만한 명소 ★ 시간이 없다면 안 가도 되는 명소
- 음식점의 예산은 1인 식사비 또는 메뉴를 기준으로 했습니다.
- 숙박 요금은 객실 타입을 기준으로 했습니다. 실제 요금은 예약 시기와 숙박 상품 등에 따라 달라집니다.
- 사이판의 통화는 미국 달러($)입니다. $1는 약 1,318원(2023년 11월 기준)입니다. 환율은 수시로 바뀌므로 여행 전 꼭 확인하십시오.

지도 보는 법

각 명소와 상업 시설의 위치 정보는 'p.83-H'와 같이 본문에 표기되어 있습니다. 이는 83쪽 지도의 H 구역에 찾는 장소가 있다는 의미입니다.

지도에 삽입한 기호

건물	Ⓢ 쇼핑	주유소
공원	Ⓗ 숙소	Ⓢ 은행
• 관광 명소	공항	교회/성당
Ⓡ 레스토랑	경찰서	골프장
Ⓑ 바	병원	▲ 산
Ⓝ 나이트라이프	㊄ 우체국	다이빙 포인트
Ⓜ 마사지	학교	관광 안내소

아래의 QR코드를 스마트폰으로 스캔하면 '구글 맵스(Google Maps)'로 연결됩니다. 웹 페이지 또는 애플리케이션의 온라인 지도 서비스를 통해 편하게 위치 정보를 확인할 수 있습니다.

사이판 여행 전 알아둘

기본 정보

북마리아나 제도

태평양 마리아나 군도에 속하는 총 15개의 화산섬을 통틀어 북마리아나 제도라고 부른다. 태평양과 필리핀해 사이를 나누는 분기점으로 사이판과 티니안, 로타가 대표적인 섬이고, 나머지는 무인도이거나 소수의 사람이 살고 있다.

북마리아나 제도의 국기

1976년 7월 4일에 공식적으로 제정된 이후 몇 차례 디자인 변화를 거쳤다. 현재 북마리아나 제도의 기는 전체적으로 마리아나 해구의 푸른빛을 바탕으로 미국 영토의 일부를 뜻하는 별과 차모로족의 라테 스톤, 캐롤리니언의 전통 머리 장식인 마마, 세 가지 상징을 담고 있다.

정식 명칭

북마리아나 제도 연방
Commonwealth of the Northern Mariana Islands(CNMI)

주도

사이판 Saipan

면적과 인구

사이판 115.39km²/약 50,000명
티니안 101km²/약 3,000명
로타 85.38km²/약 3,500명

미국령

북마리아나 제도는 미국의 정식 주가 아닌 준주이다. 미국 영토의 일부로, 이곳 사람들은 미국 시민권을 가지고 있고 미국 법으로 보호받지만 대통령 투표권이나 연방의회에서의 발언권과 같은 참정권은 없다.

언어

영어, 차모로어, 캐롤리니언어

종교

로마 가톨릭교, 개신교, 토착 신앙

민족

필리핀인(33%), 차모로족(29%), 중국인(11%), 미크로네시안(8%), 캐롤리니언(5%), 한국인(4%), 일본인(2%), 기타(8%)

원주민

북마리아나 제도의 원주민은 차모로족으로 기원전 필리핀과 인도네시아를 거쳐 건너온 동남아시아계 인종으로 알려져 있다. 이후 스페인 통치 시기에 캐롤리니언이 정착해 뿌리를 내렸다.

북마리아나 제도까지의 비행시간

인천 국제공항에서 사이판 국제공항까지 직항편으로 약 4시간 30분, 사이판에서 경비행기로 티니안까지는 10분, 로타까지는 30분 걸린다.

시차

북마리아나 제도와 한국과의 시차는 1시간으로 북마리아나 제도가 한국보다 1시간 빠르다. 사이판, 티니안, 로타가 오전 9시라면 한국은 오전 8시이다.

기후
1년 내내 평균기온 27도, 습도는 70% 이상을 유지하는 해양성 아열대 기후. 계절은 일반적으로 11~5월 건기, 6~10월 우기로 나뉘지만 별 차이는 없다. 7~9월에는 열대성 소나기인 스콜이 잦고 태풍도 주의해야 한다.

교통
북마리아나 제도에는 버스와 지하철 같은 대중교통이 없다. 자유 여행을 즐기려면 렌터카를 이용하거나 DFS T 갤러리아, 호텔 등에서 운영하는 셔틀버스 혹은 택시를 이용해야 한다.

영업시간
은행 월~목요일 09:00~16:00,
금요일 09:00~18:00, 토요일 09:00~13:00,
일요일 · 공휴일 휴무
우체국 월~금요일 08:30~16:00,
토요일 09:00~12:00, 일요일 · 공휴일 휴무
상점 08:00~23:00
쇼핑몰 10:00~22:00
레스토랑 10:00~22:00

전압과 플러그
전압 120V, 주파수 60㎐, 플러그는 구멍이 2개인 A형이 많다. 한국에서 쓰던 전자 제품을 사용하려면 멀티플러그를 가져가야 한다.

인터넷
주요 호텔과 리조트, 레스토랑, 공항, 카지노 등에서 와이파이를 무료로 이용할 수 있다. PC방은 거의 찾아볼 수 없으므로 한국 통신사에서 제공하는 데이터 무제한 로밍 서비스를 이용하거나 휴대용 와이파이 렌털 기기를 이용하는 것이 좋다. 사이판의 통신사 IT & E와 도코모 퍼시픽(Docomo Pacific)에서 판매하는 유심 칩을 사용하면 4~7일 동안 인터넷과 전화를 무제한 이용할 수 있다.

공휴일
1월 1일 신정
1월 9일 연방의 날
2월 셋째 월요일 대통령의 날
3월 24일 동맹의 날
3월 혹은 4월 부활절
5월 마지막 월요일 전몰 장병 기념일
7월 4일 미국 독립 기념일
9월 첫째 월요일 노동절
10월 둘째 월요일 콜럼버스의 날
11월 4일 시민의 날
11월 마지막 목요일 추수감사절
12월 8일 헌법 기념일
12월 25일 크리스마스

긴급 상황 시 연락처
비상사태 911
경찰서 +1 670-664-9000
소방서 +1 670-664-9076
구급차 +1 670-234-6222
병원 CHC(Commonwealth Health Center)
+1 670-234-8950

북마리아나 제도의
역사 바로 알기

01

기원전 2000~1500년
말레이시아, 필리핀, 인도네시아 등 동남아시아에 살던 차모로족이 바다를 건너와 사이판, 티니안, 로타, 괌 등 마리아나 제도에 정착했다. 당시 차모로족은 엄격한 모계사회를 이루었으며, 반원구 모양의 돌을 얹은 수직의 돌기둥 라테 스톤 위에 집을 짓고 생활했다.

1521년
16세기 대항해 시대, 포르투갈 태생의 스페인 항해사인 마젤란이 마리아나 제도를 발견해 유럽에 그 존재를 알렸다. 이후 유럽 각국에서 마리아나 제도를 탐험하기 위해 방문했다.

1565~1898년
스페인 통치 시대. 스페인 장군이자 필리핀 총독을 지낸 레가스피가 괌을 비롯한 마리아나 제도를 스페인 영유로 선언한 이후 약 333년 동안 스페인의 통치를 받았다.

04

1668년
디에고 루이스 데 산 비토레스 신부와 선교사들이 마리아나 제도로 건너와 원주민들에게 기독교를 전파하고, 스페인 국왕 펠리페 4세의 미망인인 마리아나 여왕을 기려 국가 이름을 마리아나 제도(Las Marianas)라고 명명했다.

1695~1740년
스페인은 치열한 전투를 계속하며 차모로족을 괌과 로타로 강제 이주시켰다. 그리고 이 시기에 차모로족의 전통 카누 제작과 도예 기술 등이 사라졌다.

1815년
캐롤라인섬이 태풍으로 파괴된 후 스페인 정부의 허락하에 아구루부와 응구슐 추장이 이끈 캐롤리니언이 사이판으로 이주해 정착 했다.

1865년
차모로족이 다시 사이판으로 이주하기 시작했다.

1898~1914년
독일 통치 시대. 미국이 스페인과의 전쟁으로 괌을 식민지화하고, 1899년에 독일이 스페인으로부터 나머지 마리아나 제도를 사들이면서 마리아나 제도는 북마리아나 제도와 괌으로 나뉘었다. 당시 사이판 인구는 절반이 차모로족, 절반이 캐롤리니언으로 구성되어 있었다.

1914~1944년
일본 통치 시대. 제1차 세계대전 당시 일본이 독일을 공격해 사이판과 팔라우 등 일부 섬을 점령하면서 본격적인 일본 통치 시대가 시작되었다.

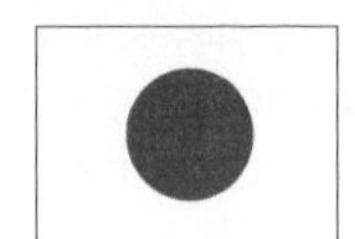

군사적 · 전략적 요충지였기에 오랜 세월 동안 스페인과 독일, 일본, 미국 등
강대국의 지배를 받은 북마리아나 제도.
기원전부터 현재에 이르기까지 굴곡진 역사를 되짚어 본다.

1922년

일본은 사이판에 주식회사를 세우고 일본 본토와 오키나와, 한국, 동남아시아 사람들을 강제로 이주시켜 사탕수수 재배에 열을 올리며 경제적 부흥기를 맞았다.

1934년

일본은 섬 곳곳에 군사 시설을 갖추고 아슬리토 이착륙장을 만드는 등 북마리아나 제도를 군사적 요충지로 개발했다.

1941년

제2차 세계대전 중에 일본이 괌까지 점령했다.

1944~1962년

연합군이 사이판을 공격해 일본군이 물러나고 제2차 세계대전이 끝나면서 괌을 비롯한 마리아나 제도는 UN의 신탁통치가 시작되어 미국 해군 정부의 관리를 받았다.

1950년

괌 헌법 조례에 의거해 괌은 미국 자치령이 되고 주민들은 미국 시민권을 얻었다.

1962~1978년

UN의 신탁통치로 미국 내무부의 관리를 받았다.

1969년

북마리아나 제도는 괌과의 재통합을 추진했지만 괌 주민들의 반대로 무산되었다.

1975~1978년

북마리아나 제도에 대한 미국의 주권 통치가 통과되고 북마리아나 제도 연방 설립에 대한 협약이 이루어졌다. 1978년 정식으로 미국 연방에 편입, 자치 정부를 구성했다.

1986년

UN의 신탁통치가 공식적으로 종결되고 북마리아나 제도 주민들은 미국 시민권을 취득했다.

현재

북마리아나 제도는 미국 자치령으로 미국 연방 법의 적용을 받으며 자치법을 병행해 적용하고 있다.

베스트
오브
사이판
Best of SAIPAN

우리는 지금
여기오길 잘했다
#여행중 #행복

THEME 1

사이판 추천 여행 일정

우리나라에서 사이판까지 비행시간은 4시간 30분. 현재 인천과 사이판을 연결하는 비행기는 오후 2~4시, 오전 1~4시 사이에 도착하고 오후 3~5시, 오전 2~6시에 출발한다. 짧은 기간일지라도 알차고 즐거운 베스트 코스를 제안한다.

3박 4일 혹은 3박 5일 일정

PLAN 1 오후 도착

Day 1 호텔 체크인 후 가벼운 물놀이, 원주민 바비큐 디너쇼(p.41) 관람

Day 2 오전 윙 비치부터 파우파우 비치, 아추가우 비치, 마이크로 비치, 킬릴리 비치, 슈거독 비치, 산안토니오 비치 등 숙소 근처 해변에서 물놀이
점심 차모로 전통 음식(p.30)
오후 마나가하 아일랜드 탐험과 해양 액티비티(p.56)
저녁 참치회에 라임 소주 한잔, 라이브 음악이 흐르는 바 · 클럽 즐기기(p.142)

Day 3 오전 최후 사령부, 만세 절벽, 자살 절벽, 버드 아일랜드 등 북부 관광과 그로토에서 스노클링(p.106)
점심 스테이크 또는 퓨전 · 로컬 요리(p.114, 124)
오후 ATV, 버기카 등 지상 액티비티(p.66)
저녁 태국 · 필리핀 · 베트남 · 네팔 요리(p.129)
저녁 식사 후 만세 절벽에서 별빛 감상(p.108)

Day 4 오전 숙소 근처 해변에서 물놀이와 휴식
오후 호텔 체크아웃, 점심 식사 후 공항으로 이동

PLAN 2 새벽 도착

Day 1 호텔 체크인 후 휴식
오전 윙 비치부터 파우파우 비치, 아추가우 비치, 마이크로 비치, 킬릴리 비치, 슈거독 비치, 산안토니오 비치 등 숙소 근처 해변에서 물놀이
점심 차모로 전통 음식(p.30)
오후 마나가하 아일랜드 탐험과 해양 액티비티(p.56)
저녁 원주민 바비큐 디너쇼(p.41) 관람

Day 2 오전 최후 사령부, 만세 절벽, 자살 절벽, 버드 아일랜드 등 북부 관광과 그로토에서 스노클링(p.106)
점심 스테이크 또는 퓨전 · 로컬 요리(p.114, 124)
오후 ATV, 버기카 등 지상 액티비티(p.66)
저녁 참치회에 라임 소주 한잔, 카지노 체험(p.52)

Day 3 오전 포비든 아일랜드 트레킹 & 스노클링(p.103) 또는 호핑 투어(p.72)
점심 태국 · 필리핀 · 베트남 · 네팔 요리(p.129)
오후 숙소 근처 해변에서 물놀이와 휴식
저녁 붉은 노을을 바라보며 선셋 디너 크루즈(p.72) 또는 라이브 음악이 흐르는 바 · 클럽 즐기기(p.142)

Day 4 만세 절벽에서 별빛 감상(p.108) 후 공항으로 이동

4박 5일 혹은 4박 6일 일정

PLAN 1 오후 도착

Day 1 호텔 체크인 후 가벼운 물놀이, 원주민 바비큐 디너쇼(p.41) 관람

Day 2 오전 윙 비치부터 파우파우 비치, 아추가우 비치, 마이크로 비치, 킬릴리 비치, 슈거독 비치, 산안토니오 비치 등 숙소 근처 해변에서 물놀이
점심 차모로 전통 음식(p.30)
오후 마나가하 아일랜드 탐험과 해양 액티비티(p.56)
저녁 참치회에 라임 소주 한잔, 라이브 음악이 흐르는 바 · 클럽 즐기기(p.142)

Day 3 오전 최후 사령부, 만세 절벽, 자살 절벽, 버드 아일랜드 등 북부 관광과 그로토에서 스노클링(p.106)
점심 스테이크 또는 퓨전 · 로컬 요리(p.114, 124)
오후 ATV, 버기카 등 지상 액티비티(p.66)
저녁 태국 · 필리핀 · 베트남 · 네팔 요리(p.129), 저녁 식사 후 만세 절벽에서 별빛 감상(p.108)

Day 4 오전 포비든 아일랜드 트레킹 & 스노클링(p.103) 또는 호핑 투어(p.72)
점심 한식, 일식, 중식 중에서 취향에 따라 선택(p.132)
오후 숙소 근처 해변에서 물놀이와 휴식
저녁 붉은 노을을 바라보며 선셋 디너 크루즈 즐기기(p.72), 카지노 체험(p.52)

Day 5 오전 숙소 근처 해변에서 물놀이와 휴식
오후 호텔 체크아웃, 점심 식사 후 공항으로 이동

PLAN 2 새벽 도착

Day 1 호텔 체크인 후 휴식
오전 윙 비치부터 파우파우 비치, 아추가우 비치, 마이크로 비치, 킬릴리 비치, 슈거독 비치, 산안토니오 비치 등 숙소 근처 해변에서 물놀이
점심 차모로 전통 음식(p.30)
오후 마나가하 아일랜드 탐험과 해양 액티비티(p.56)
저녁 원주민 바비큐 디너쇼(p.41) 관람

Day 2 오전 최후 사령부, 만세 절벽, 자살 절벽, 버드 아일랜드 등 북부 관광과 그로토에서 스노클링(p.106)
점심 스테이크 또는 퓨전 · 로컬 요리(p.114, 124)
오후 ATV, 버기카 등 지상 액티비티(p.66)
저녁 참치회에 라임 소주 한잔, 카지노 체험(p.52)

Day 3 오전 포비든 아일랜드 트레킹 & 스노클링(p.103) 또는 호핑 투어(p.72)
점심 태국 · 필리핀 · 베트남 · 네팔 요리(p.129)
오후 카야킹, 윈드서핑, 스탠드 업 패들 보드 등 해양 액티비티 배우기(p.70), 붉은 노을을 바라보며 선셋 디너 크루즈 즐기기(p.72)

Day 4 오전 골프 라운딩(p.48)
점심 한식, 일식, 중식 중에서 취향에 따라 선택(p.132)
오후 숙소 근처 해변에서 물놀이와 휴식
저녁 뷔페 레스토랑에서 저녁 식사(p.121), 라이브 음악이 흐르는 바 · 클럽 즐기기(p.142)

Day 5 만세 절벽에서 별빛 감상(p.108) 후 공항으로 이동

5박 6일 혹은 5박 7일 일정

PLAN 1 오후 도착

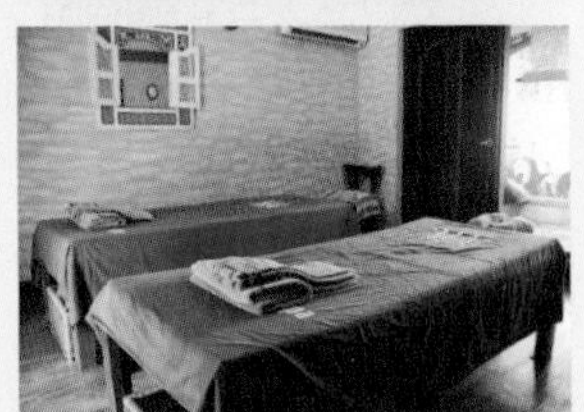

Day 1 호텔 체크인 후 가벼운 물놀이, 원주민 바비큐 디너 쇼(p.41) 관람

Day 2 오전 윙 비치부터 파우파우 비치, 아추가우 비치, 마이크로 비치, 킬릴리 비치, 슈거독 비치, 산안토니오 비치 등 숙소에서 가까운 해변에서 물놀이
점심 차모로 전통 음식(p.30)
오후 마나가하 아일랜드 탐험과 해양 액티비티(p.56)
저녁 참치회에 라임 소주 한잔, 라이브 음악이 흐르는 바 · 클럽 즐기기(p.142)

Day 3 오전 최후 사령부, 만세 절벽, 자살 절벽, 버드 아일랜드 등 북부 관광과 그로토에서 스노클링(p.106)
점심 스테이크 또는 퓨전 · 로컬 요리(p.114, 124)
오후 ATV, 버기카 등 지상 액티비티(p.66)
저녁 태국 · 필리핀 · 베트남 · 네팔 요리(p.129), 저녁 식사 후 만세 절벽에서 별빛 감상(p.108)

Day 4 오전 포비든 아일랜드 트레킹 & 스노클링(p.103) 또는 호핑 투어(p.72)
점심 한식, 일식, 중식 중에서 취향에 따라 선택(p.132)
오후 카야킹, 윈드서핑, 스탠드 업 패들 보드 등 해양 액티비티 배우기(p.70)
저녁 카지노 체험(p.52)

Day 5 오전 골프 라운딩(p.48)
점심 버거 · 피자 · 파스타(p.118)
오후 여행의 피로를 풀어주는 스파(p.44)
저녁 붉은 노을을 바라보며 선셋 디너 크루즈 즐기기(p.72)

Day 6 오전 숙소 근처 해변에서 물놀이와 휴식
오후 호텔 체크아웃, 점심 식사 후 공항으로 이동

PLAN 2 새벽 도착

Day 1 호텔 체크인 후 휴식
오전 윙 비치부터 파우파우 비치, 아추가우 비치, 마이크로 비치, 킬릴리 비치, 슈거독 비치, 산안토니오 비치 등 숙소에서 가까운 해변에서 물놀이
점심 차모로 전통 음식(p.30)
오후 마나가하 아일랜드 탐험과 해양 액티비티(p.56)
저녁 원주민 바비큐 디너쇼(p.41) 관람

Day 2 오전 최후 사령부, 만세 절벽, 자살 절벽, 버드 아일랜드 등 북부 관광과 그로토 스노클링(p.106)
점심 스테이크 또는 퓨전 · 로컬 요리(p.114, 124)
오후 ATV, 버기카 등 지상 액티비티(p.66)
저녁 참치회에 라임 소주 한잔

Day 3 오전 포비든 아일랜드 트레킹 & 스노클링(p.103)
점심 태국 · 필리핀 · 베트남 · 네팔 요리(p.129)
오후 숙소 근처 해변에서 물놀이와 휴식, 붉은 노을을 바라보며 선셋 디너 크루즈 즐기기(p.72)

Day 4 오전 호핑 투어(p.72)
점심 버거 · 피자 · 파스타(p.118)
오후 카야킹, 윈드서핑, 스탠드 업 패들 보드 등 해양 액티비티 배우기(p.70)
저녁 카지노 체험(p.52)

Day 5 오전 골프 라운딩(p.48)
점심 한식, 일식, 중식 중에서 취향에 따라 선택(p.132)
오후 여행의 피로를 풀어주는 스파(p.44)
저녁 뷔페 레스토랑에서 저녁 식사(p.121), 라이브 음악이 흐르는 바 · 클럽 즐기기(p.142)

Day 6 만세 절벽에서 별빛 감상(p.108) 후 공항으로 이동

THEME 2

사이판에서 꼭 해야 할 것

섬이라고 무시하지 말 것. 크기는 작아도 이야기가 넘친다. 사이판의 매력에 퐁당 빠지게 만들어 줄 여행 필살기.

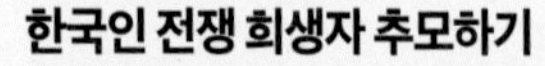

한국인 전쟁 희생자 추모하기

전쟁의 아픔을 간직한 섬에는 제2차 세계대전 당시의 희생자를 추모하기 위해 조성한 공원과 추모비가 곳곳에 자리한다. 특히 강제 징용으로 끌려와 억울하게 희생된 한국인 위령탑과 수중 추모비도 있으니 경건한 마음으로 추모하는 시간을 가져보자.

신비의 섬 탐험

사이판 섬 자체도 매력적이지만 섬과 섬을 이동하며 즐기는 여행도 즐겁다. 사이판에는 푸른 바다와 아름다운 산호초, 고운 모래사장으로 둘러싸인 마나가하 아일랜드와 전망 좋은 버드 아일랜드, 포비든 아일랜드가 있고, 경비행기로 10~30분 정도 이동하면 티니안과 로타까지 여행할 수 있다.

정글 트레킹

사이판 가라판과 리조트 밀집 지역을 제외하고, 섬의 모습은 거의 변하지 않았다. 사람의 발길조차 드물어 정글은 그야말로 때 묻지 않은 순수한 '날것' 그대로다. 좀 더 여유를 가지고 포비든 아일랜드, 올드맨 바이 더 시, 버드 아일랜드, 나프탄 등에서 자연과 호흡하며 걷는다면 최고의 트레킹을 즐길 수 있다.

재래시장의 매력

현지인들의 삶과 문화가 가장 잘 드러나는 재래시장은 여행의 필수 코스. 매주 금요일 저녁에 열리는 사발루 파머스 마켓, 피시 마켓 등 볼거리, 먹거리, 즐길 거리가 풍부한 재래시장으로 가보자.

전통 차모로 음식 즐기기

오직 스테이크 또는 생선회만 있다? 모르시는 말씀. 사이판에는 티니안, 로타, 괌 등 마리아나 제도를 아우르는 전통 차모로 음식이 있다. 켈라구엔, 에스카베체, 아피기기 등 오랜 세월 사랑받아 온 차모로 원주민의 손맛을 즐겨볼 것.

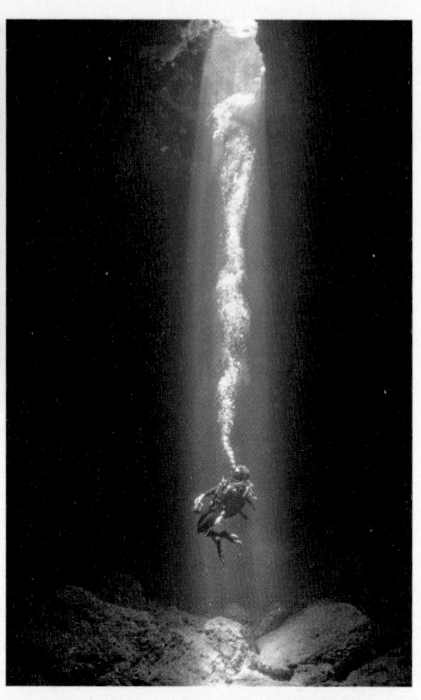

푸른 물속으로 다이빙

섬에서 해양 스포츠를 즐기지 않는다는 건 상상도 할 수 없는 일. 스노클링, 스쿠버 다이빙, 프리다이빙 등에 참여해 끝없이 펼쳐지는 푸른 바닷속 세상으로 들어가 보자. 맑고 투명한 물, 웅장한 산호 군락지, 오색 빛깔 열대어 등 볼거리가 넘쳐난다. 더 깊은 물속, 신비로운 세상을 보고 싶다면 다이빙 자격증에 도전하는 것도 좋은 방법.

바다를 향해 나이스 샷

골프 마니아라면 놓칠 수 없는 명품 골프 코스. 눈부신 바다 전망에 바다 너머로 샷을 날리는 기분은 이루 말할 수 없다. 현재 사이판에는 라오라오 베이 골프 리조트, 코럴 오션 포인트 리조트 클럽, 킹피셔 골프 링크스 등이 있으니 자유롭게 선택해 보자.

갬블링은 적당히, 그리고 즐겁게!

사이판은 합법적으로 카지노를 즐길 수 있는 섬이다. 코로나19로 인해 초호화 카지노 임페리얼 팰리스가 문을 닫긴 했지만 사이판 베이거스나 클럽 88 등 소규모 전자 카지노 매장에서 갬블링을 즐길 수 있다. 과연 행운은 찾아올까? 명심할 것은 과유불급. 갬블링은 적당히 즐길 때가 모든 사람을 웃게 한다는 말씀!

붉은 노을 감상하기

필리핀해와 태평양해 사이에 있는 작고 아담한 섬에서 바라보는 노을 역시 백만 불짜리다. 해변, 전망대, 크루즈, 어디에서 바라봐도 아름답다. 자동차가 있다면 해 질 무렵 비치로드를 따라 드라이브할 것. 붉게 물드는 노을과 평행선을 이루며 달리는 기분이 아주 특별하다.

쏟아지는 별빛 산책

수많은 건물과 네온사인의 불빛 때문에 도심에서 별을 보기란 하늘의 별 따기. 하지만 사이판과 티니안, 로타에서는 얼마든지 가능하다. 깨끗한 자연환경에 가라판과 리조트 밀집 지역을 제외하고는 불빛이 거의 없기 때문. 특히 만세 절벽과 버드 아일랜드 전망대가 있는 사이판 북부는 별을 보는 장소로 명당이다.

THEME 3

사이판에서 꼭 먹어야 할 것

여행의 즐거움에 맛있는 음식이 빠질 수 없다.
뭘 먹어볼까? 입에 침이 가득 고이는 사이판의 맛!

참치회

청정 바다에서 낚아 올린 참치는 사이판 최고의 맛! 오죽하면 '참치회 먹으려고 사이판에 간다'는 얘기가 나올 정도. 냉동 참치가 아닌 그날 잡은 신선한 참치를 횟감으로 사용하기 때문에 부드럽고 쫀득쫀득한 식감이 제대로 살아 있다.

생선

이 드넓은 바다에 참치만 있을쏘냐! 사이판의 바다에는 빨간퉁돔, 마히마히, 나폴레옹 피시 등 한국에서는 보기 힘든 다양한 어류가 서식한다. 회도 좋고 구이도 좋고 탕도 좋다. 오후 4시 이후가 되면 해변에 이동식 생선 가게가 열려 당일 잡은 생선을 판매하니 원하는 생선을 맘껏 골라볼 것.

라임 소주

우리나라에서는 흔히 소맥을 마시지만 사이판에서는 라임 소주가 대세다. 한식을 파는 곳이라면, 심지어 일식당과 중식당에서도 메뉴판에 당당하게 이름을 올린 라임 소주는 글라스에 소주와 얼음, 우롱차를 가득 채운 뒤 라임즙을 짜 넣어 마시는 술. 우롱차 대신 물을 채우기도 한다. 그리 독하지 않고 뒷맛이 새콤해 여성들에게도 인기 만점!

사이판 수제 맥주

오로지 사이판에서만 맛볼 수 있는 수제 맥주. 사이판의 나푸 브루잉(Napu Brewing)에서 만드는 맥주로 사이판 스매시 IPA, 마나가하 섬머 블론드, 티니안 아토믹 스톤 라거, 로타 릴렉스 듀드 필스너 등 총 여덟 종류의 맥주를 선보인다. 가라판의 '탭드 아웃'에서 맛볼 수 있다.

마리아나 소주 & 타가 소주

열대 과일과 소주가 만났다. 마리아나 소주는 100% 사이판 고구마와 로타 타로를 발효와 증류 과정을 거쳐 만든다. 부드러운 목 넘김이 특징이고, 달콤하면서도 짜릿하게 넘어가는 뒷맛이 개운하다. 현지 고구마로 만든 타가 소주도 있다.

코코넛크랩

TV 프로그램 〈정글의 법칙〉을 즐겨 본 사람이라면 입에 침이 고이고도 남을 별미 중의 별미. 딱히 별다른 요리법 없이 코코넛 밀크나 물에 넣어 쪄 먹는데 살은 탱글탱글 쫄깃하고 내장은 고소함이 이루 말할 수 없다. 합법적인 포획 시기는 9~11월이며, 사이판과 티니안보다 로타에서 더 손쉽고 저렴하게 맛볼 수 있다.

투바

마트를 가득 채운 수많은 수입 맥주 대신 원주민들이 즐겨 마시는 전통주는 어떨까? 투바는 원주민들의 흥겨운 잔치에 빠지지 않는 코코넛 와인이다. 차모로족 전통 방식으로 코코넛 순수 원액을 발효시켜 만드는데 우리나라의 막걸리와 비슷한 맛이 난다.

망고

제대로 익은 달콤한 망고를 맛보려면 5~6월이 최고. 부드러운 속살에 달콤한 과즙이 일품이다. 설익은 망고를 이용해 담근 새콤한 피클은 망고 꼬꼬라고 부르는데 이것 역시 반찬으로 먹기 좋다.

스팸

사이판 현지인들의 스팸 사랑은 어제오늘 일이 아니다. 레스토랑에서는 스팸초밥, 스팸볶음밥, 스팸 도시락 등 다양한 스팸 요리를 내놓고 마트에서도 할라페뇨 스팸, 갈릭 스팸, 초리조 스팸, 치즈 스팸 등 한국에는 없는 다양한 맛의 스팸을 판매한다.

마리아나스 커피

북마리아나 제도 유일의 로컬 커피 브랜드. 브라질, 콜롬비아, 과테말라 등에서 최상의 원두를 수입해 자체적으로 로스팅해 판매한다. 또한 타포차우산에 직접 커피 농장을 운영하면서 사이판에서 나고 자란 원두로 만드는 커피도 개발 중이다.

THEME 4

사이판에서 꼭 사야 할 것

사이판을 추억하기 좋은 물건, 하나쯤 가지고 싶은 물건, 누군가에게 선물하고픈 물건들을 여기에 모았다.

샬 from 사이판

초콜릿

"실패 확률 0% 선물은 당연히 달콤한 초콜릿! 고디바 초콜릿을 비롯해 마카다미아 너트 초콜릿, 타바스코 초콜릿, 위스키 초콜릿, 크런키 초콜릿, 베리 초콜릿 등 종류도 많아 고르는 재미까지 있다."

드라이드 망고

남녀노소 누구나 좋아하는 망고를 깔끔하게 말려 포장했다. 과일이나 채소는 가져갈 수 없지만 말린 망고는 OK! 입안 가득 퍼지는 향, 쫀득하고 달콤한 맛까지 최고!

닉키 from 미국

노니

"건강에 관심이 많거나 부모님을 위한 선물을 찾고 있다면 노니가 최고의 선택이다. 사이판 노니로 만든 주스, 비누, 샴푸, 차 등 다양한 제품이 있는데 그중에서도 노니 주스는 맛과 향이 고약하긴 하지만 꾸준히 복용하면 효과가 탁월하다."

커트 from 독일

조개껍데기 장식품

"사이판, 티니안, 로타 모두 섬이기 때문에 조개껍데기와 산호 등을 이용해 만든 장식품이 많다. 여행을 추억하기에 이만한 기념품이 또 있을까. 공장에서 찍어낸 제품보다 현지인이 직접 만든 핸드메이드 제품을 추천한다."

보조보 인형

보조보 나무 씨앗으로 만든 전통 인형. 차모로 원주민 사이에서 사랑, 성공, 재력 등의 소원을 이루게 해준다는 전설이 내려오는데, 손발을 어떻게 묶었느냐, 어떤 색깔의 옷을 입었느냐에 따라 각각 의미가 다르다고. 물론 믿거나 말거나!

줄리 from 사이판

코코넛 오일

"코코넛은 무엇 하나 버릴 게 없는 열매이다. 특히 과육을 긁어내 즙을 낸 후 가열하면 피부에 좋은 100% 천연 오일이 만들어진다. 하물며 때 묻지 않은 자연에서 자란 코코넛으로 만들었으니 효능은 두말하면 잔소리!"

차모로 쿠키

사이판 대표 빵집 허먼스 모던 베이커리에서 만든 선물용 쿠키. 마카다미아 너트, 초콜릿 칩, 코코넛 등 다양한 맛이 있다. 사이판 식품 회사인 스텔라 내추럴 푸드에서 코코넛, 망고, 바나나 등 현지 과일로 만든 쿠키도 있다.

재니 from 필리핀

마그네틱 & 열쇠고리

"여행 기념품으로 마그네틱과 열쇠고리는 영원불변의 머스트 해브 아이템. 사이판의 풍경과 상징을 모티브로 디자인한 제품들은 크기는 작지만 소소한 즐거움을 준다. 세트 구성은 제품을 하나씩 따로 사는 것보다 훨씬 저렴하다."

팀 from 사이판

선크림

"북마리아나 제도는 어디를 가도 태양이 뜨겁다. 태양을 즐기려면 선크림이 필수! 사이판에서는 자외선 차단 지수 SPF 50+ 이상의 선크림을 저렴한 가격에 살 수 있는데, 미국 브랜드 바나나 보트가 대표적이다."

축제

북마리아나 제도를 뜨거운 열기로 가득 채우는 축제. 푸른 자연 속에서 파워 넘치는 경기가 펼쳐지고, 맛있는 음식과 신나는 음악이 있다. 여행의 흥을 돋울 화려한 축제의 현장으로 가보자.

1월

마리아나스 커피 트레일 마라톤 대회

Marianas Coffee Trail Run

사이판 현지 커피 회사 마리아나스 커피가 주관하는 마라톤 대회. 아름다운 해안과 울창한 정글, 커피 향 가득한 숲, 그리고 사이판 최고 전망대 타포차우산을 달린다. 10km, 20km 코스가 있다.

2월

티니안 철인 3종 경기 Tinian Turquoise Blue Triathlon & Reef Swim

티니안 유일의 스포츠 축제. 타가 비치에서 1.5km 수영을 시작으로 자전거 40km, 달리기 10km로 구성되고, 암초 수영 대회는 1.5km, 3km, 4.5km 세 가지 중 선택 가능하다.

티니안 핫 페퍼 페스티벌

Tinian Hot Pepper Festival

세계 3대 매운 고추로 유명한 티니안의 도니 살리(Doni Sali)를 주제로 한 축제. 현지 특산품과 공예품 전시, 댄스 공연, 음식 관련 행사 등이 펼쳐진다. 매운 음식을 잘 먹는다면 티니안 매운 고추 먹기 시합에 도전해 볼 것.

3월

타가맨 철인 3종 경기

Tagaman Triathlon

수영, 사이클, 마라톤을 이어서 하는 스포츠 대회로 하프 아이언맨과 올림픽 디스턴스, 2개 코스가 있다. 하프 아이언맨의 경우 산안토니오 비치 1.9km 구간을 수영한 뒤 자전거 90km, 달리기 21km 코스로 이어진다.

엑스테라 챔피언십

XTERRA Championship

철인 3종 경기와 마찬가지로 수영 1.5km, 자전거 30km, 달리기 12km 코스로 구성된 스포츠 대회. 우승자는 하와이 마우이섬에서 열리는 엑스테라 월드 챔피언십 참가 자격도 얻는다.

4월

플레임 트리 아트 페스티벌

Flame Tree Arts Festival

마리아나 제도와 미크로네시아에서 가장 오래된 문화·예술 축제로 불꽃나무가 붉은 꽃망울을 터트리는 4월에 펼쳐진다. 각 섬의 예술가들이 모여 페인팅, 공예품, 조각품 등을 뽐내고 전통 음식 소개와 화려한 공연도 이어진다.

5~6월

테이스트 오브 더 마리아나스
Taste of the Marianas

사이판을 대표하는 호텔과 레스토랑의 다양한 요리를 저렴한 가격에 맛볼 수 있는 음식 축제. 5월이나 6월 한 달 동안 토요일 저녁마다 아메리칸 메모리얼 파크 혹은 가라판 교회 앞 피싱 베이스에서 열리며, 주 무대에서는 차모로 전통 음악 연주와 공연이 끊임없이 펼쳐진다.

7월

해방의 날 축제
Liberation Day Festival

미국이 자유와 독립을 쟁취한 기념일이 7월 4일이라면, 사이판에서 7월 4일은 '해방 기념일'이다. 1946년 7월 4일, 수많은 차모로족과 캐롤리니언족이 미군이 설치한 강제 수용소에서 해방된 날로 이를 기념해 매년 비치로드에서 화려한 퍼레이드가 열린다.

8~9월

국제 문화 축제
International Festival of Cultures

가라판의 파세오 드 마리아나스 거리에서 매년 8월부터 9월까지 토요일 저녁마다 열린다. 북마리아나 제도는 물론 한국, 일본, 중국, 필리핀, 하와이, 피지 등 다양한 민족이 참여해 각국의 문화를 알리는 공연을 펼친다.

11월

로타 블루 철인 3종 경기
Rota Blue Triathlon

사이판과 티니안에 이어 로타에서 열리는 스포츠 대회. 수영 1.5km, 자전거 40km, 달리기 10km의 하프 마라톤 디스턴스 코스와 수영 2km, 자전거 90km, 달리기 21km의 올림픽 디스턴스 코스, 두 가지로 진행한다.

12월

헬 오브 더 마리아나스-더 센추리 사이클
Hell of the Marianas - The Century Cycle

북마리아나 제도에서 가장 큰 사이클링 대회. 바이크 마니아라면 누구나 한 번쯤 도전해 보고 싶은 익스트림 스포츠로 '지옥'이라는 이름이 붙을 만큼 험난한 100km 코스가 이어진다. 사이판의 동서남북을 가로지르며 시원하게 달릴 수 있다.

축제 관련 정보와 대회 참가 신청

www.mymarianas.com
www.saipansportsfest.com
www.sfacnmi.com
www.hellofthemarianas.com

야생화

피었네, 피었네, 꽃 피었네. 사람들이 오가는 산책로에도, 파도치는 해변에도, 깎아지른 절벽에도 화사한 꽃망울을 터트리는 예쁜 야생화, 너희들의 이름이 궁금해!

불꽃나무 Flame Tree

사이판을 상징하는 나무로 꽃이 불꽃처럼 불타오르는 모양이라 불꽃나무라 이름 붙었다. 4월부터 9월까지 거리를 붉게 물들인다.

플루메리아 Plumeria

원주민 차모로족의 순결을 의미하는 식물. 꽃 색깔이 다양하며 꽃잎이 둥근 것과 그렇지 않은 것으로 나뉜다.

툰베르기아 Thunbergia

왕의 망토로 불리는 꽃. 주렁주렁 덩굴을 만들며, 은은한 보랏빛을 뿜는다.

익소라 Ixora

꽃다발을 이루며 꽃이 피는 것이 특징인 익소라는 '추억', '열정적인 사랑', '진실한 우정'이라는 꽃말을 가졌다.

부겐빌레아 Bougainvillea

덩굴성 관목으로 화이트, 핑크, 퍼플 등 꽃 색깔이 다양하다.

옐로 벨 Yellow Bell

노란 종 모양으로 생긴 꽃. '알라만다'라고도 부른다.

헬리코니아 Heliconia

대롱대롱 달린 꽃 모양 때문에 '랍스터'라는 별명이 붙었다.

히비스커스
Hibiscus

'남몰래 간직한 사랑'이라는
꽃말처럼 매혹적인 꽃.

옐로 히비스커스
Yellow Hibiscus

핑크, 블루, 퍼플 등 꽃 색깔이
다양하며 변이종도 많다.

멕시칸 덩굴
Mexican Creeper

초록빛 가득한 정글을
핑크빛으로 변신시키는 요정.

사막의장미 Desert Rose

뜨거운 태양 아래서
생명력 넘치고 오묘한
빛깔을 뿜어낸다.

하프 플라워 Half Flower

2개의 꽃잎이 합쳐져야
비로소 하나의 꽃으로
탄생하는 사랑꽃.

진저 릴리 Ginger Lily

기다란 초록 잎사귀 사이로
레드, 핑크, 옐로 등 다양한
색상의 꽃이 피어오른다.

마타피아
Jatropha Integerrima

진분홍 꽃이 떨어지면 붉은
꽃길이 생길 만큼 화려하다.

붉은줄나무
Acalypha Hispida

'빨간 고양이 꼬리'라는
별명처럼 모양이 독특하다.

일랑일랑
Ylang-Ylang

꽃 중의 꽃. 노란 꽃잎 사이로
은은한 향기가 퍼져 나온다.

THEME 7

차모로 음식

사이판, 티니안, 로타, 괌을 아우르는 마리아나 제도의 전통 음식. 오랜 식민 시대를 거치며 다양한 문화를 받아들인 차모로족은 음식 역시 독창적인 스타일로 탄생시켰다. 한국인의 입맛에도 잘 맞는 차모로 음식에 도전해 보자.

코코넛크랩 Coconut Crab

사이판에 왔다면 한 번쯤 먹어봐야 할 별미 중의 별미. 정글에서 코코넛을 먹고 자란 게를 코코넛 밀크에 삶은 요리로 담백하고 고소한 맛이 일품이다. 단, 개체 보호를 위해 9월부터 11월까지 포획 시기가 정해져 있어 맛볼 수 있는 기간이 한정적이고 가격 역시 매우 비싼 편이다.

통돼지 바비큐 Suckling Pig

어린 돼지를 통으로 구운 통돼지 바비큐 요리. 바삭바삭하고 고소한 껍질과 부드러운 속살을 간장, 레몬, 양파, 후춧가루 등을 섞어 만든 매콤한 피나데니 소스에 찍어 먹는다. 많은 사람이 즐기는 음식으로 축제에 빠지지 않는다.

켈라구엔 Kelaguen

가장 대중적인 차모로 음식으로 사이판의 어느 식당에서도 쉽게 볼 수 있다. 쇠고기, 생선, 문어, 닭고기 등을 각각 레몬즙, 양파, 오이, 고추 등과 버무려 차게 먹거나 납작한 빵에 싸서 먹는다. 닭고기를 제외하고 날것으로 요리하기 때문에 회무침처럼 새콤한 맛이 난다.

생선 켈라구엔
쇠고기 켈라구엔

에스카베체 Escabeche

바삭하게 튀긴 생선에 노란 빛깔이 도는 걸쭉한 강황 소스와 다양한 채소를 함께 볶아 뿌려 먹는 생선 요리.

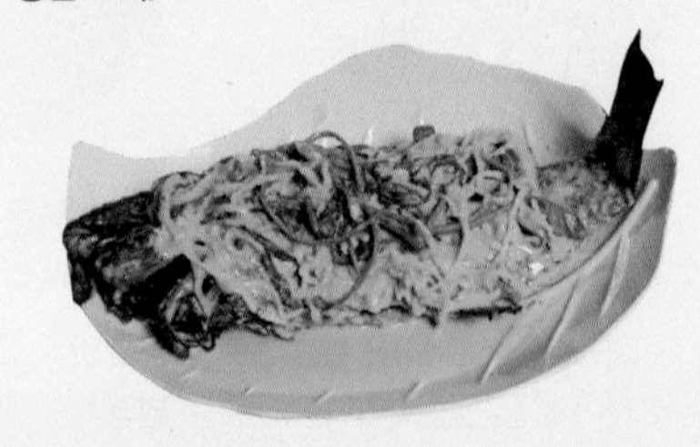

카둔 피카 Kadun Pika

닭고기를 마늘, 양파, 핫 페퍼, 간장, 식초 등으로 매콤하게 양념해 조린 요리. 우리나라의 닭볶음탕이나 찜닭과 비슷한 맛이 나며 밥과 함께 먹기 좋다.

포키 Poki

참치 같은 신선한 생선을 먹기 좋게 잘라 매콤한 핫 페퍼, 참기름, 간장, 레몬즙 등을 넣고 버무린 생선 샐러드.

만하 티티야스 Manha Titiyas

밀가루에 코코넛 가루, 설탕, 물 등을 넣고 반죽해 얇고 둥근 모양으로 구운 빵. 그냥 먹거나 양념한 고기, 생선 등을 싸 먹는다.

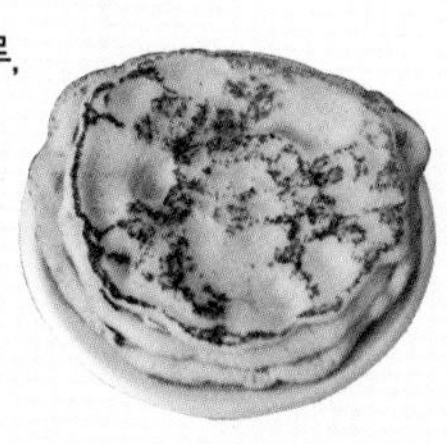

타말레스 기수 Tamales Gisu

멕시코 요리 타말레스를 차모로 스타일로 변형한 음식. 옥수숫가루를 반죽한 흰색 부분, 같은 반죽에 아초테(achote)라는 식물의 씨에서 얻은 색소와 베이컨, 닭 등을 올린 붉은색 부분으로 나뉘어 있다. 각각 담백함과 매콤함으로 서로 다른 맛이 나는 것이 특징이다.

아피기기 Apigigi

코코넛 가루, 카사바 가루, 타피오카 전분, 코코넛 밀크, 설탕 등을 함께 반죽해 바나나 잎에 싸서 구운 차모로 전통 디저트. 쫄깃쫄깃한 식감과 달콤한 맛이 코코넛 찹쌀떡을 연상시킨다.

엠파나다 Empanada

만두처럼 길쭉한 반원 모양의 튀김 요리. 밀가루 반죽 속에 새우나 다진 고기, 채소 등을 넣고 바삭하게 튀겨 간식으로 먹기 좋다.

포투 Potu

차모로족의 전통주 투바 또는 야자나무 원액, 쌀 등을 섞어 만든 새하얀 떡. 시큼하면서도 달콤한 맛에 식감이 부드러워 마치 우리나라의 술떡 같다.

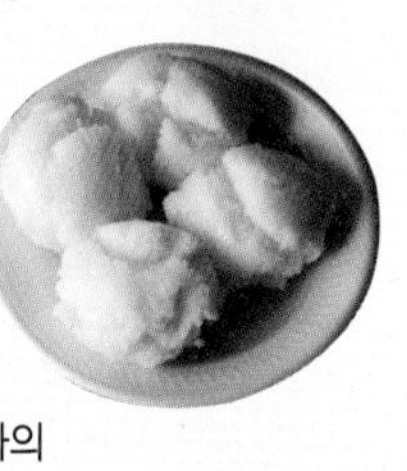

투바 Tuba

코코넛 나무에 흠집을 내 채취한 순수 원액을 발효시켜 만든 차모로족의 전통주. 우리나라의 막걸리와 비슷한 맛이 난다. 사이판 원주민들이 주로 집에서 만들어 현지인들의 바비큐 파티에 어김없이 등장한다.

THEME 8

열대 과일

열대의 뜨거운 태양 아래서 익은 오색 빛깔의 과일. 달콤한 것, 새콤한 것, 부드러운 것까지 다양한 맛과 향으로 우리를 유혹한다. 사이판에서 먹을 수 있는 열대 과일, 뭐가 있을까?

망고 Mango

부드럽고 달콤한 속살에 영양까지 풍부한 과일. 5~6월이 최고의 망고 철이다. 로컬, 카라바오, 하와이안, 파나마, 애플망고 등 종류도 다양하다.

빵나무 Bread Fruit Tree

먹을 것이 별로 없던 시절 사이판 원주민의 주식이었던 과일. 굽거나 쪄서 먹으면 빵과 같은 식감에 고구마와 밤을 섞은 듯한 달콤한 맛이 난다.

잭프루트 Jackfruit

크고 울퉁불퉁한 겉면이 두리안과 비슷하다. 잘 익으면 속살이 노랗고 쫄깃한 식감에 달콤한 맛이 강하다. 단, 끈적임이 있으니 주의할 것.

사워솝 Soursop

그라비올라(graviola), 구아나바나(guanabana)로도 불리는 과일. 길쭉한 초록빛 타원형 열매에 가시가 가득 돋아 있다. 속살이 희고 씨가 있으며 새콤한 요구르트 맛이 난다.

슈거 애플 Sugar Apple

하얗고 말랑말랑한 속살이 설탕처럼 녹아내리는 과일. 생김새가 부처님 머리를 닮아 '석가과'라고도 하며 사이판 현지인들에겐 '아티스(arthis)'라는 이름으로 더 알려져 있다.

코코넛 Coconut

더 이상 말이 필요 없는 대표 열대 과일. 과즙은 체내 흡수가 빨라 즉각적으로 갈증을 해소하고, 새하얀 과육은 초고추장을 찍어 입에 넣으면 신선한 한 치 회를 씹는 듯하다.

바나나 Banana

당도가 매우 높은 열대 과일. 사이판에서 자란 탄두크 바나나가 대표적이고, 이외에 원숭이가 좋아하는 작고 앙증맞은 몽키 바나나 등이 있다.

스타푸르트 Starfruit

열매를 자르면 단면이 별 모양인 독특한 과일. 익을수록 노란 빛깔이 강해지고 사과와 비슷한 아삭한 식감에 새콤한 자두 맛이 난다.

피탕가 Pitanga

야생 체리의 일종으로 작고 붉은 빛깔을 띠며 달콤하면서도 쌉쌀한 맛이 난다. '수리남 체리', '고추 체리'라고도 불리며 주스나 잼으로 만들어 먹는다.

라임 Lime

비타민 C가 풍부하고 칼로리가 낮은 과일로 즙을 내어 육류 또는 생선 요리에 뿌려 먹거나 소주나 음료에 섞어 마시면 새콤한 맛과 향이 난다.

탄제린 Tangerine

오렌지와 비슷하지만 크기가 작고 껍질이 얇은 과일. 초록 빛깔의 껍질을 까면 새콤달콤한 과육이 나오는데 우리나라 감귤보다 단맛이 덜하다.

패션푸르트 Passionfruit

비타민 C가 풍부한 과일로 겉면이 검붉거나 노란 빛깔을 띤다. 열매를 반으로 가르면 새콤달콤한 과육과 씨가 섞여 있는데 오독오독 씹는 맛이 독특하다.

아보카도 Avocado

비타민과 단백질이 풍부한 과일로 말랑말랑하게 익었을 때 스푼으로 떠먹으면 부드럽고 고소하다. 샐러드에 넣어 먹거나 으깨어 식빵에 발라 먹어도 좋다.

THEME 9

노니

우리나라에 인삼이 있다면 사이판에는 노니(Noni)가 있다. '신이 주신 선물'로 불리는 노니는 각종 질병에 좋은 슈퍼 푸드. 다양한 상품으로 개발해 인기를 끌고 있는 노니 제품을 만나보자.

비누 Soap

노니 원액에 천연 식물성 오일, 에센셜 오일 등을 넣어 만든 비누.

선번 젤 Sun Burn Gel

태양열에 다친 피부 화상 부위에 바르면 쿨링 효과와 함께 피부를 진정시킨다.

오일 Oil

노니에서 추출한 천연 오일. 건조하거나 갈라진 피부에 바르면 효과적이다.

클렌저 Cleanser

미세한 거품으로 민감한 피부를 세정하는 폼 클렌저와 노니 오일이 모공 깊숙이 박힌 각질을 제거하는 클렌징 오일.

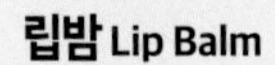

립밤 Lip Balm

노니 오일과 엑스트라 버진 코코넛 오일 등을 넣어 입술의 수분을 공급하고 촉촉하게 가꿔준다.

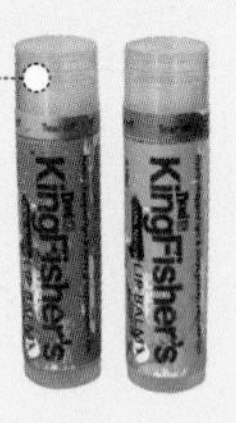

샴푸 Shampoo

노니와 허브, 탈모 예방에 좋은 인도의 전통 한약재가 함유되어 건강한 모발을 만든다.

페이셜 마스크 Facial Mask

노니의 수분과 영양이 사이판의 강한 자외선에 지친 피부를 진정시키는 마스크팩.

차 Tea

노니 잎을 말려 만든 차. 향이 강하지 않아 남녀노소 누구나 무난하게 마실 수 있다.

주스 Pure Juice

노니 원액 100%로 순수하게 담은 주스. 매일 아침저녁 공복에 소주 한 잔 분량 정도 마신다.

노니란?

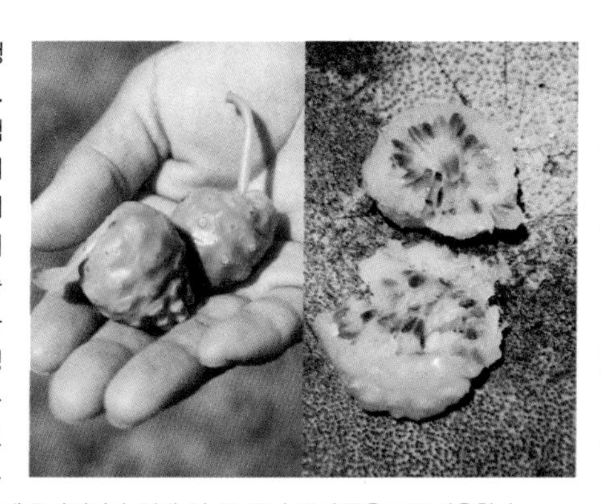

사이판, 하와이, 뉴질랜드 등 남태평양 청정 지역에서 자라는 열대 식물 노니(Noni). 초록빛을 띠는 작고 울퉁불퉁한 열매는 익으면 익을수록 반투명해지고 살짝만 눌러도 터져버릴 만큼 물러진다. 쓰디쓴 맛에 쉬이 가시지 않는 고약한 냄새까지 풍겨 한때는 열매를 그냥 버리기도 했지만 각종 질병에 좋다는 사실이 알려지면서 인기가 급상승했다. 실제로 노니에는 세포를 재생하는 제로닌, 혈액순환을 원활하게 하는 스코폴레틴, 자가 치유 능력이 있는 이리도이드, 통증 완화에 좋은 안트라퀴논 성분이 풍부해 고혈압, 암, 당뇨, 소화기 장애 등에 효과적이다. 열매, 잎, 꽃, 줄기, 뿌리 등을 모두 사용한다.

추천 브랜드: **킹피셔스 노니 Kingfisher's Noni**

사이판 최초의 유기농 노니 브랜드. 사이판에서 나고 자란 노니와 코코넛, 천연 허브 등을 이용해 만든 주스, 차, 비누, 오일, 샴푸, 화장품 등 다양한 제품을 구비하고 있다. 사이판에 이어 괌까지 진출해 다양한 제품을 선보인다.

THEME 10

재래시장

어디를 여행하든 현지인의 삶과 문화를 제대로 보려면 재래시장을 찾아야 한다.
볼거리, 먹거리, 즐길 거리 풍부한 사이판의 재래시장, 그 속을 들여다보자.

가라판 스트리트 마켓
Garapan Street Market

현지인을 중심으로 한 자타 공인 사이판 최고의 야시장. 말 그대로 북적거리는 길거리에서 심야 식당이 문을 연다. 매주 목요일 오후, 가라판 피싱 베이스에 포장마차 골목처럼 간이음식점이 하나둘 들어서고, 전통 차모로 음식은 물론 한국, 일본, 중국, 필리핀 등 군침 도는 세계 음식을 풀어놓는다. 단돈 $1짜리 꼬치구이, $5짜리 바비큐 등 아무리 비싸도 $10를 넘지 않는 저렴한 가격 덕분에 북적북적 사람들로 발 디딜 틈이 없을 정도. 중앙 무대에서는 흥겨운 음악과 다양한 퍼포먼스가 펼쳐지고 간단한 수공예품과 기념품도 구경할 수 있다. 바다와 맞닿아 있어 일몰을 감상하기에도 좋다. 코로나19로 인해 현재 가라판 스트리트 마켓은 일시 정지 상태. 대신 금요일 밤마다 같은 자리에서 야시장이 열리고 있다.

MAP p.82-D
찾아가기 가라판 교회 앞 피싱 베이스
영업 목요일 17:00~22:00

사발루 파머스 마켓
Sabalu Farmers Market

매주 토요일 오전, 사이판 월드 리조트 옆 시빅 센터 공터에서 열리는 재래시장. '사발루(Sabalu)'는 차모로어로 토요일을 뜻하며, 이 시장은 지역 농민들의 상권을 활성화하기 위해 시작되었다. 규모는 그리 크지 않지만 아침부터 사람들로 북적거리고 오일장 느낌도 난다. 원주민이 직접 재배한 신선한 현지 과일과 채소, 집에서 키울 만한 화초, 집에서 사용하던 생활용품 및 중고 의류, 신발 등을 판매한다. 차모로 전통 음식과 간단한 먹거리도 맛볼 수 있다.

MAP p.89-G
찾아가기 수수페 지역, 비치로드의 시빅 센터 공원 내
영업 토요일 07:00~11:00

THEME 11

전망대

위로 더 위로, 무조건 높이 올라간다고 능사가 아니다. 어디서 내려다보면 백만 불짜리 풍경이 펼쳐질까? 사이판의 아름다움을 제대로 담아내는 최고의 전망대를 찾아라!

타포차우산
Mt. Tapochau

더 이상 말이 필요 없는 사이판 최고의 전망대. 해발 474m로 섬에서 가장 높은 산이다. 사이판 중심에 자리해 동서남북을 가르는 기준이 되기도 한다. 정상에는 자비로운 표정의 예수 그리스도상이 서 있고, 안전하게 설치된 펜스 안에서 사이판 전체를 한눈에 조망할 수 있다. 가깝게는 가라판 시내와 캐피톨힐, 수수페 호수, 마나가하 아일랜드가, 멀게는 티니안과 고트 아일랜드까지 보일 만큼 시야가 탁 트여 있으니 기념사진은 필수. 모험과 트레킹을 좋아한다면 등산로를 따라 걷거나 ATV를 이용하는 것도 좋다.

MAP p.83-H
찾아가기 캐피톨힐 Tapochau Rd에서 Sara Market 맞은편 길을 따라 이동

사바나 고원
Sabana Lookout Point

타포차우산 아래쪽에 위치한 넓은 들판. 완만한 곡선을 이루는 초록 빛깔 구릉이 평화롭게 느껴지는 힐링 스폿으로 사이판 최남단인 나프탄과 사이판 국제공항, 바다 너머 티니안이 한 폭의 그림처럼 펼쳐진다. 단, 워낙 가파르고 험한 오프로드를 따라 올라가야 하기 때문에 구동력 좋은 ATV를 타고 이동해야 한다. 특히 해 질 무렵에 오르면 환상적인 선셋을 바라보며 짜릿한 익스트림 스포츠까지 즐길 수 있다.

MAP p.83-H
찾아가기 캐피톨힐 Tapochau Rd에서 오프로드를 따라 사이판 남부로 내려가는 곳에 위치, ATV로 이동 가능

마리아나 라이트하우스
Mariana Lighthouse

일본 식민 시대인 1934년, 네이비힐에 세운 등대. 치열한 전쟁 중에도 원형 그대로 살아남아 같은 자리를 지키고 있다. 한때는 방치돼 여기저기 부서지고 낙서와 쓰레기가 넘쳤지만, 현재 마리아나 라이트하우스 레스토랑으로 변신했다. 이곳의 하이라이트는 꼭대기에서 바라보는 전망이다. 명색이 등대이니 시야 확보는 두말하면 잔소리! TV처럼 열린 프레임 사이로 가라판과 마나가하 아일랜드가 멋지게 펼쳐진다. 인기 아이돌 그룹 BTS도 이곳에서 화보를 찍어 화제가 되기도 했다.

MAP p.82-E
찾아가기 Navy Hill Rd를 따라 올라가다 Whispering Palms School을 지나 왼쪽에 위치

산 이시드로 성당
San Isidro Chapel

사이판 현지인들조차 잘 모르는 시크릿 스폿. 미들로드 뒤편 언덕을 따라 올라가면 나타나는 아담한 성당으로 비치로드를 따라 형성된 사이판 중서부 지역이 한눈에 내려다보인다. 필리핀해를 향해 쭉 뻗은 바다, 그 위로 거대한 배들이 떠 있어 운치를 더한다. 멋진 풍경과 성당이 어우러져 셀프 웨딩 사진을 찍기에 더없이 좋다.

MAP p.83-G
찾아가기 가라판 미들로드에서 Robit Dr를 따라 이동

360도 회전 레스토랑
360 Revolving Restaurant

식사하면서 편안하게 사이판 남서부를 감상할 수 있는 전망대. 10.9km 높이에서 360도 회전하는 레스토랑으로 시야가 탁 트인 유리창 밖으로 파노라마 뷰가 펼쳐진다. 월드 리조트와 (구)카노아 리조트, 그 너머로 필리핀해가 바라다보이는데 해 질 무렵 붉게 물드는 일몰을 감상하며 로맨틱한 식사를 즐기려는 사람이 많이 찾는다.

MAP p.89-G
찾아가기 월드 리조트 맞은편, Insatto St 안쪽

THEME 12

다이내믹 쇼쇼쇼

**원주민의 흥겨운 공연에 어깨를 들썩이고 맛있는 음식까지 즐긴다.
사이판의 나이트라이프, 당신의 밤을 황홀하게 만들 쇼쇼쇼 퍼레이드.**

아타아리 디너쇼
Ataari Dinner Show

사이판에서 가장 규모가 크고 인기 있는 원주민 디너쇼. 마이크로 비치가 붉게 물들 무렵, 크라운 플라자 리조트 내에 위치한 야외 레스토랑에서 화려한 막이 오른다. 아름다운 선셋을 배경으로 차모로족 전통 춤과 음악, 퍼포먼스, 뷔페 식사를 한 번에 즐길 수 있어 여행객들에게는 최고의 선물이다. 젊고 유쾌한 댄서들로 구성된 공연단은 차모로뿐만 아니라 하와이, 사모아, 피지, 뉴질랜드 등 각 섬의 전통 춤을 모아 폴리네시안 댄스 쇼를 펼치고, 센스 만점인 사회자가 맛깔스런 한국어 멘트로 관객을 웃긴다. 마지막에는 관객들과 함께 하는 댄스 배틀을 통해 특별한 경험을 즐길 수 있다. 뷔페 역시 푸짐한 바비큐를 비롯해 비프, 치킨, 해산물 등 다양한 섬 스타일의 음식을 제공한다.

MAP p.86-B
찾아가기 크라운 플라자 리조트 내
전화 +1 670-234-6412
시간 월, 수, 금요일 18:00~20:00
요금 성인 $69, 어린이(4~11세) $30
이메일 Restaurants.CPRSaipan@ihg.com
홈페이지 saipan.crowneplaza.com

월드 바비큐 디너쇼
World Resort BBQ Dinner Show

월드 리조트의 정글 스테이지에서 해 질 무렵 펼쳐지는 바비큐 디너쇼. 차모로 원주민의 라이브 공연은 마리아나 제도와 주변 섬들의 전통 춤을 모아 폴리네시안 댄스를 선보이는데, 관록 있는 진행자의 사회로 재미를 더한다. 공연에는 관객들도 함께 춤추는 시간과 댄스 경연 대회가 포함된다. 총 108석 규모의 테이블에서는 즉석에서 구운 바비큐를 비롯해 돼지구이, 치킨, 초밥, 해산물 등 다양한 요리를 맛볼 수 있다.

MAP p.89-G
찾아가기 월드 리조트 내
전화 +1 670-234-5900
시간 화, 목, 토요일 18:00~20:00
요금 성인 $69, 어린이(4~11세) $30
이메일 lena.lee@saipan worldresort.com
홈페이지 www.saipan worldresort.com

아쿠아 선셋 비치 BBQ
Aqua Sunset Beach BBQ

아쿠아 리조트 클럽에서 진행하는 바비큐 디너쇼. 규모는 그리 크지 않지만 아름다운 아추가우 비치 바로 앞에서 진행되기 때문에 환상적인 노을과 잔잔한 바다를 배경으로 춤을 추는 무희의 모습을 여유롭게 감상할 수 있다. 성인에게는 서프 & 터프 메뉴가 제공되는데, 랍스터와 새우, 갈비구이, 통감자, 샐러드, 디저트 등이 세트로 구성되어 푸짐하다. 어린이에게는 쇠고기 치즈 버거와 감자튀김, 과일 등 키즈 플레이트를 제공한다.

MAP p.82-B
찾아가기 아쿠아 리조트 클럽
전화 +1 670-322-1234
시간 수, 토요일 18:00~20:00
요금 성인 $85(2인 이상 이용 가능), 어린이(6~11세) $25
이메일 info@aquaresortsaipan.com
홈페이지 www.aquaresortsaipan.com

채플 웨딩

아름다운 섬을 배경으로 로맨틱한 웨딩을 꿈꾼다면 채플 웨딩을 놓치지 말 것. 눈부시게 푸른 바다를 배경으로 한 작고 아담한 채플에서 모두에게 축복받는 달콤한 하루가 펼쳐진다.

세인트 안젤로 채플
St. Angelo Chapel

켄싱턴 호텔 사이판 내에 위치한 채플. 시원한 블루와 화이트 컬러 외관에 수용 인원은 총 45명, 버진 로드 길이는 8m이다. 에메랄드빛 바다가 잘 보이도록 주례 단상 뒷부분을 모두 유리창으로 설계한 것이 특징. 채플 바로 앞에 파우파우 비치가 펼쳐지며, 야자수가 늘어선 정원도 갖췄다. 예식을 마친 후에는 바로 옆에 마련된 홀에서 식사와 파티도 겸할 수 있다. 채플에서의 예식은 와타베 웨딩이 관리한다.

MAP p.82-B
찾아가기 켄싱턴 호텔 사이판 내
전화 +1 670-235-9332
홈페이지 www.kensingtonsaipan.com

하얏트 화이트 샌드 채플
Hyatt White Sands Chapel

하얏트 리젠시 사이판의 울창한 정원 속에 자리한 채플. 수용 인원 총 40명, 버진 로드 길이 8m이며 신랑과 신부가 마주하는 주례 단상 뒤로 큰 직사각형 프레임 창문이 있고 그 너머로 푸른 마이크로 비치가 아름답게 펼쳐진다. 야자나무가 이국적인 초록빛 정원에서의 가든 웨딩도 가능하며 리조트 자체적으로 스페셜 패키지도 갖추고 있다. 채플은 물론 드레스와 턱시도 대여, 헤어 & 메이크업, 부케, 사진, 비디오 제작 등을 모두 포함한 가격은 $1,800부터 시작된다.

MAP p.86-C
찾아가기 하얏트 리젠시 사이판 내
전화 +1 670-234-1234
홈페이지 www.saipan.regency.hyatt.com

그랜드브리오 채플
Grandvrio Chapel

그랜드브리오 리조트 사이판의 야외 수영장 바로 옆에 위치한 채플. 붉은 지붕이 인상적인 건물은 유럽의 작은 시골 교회를 연상시킨다. 수용 인원 40명의 아담한 규모로 내부는 화려한 스테인드글라스로 장식되어 있다. 마이크로 비치와 바로 연결되어 있어 예식 후 해변에서 소규모 웨딩 파티를 즐기기에도 적당하다.

MAP p.84-E
찾아가기 그랜드브리오 리조트 사이판 내
전화 +1 670-234-6495
홈페이지 grandvrio-saipan.com

THEME 14

스파 · 마사지

**여행의 피로를 한 방에 날려주는 스파와 마사지.
지친 다리와 경직된 근육을 풀어주기만 해도 다음 일정이 더욱 즐겁다.
몸과 마음이 건강해지는 힐링 공간 총집합!**

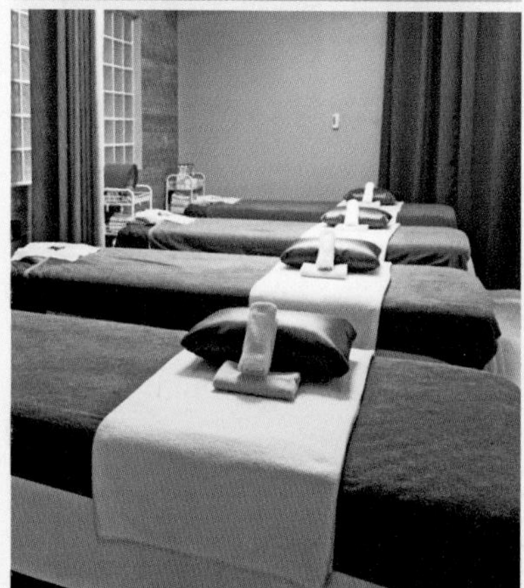

스파 오션
Spa Ocean

2023년 2월, 사이판 남부에 새로 문을 연 프리미엄 마사지 숍. 마사지는 물론 피부 관리와 네일 케어 공간까지 마련되어 토탈 뷰티 살롱이나 다름없다. 2인실, 4인실, 가족실 등이 마련되어 있고, 각 룸마다 샤워실을 갖췄다. 아늑한 쉼터로 꾸며진 리셉션은 초록빛 실내 정원이 있어 대기 시간마저 힐링된다. 천연 아로마 오일, 건식 지압, 핫 스톤, 천연 보디 스크럽 & 트리트먼트, 발 마사지, 캔들 테라피 등의 다양한 프로그램이 있고, 모두 숙련된 전문가가 진행한다. 마사지와 피부 관리에 사용되는 오일과 스크럽 등도 모두 친환경 제품으로 만족도가 높다. 마사지 요금은 90분 $80~100, 120분 $100~130. 네일 케어는 한국 출신의 네일 아티스트가 젤네일, 페디큐어 등을 직접 해준다. 스파 오션은 한국인이 운영하기 때문에 의사소통이 편하고, 호텔 픽업 및 드롭오프 서비스도 제공한다. 심야에는 마사지를 마친 후 공항까지 데려다주기 때문에 한국행 새벽 비행기를 탈 여행객에게 인기가 많다.

MAP p.88-F
찾아가기 비치로드, 서프라이더 호텔 옆
영업 12:00~23:00
전화 +1 670-235-7000
홈페이지 www.saipanspaocean.com

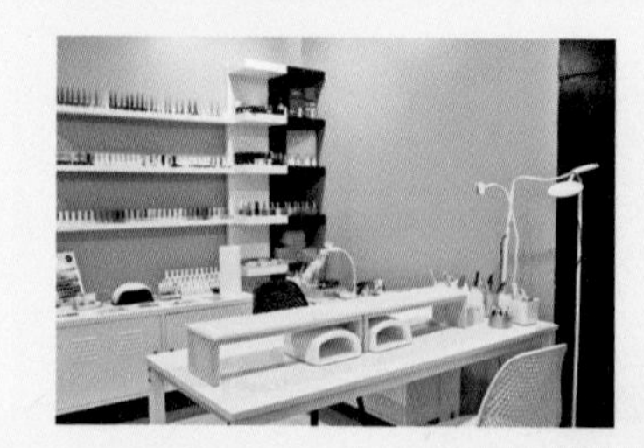

로하스 마사지
Lohas Massage

사이판 남부, (구)카노아 리조트 맞은편에 위치한 깔끔한 인테리어의 마사지 숍. 휴식을 취할 수 있는 널찍한 리셉션을 시작으로 싱글, 커플, 단체룸 등이 마련되어 있다. 피로 회복과 혈액 순환에 좋은 중국식 지압 마사지, 전신 마사지를 비롯해 코코넛 오일, 핫 스톤, 발 마사지, 아이 성장 마사지 등의 프로그램을 갖췄다. 가격은 60분 기준으로 $35~70. 한국인이 운영하기 때문에 의사소통에도 전혀 무리가 없다. 호텔 픽업 및 드롭오프 서비스를 제공하며, 심야에는 마사지를 마치고 바로 공항으로 이동 가능하다.

MAP p.89-G
찾아가기 (구)카노아 리조트 맞은편의 한국관 레스토랑 옆
전화 +1 670-783-7000
영업 11:00~24:00

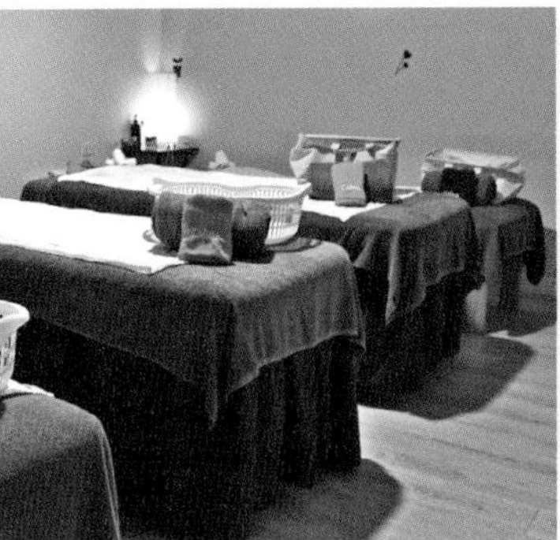

시온 마사지
Zion Massage

월드 리조트 내에 위치한 마사지 숍. 오아시스(Oasis)에서 2022년 6월 시온 마사지로 이름을 변경하고 내부도 새롭게 단장했다. 그리 크지 않은 공간이지만 싱글, 커플, 트리플룸 등을 갖췄고, 릴렉싱, 안티 셀룰라이트, 핫 스톤, 발 마사지 등의 프로그램을 선보인다. 가격은 60분 기준 $60~70. 스페셜 콤비네이션 마사지는 얼굴부터 복부, 전신 마사지를 비롯해 이어 캔들 테라피까지 포함해 2시간 코스로 진행한다. 마사지에 사용하는 코코넛 오일은 100% 사이판 제품이고, 마사지를 마친 후에는 따뜻한 노니 차도 제공한다.

MAP p.89-G
찾아가기 월드 리조트 내 위치
영업 10:00~23:00
전화 +1 670-235-0381

선샤인
Sunshine

가라판 한복판에 오픈한 마사지 숍. 1층은 발 마사지, 2층은 보디 마사지 공간으로 나뉘어 있고, 깔끔한 주인장이 항상 깨끗하고 쾌적한 환경을 유지한다. 보디, 오일, 핫 스톤, 발 마사지 등의 프로그램이 있고, 가격은 60분 기준 $30~45. 아로마 테라피 에어 캔들과 페이셜 클렌징, 스킨 마스크, 오일 보디 마사지를 포함한 2시간 코스는 $120이다. 호텔 픽업 & 드롭오프 서비스를 진행하고, 2인 이상 고객에게는 심야 공항 드롭오프 서비스도 가능하다.

MAP p.86-D
찾아가기 가라판 지역, Coconut St에 위치
영업 11:00~02:00
전화 +1 670-287-9161

오투 스파
O² Spa

2015년 오아유비에서 이름을 바꾸고, 대대적인 리노베이션을 거쳐 모던하고 감각적인 인테리어 공간으로 재탄생한 스파. 전신과 발 마사지, 얼굴과 두피 케어 등을 서비스하고 요금은 60분 기준으로 $30~50 정도이다. 특히 남성의 신장 기능과 여성의 난소 기능 강화를 위한 마사지 프로그램을 갖추고 있다. 무료 픽업과 호텔 객실로 출장 서비스도 운영한다.

MAP p.86-B
찾아가기 가라판 지역, Coral Tree Ave에 위치
전화 +1 670-233-3388
영업 10:00~23:00

베르데 스파
Verde Spa

오리엔탈풍 인테리어가 돋보이는 오가닉 콘셉트의 스파. 각각의 세러피룸에 2개의 베드, 자쿠지, 샤워실, 화장실, 로커룸 등이 딸려 있어 프라이빗한 마사지를 즐길 수 있으며 모든 프로그램에 유기농 제품을 사용한다. 전신과 발 마사지, 보디 스크럽, 페이셜 & 헤어 케어가 가능하고 요금은 60분 기준으로 $55~90. 수시로 50% 할인 행사를 한다.

MAP p.86-B
찾아가기 가라판 지역, Coral Tree Ave에 위치
전화 +1 670-233-7799
영업 10:00~23:00

하나미츠 스파
Hanamitsu Spa

하나미츠 호텔 & 스파에 위치한 스파. 가라판 시내 한복판이어서 부담 없이 드나들 수 있는 것이 최대 장점이며 스파, 마사지, 풋케어룸, 네일 살롱 등을 갖췄다. 스포츠, 아로마, 스톤, 알로에, 슬리밍 등 보디 마사지 종류만 해도 11가지. 요금은 60분 기준 \$50~70다. 이외 피부 타입별로 진행되는 페이셜 케어(\$80), 인도 아유르베다 방식의 헤드 케어(\$60~80), 오이 팩, 알로에 팩, 머드 스크럽 등의 보디 트리트먼트(\$60), 네일 케어(\$10~30), 페디큐어(\$30~40), 스페셜 콤비네이션 프로그램도 있다. 매월 할인 프로모션을 진행한다.

MAP p.86-B
찾아가기 하나미츠 호텔 & 스파 내
전화 +1 670-233-1818
영업 10:00~23:00
홈페이지 www.saipanhanamitsu.com

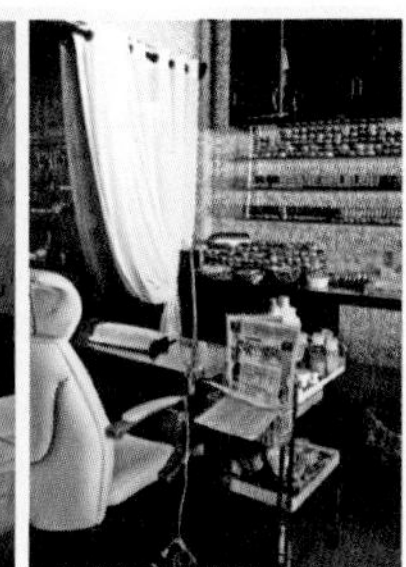

힐링 스톤 유유 스파
Healing Stone Yu Yu Spa

홀리데이 사이판 리조트 내에 위치한 스파. 신진대사를 촉진시키고 몸속 노폐물 배출을 원활하게 돕는다는 핑크 암염 원적외선 사우나 시설을 사이판에서 유일하게 갖추었다. 요금은 40분 이용 시 \$20. 전신과 발 마사지를 기본으로 보디 스톤 테라피, 림프, 다이어트, 스포츠 마사지, 난소 기능 강화를 위한 마사지 등 다양한 프로그램을 갖췄다. 가격은 60분 기준 \$50~80이며, 홀리데이 사이판 리조트 숙박자에게 할인 서비스를 제공한다. 2024년에 홀리데이 사이판 리조트 바로 앞에 위치한 독채 건물로 이전할 예정이다.

MAP p.85-I
찾아가기 홀리데이 사이판 리조트 내
전화 +1 670-233-6696
영업 11:00~23:00

THEME 15

골프 코스

**눈부시게 푸른 에메랄드빛 바다가 펼쳐지는 사이판.
해안 절벽을 따라 아름다운 자연을 그대로 살린 명품 코스가 골퍼들을 유혹한다.
바다 너머로 날리는 나이스 샷, 더위를 한 방에 날려줄 최고의 골프 코스를 찾아서!**

킹피셔 골프 링크스
Kingfisher Golf Links

사이판에서 행운을 상징하는 새 '킹피셔'의 이름을 딴 골프장. 총 6,651야드, 18홀, 72파 규모로 호주 골퍼 그레이엄 마시가 디자인했으며, 1996년에 오픈했다. 사이판 동쪽 해안을 따라 펼쳐지는 골프 코스는 자연 지형을 그대로 살려 설계해 푸른 바다와 깎아지른 절벽, 시원한 바람과 파도 소리를 만끽하며 라운딩을 즐길 수 있다. 13번에서 16번 홀로 이어지는 전망이 최고. 특히 14번 홀에 위치한 티하우스에서는 제프리스 비치가 한눈에 내려다보여 가볍게 맥주를 마시며 휴식을 취하기 좋다. 호텔에서 골프장까지 셔틀버스를 운행한다.

MAP p.82-F
찾아가기 Isa Dr에서 Rte 36 도로를 따라 이동
전화 +1 670-322-1100
영업 06:00~18:00
요금 1라운드 $175~200, 애프터눈 골프 $115~130, 1주일 골프 패스 $530~720
이메일 info@kingfishergolflinks.com
홈페이지 www.kingfishergolflinks.com

라오라오 베이 골프 & 리조트
Lao Lao Bay Golf & Resort

북마리아나 제도에서 유일하게 36홀을 갖춘 최대 규모의 골프장으로 사이판 동부 라오라오만을 끼고 이어진다. 호주 골퍼 그레그 노먼이 디자인해 1991년에 오픈했으며, 이스트와 웨스트, 2개 코스로 이루어져 있다. 각각 6,355야드, 7,025야드에 18홀, 72파 규모이다. 해안선을 따라 설계한 이스트 코스는 바다 전망이 아름답다. 특히 6, 7번 홀에서는 바다 너머 절벽 사이를 가로지르는 샷을 즐길 수 있다. 타포차우산을 배경으로 한 웨스트 코스는 연못과 벙커, 경사 등을 이용해 다이내믹하게 구성했다. 각각의 코스에는 라오라오만을 직접 걸을 수 있는 트레킹 코스도 있는데 투숙객은 무료이지만 외부인은 1명당 $10를 지불해야 한다.

MAP p.83-H
찾아가기 사이판 동부, Isa Dr에서 모빌 카그만(Mobil Kagman) 주유소 안쪽으로 이동 후 Rte 34 도로를 따라 이동
전화 +1 670-236-8888
영업 06:00~18:00
요금 이스트 코스 $180(18홀 추가 시 $110), 웨스트 코스 $180(18홀 추가 시 $100)
이메일 rsrvn@laolaobay.com
홈페이지 www.laolaobay.com

코럴 오션 리조트
Coral Ocean Resort

총 7,156야드, 18홀, 72파 규모로 사이판에서 가장 긴 코스를 보유한 골프장. 미국 골퍼 래리 넬슨의 디자인으로 1988년에 오픈했다. 사이판 남서쪽 해안을 따라 설계해 울창한 숲을 지나 티니안섬과 아긴간 해변을 바라보며 라운딩할 수 있다. 가장 매력적인 코스는 7, 14, 17번 홀. 바다 너머로 시원하게 날리는 티샷은 파워 넘치는 장타력을 뽐내기에 충분하다. 킹피셔 골프 링크스와 라오라오 베이 골프장이 아찔하게 높은 절벽을 내려다보는 구조라면, 이곳은 바다를 바로 맞이하는 골프 코스로 보다 역동적이고 짜릿한 매력이 있다.

MAP p.83-J
찾아가기 사이판 남부, Rte 304 As Gonno Rd를 따라 이동 전화 +1 670-234-7000
영업 24시간 요금 1라운드 $150~180
홈페이지 www.coraloceansaipan.com

사이판 컨트리클럽
Saipan Country Club

사이판에서 가장 오래된 골프장. 총 2,592야드, 9홀, 35파 규모로 골프 초보자도 부담 없이 즐기기에 좋다. 미국 장교들을 위해 만들었다는 이곳은 가라판에서 가장 가까운 거리, 완만한 언덕을 따라 이어지는 편안한 코스, 저렴한 요금이 특징이다. 골프장 곳곳에 망고나무, 불꽃나무, 야자나무 등이 있어 시즌별로 꽃구경을 하고 열매 따 먹는 재미가 있다. 규모가 작다 보니 다른 골프장보다 뒷전에 있긴 하지만 가볍게 라운딩하기에는 손색이 없다.

MAP p.83-G
찾아가기 가라판 미들로드, 맥도날드 안쪽 도로로 이동
전화 +1 670-234-7300
영업 08:00~17:00
요금 $12~23, 멤버십 $100(30번 플레이)

주요 골프장 안내

골프장	디자인	규모	최고 전망	요금	숙박 시설
라오라오 베이 골프 & 리조트	그레그 노먼	이스트 코스 6,355야드, 웨스트 코스 7,025야드, 각각 18홀, 72파	이스트 6, 7번 홀 웨스트 18번 홀	1라운드 $180	46개 오션베이룸 + 7개 스위트룸
코럴 오션 리조트	래리 넬슨	총 7,156야드, 18홀, 72파	7, 14, 17번 홀	1라운드 $150~180	93개 객실
킹피셔 골프 링크스	그레이엄 마시	총 6,651야드, 18홀, 72파	13, 14번 홀	1라운드 $175~200	없음
사이판 컨트리클럽	-	총 2,592야드, 9홀, 35파	-	$12~23	사이판 베이거스

THEME 16

카지노

**황금기를 누리던 사이판의 카지노 사업이 코로나19 이후로 느리게 걷고 있다.
사이판 최대 규모의 카지노 임페리얼 팰리스가 문을 닫았기 때문.
하지만 여전히 갬블링은 가능하다.**

사이판의 카지노 사업은 롤러코스터를 타듯 변화에 변화를 거듭했다. 2015년 초까지만 해도 북마리아나 제도의 카지노는 티니안에 있는 티니안 다이너스티 & 카지노가 유일했다. 사이판 내 카지노 합법화를 두고 찬성과 반대 의견이 팽팽하게 맞섰기 때문. 하지만 점점 침체되어 가는 경제를 살리기 위해 많은 관광객을 유치할 수 있는 카지노 규제가 사이판 내에서 풀렸고, 본격적으로 카지노 사업이 시작되었다. 이후 첫 번째 공식 카지노인 베스트 선샤인 라이브가 문을 열고, 2017년 임페리얼 팰리스로 확장 이전하기에 이른다. 임페리얼 팰리스는 화려한 외관에 바카라, 블랙잭, 카지노 워, 룰렛 등을 즐길 수 있는 총 79개의 테이블과 184개의 슬롯머신을 갖춘 초호화 카지노였지만 초유의 코로나19 위기와 구조적인 문제가 겹치면서 일시 정지 상태다. 현재 임페리얼 팰리스의 재개장을 위해 노력 중이지만 언제가 될지 아무도 모른다. 비록 초호화 카지노는 문을 닫았지만 전자 카지노가 가능한 사이판 베이거스와 클럽 88, 작은 규모의 사설 포커장 등에서 갬블링을 즐길 수 있다.

임패리얼 팰리스 ©Imperial Palace

사이판 베이거스
Saipan Vegas

사이판과 라스베이거스가 결합했다. 사이판 베이거스 골프 리조트 & 슬롯 클럽은 카지노와 골프장, 호텔을 동시에 즐길 수 있는 곳으로 전자 카지노 테이블 2개, 슬롯머신 100개를 갖췄다. 호텔 투숙객에게는 객실 타입에 따라 카지노에서 자유롭게 사용 가능한 $10~30 상당의 플레이 바우처를 지급한다. 매달 다양한 할인 프로모션도 진행하니 미리 체크할 것.

MAP p.83-G
찾아가기 가라판 미들로드, 맥도날드 안쪽 도로로 이동
영업 24시간
전화 +1 670-234-8718

클럽 88
Club 88

가라판의 사이판 오션 뷰 호텔 1층에 있는 전자 카지노. 럭키88, 50드래건 등 총 60개의 게임 머신을 갖췄다. 저렴한 ¢1 베팅부터 $10 베팅까지 다양하며 매주 수·금·토요일에는 오후 8시부터 12시까지 플레이어들을 위한 럭키 드로 이벤트도 진행한다. 금연석과 흡연석이 분리되어 있고 21세 이상 입장 가능.

MAP p.85-H
찾아가기 사이판 오션 뷰 호텔 내
전화 +1 670-233-0888 영업 24시간

바다로 향하는 트레킹

울창한 숲으로 쏟아지는 햇살, 코끝으로 진하게 올라오는 흙냄새…. 자연과 호흡하며 걷는 재미가 특별하다. 때 묻지 않은 사이판의 속살을 탐험하는 짧고 쉬운 트레킹 코스를 소개한다.

Mini Interview

이름 미키
직업 사이판 어드벤쳐 트레킹 전문 가이드

1. 내가 꼽는 사이판 최고의 트레킹 코스는?
포비든 아일랜드. 푸른 바다를 바라보며 내려가는 코스에 꼭꼭 숨어 있는 동굴을 찾는 재미, 수많은 열대어로 가득한 스노클링 포인트까지 절대 놓쳐서는 안 된다.

2. 사이판 트레킹만의 매력은?
꾸미지 않은 아름다움. 그 흔한 표지판도, 잘 닦인 산책로도 없이 자연 그대로 보존된 숲길과 바닷길을 걸으면 심신이 치유되는 기분이다.

3. 트레킹할 때 주의 사항 세 가지는?
첫째, 개인 행동은 사고 발생 요인이 될 수 있으니 전문 가이드의 지시에 따라 움직일 것. 둘째, 패션보다는 안전을 위한 복장이 필수. 셋째, 무더운 날씨에 과한 음주는 금물.

포비든 아일랜드
Forbidden Island

사이판 중동부의 카그만 지역, 포비든 아일랜드 로드 끄트머리에서 출발해 자연보호 구역인 포비든 아일랜드까지 연결하는 트레킹 코스. 가파른 내리막길에서 미끄러질 위험이 있지만 바다 위에 보석처럼 박혀 있는 섬과 굽이치는 해안선을 바라보며 걸으면 힘든 줄 모른다. 이곳의 하이라이트는 뭐니 뭐니 해도 동굴 탐험. 뾰족하게 솟은 바위를 여러 개 지나고, 성인 1명이 겨우 들어갈 수 있는 작은 구멍을 통과해야만 비밀스러운 풍경이 드러난다. 수영복과 아쿠아 슈즈는 필수 준비물. 트레킹과 스노클링, 일석이조의 즐거움을 누릴 수 있다.

MAP p.83-I
찾아가기 Forbidden Island Rd를 따라 들어가다 Forbidden Island Marine Sanctuary 표지판에서 시작, 30~40분 소요

올드맨 바이 더 시
Old Man by The Sea

사이판 동부, 36루트 타로포포 로드에서 숲길을 따라 올드맨 바이 더 시까지 들어가는 트레킹 코스. 초록 빛깔의 맹그로브 숲이 울창한 곳으로 허리를 숙이고 낮은 자세로 걸어야 하는 구간이 많다. 표지판이 따로 없으니 나무에 묶여 있는 리본을 따라갈 것. 멀리서 들려오는 파도 소리를 향해 가다 보면 할아버지 얼굴 바위가 솟아 있는 해변에 이르게 된다.

MAP p.82-E
찾아가기 Isa Dr에서 킹피셔 골프 링크스를 향해 들어가다 노란색 Old Man by The Sea 표지판에서 시작, 30~40분 소요

버드 아일랜드 생추어리
Bird Island Sanctuary

버드 아일랜드를 전망대가 아닌 다른 각도에서 보고 싶다면 버드 아일랜드 비치로 향하는 트레킹 코스를 추천한다. 혹시나 훼손될까 관광객에게는 알려주길 꺼리는 현지인들의 시크릿 스폿. 표지판 하나 없는 입구로 들어가면 풀과 나무, 흙냄새가 솔솔 풍기는 숲길이 이어지고 계단, 벼랑길, 밧줄을 타고 내려가는 길 등을 통과해야 비로소 바다가 나온다.

MAP p.82-C
찾아가기 미들로드에서 Grotto Dr로 향해 들어가다 Bird Island Lane에서 시작, 20~30분 소요

나프탄
Naftan

사이판 최남단으로 향하는 트레킹 코스. 워낙 인적이 드물어 제대로 된 정글 탐험이 가능한 곳으로 벙커, 대포, 동굴 등 제2차 세계대전 당시의 흔적이 고스란히 남아 있다. 바다와 마주한 나프탄 포인트를 보려면 나프탄로드를, 절벽 너머 티니안을 보려면 옵잔 비치로드에서 내려오는 길을 추천한다. 표지판이 없으니 각자 방향과 위치를 체크하면서 트레킹할 것.

MAP p.83-K
찾아가기 나프탄로드 혹은 옵잔 비치로드가 끝나는 지점에서 시작, 2~3시간 소요

THEME 18

마나가하 아일랜드 완전 정복

푸른 바다와 아름다운 산호초, 고운 모래사장으로 우리를 유혹하는 섬.
사이판 여행의 필수 코스가 된 마나가하 아일랜드를 제대로 즐기는 방법을 안내한다.

마나가하 아일랜드란?

사이판 옆에 콕 박혀 있는 둘레 1.5km 정도의 작은 섬. 제2차 세계대전 당시 일본군의 요새가 있던 곳으로 '마나가하'는 차모로어로 군함을 의미한다. 사이판 여행자라면 누구나 한 번씩은 방문할 만큼 인기가 높아 마나가하 아일랜드를 가지 않으면 가나 마나 한 여행이라는 우스갯소리가 있을 정도. 섬 내에 물놀이 장비 렌털 & 액티비티 숍, 레스토랑, 기념품 숍, 샤워 및 화장실 등을 갖추고 있어 하루 물놀이 코스로 여행하기 좋다. 최근 한국 기업이 마나가하 아일랜드를 장기 임대해 새로운 변화를 예고하고 있다.

운영 08:30~16:00 요금 환경세 $10

뭘 타고 들어갈까?

마나가하 아일랜드로 들어가려면 페리나 스피드 보트를 타야 한다. 현지 여행사를 통해 자유롭게 예약할 수 있고, 예약 시 호텔 픽업 서비스도 제공한다. 가격은 $20~35, 페리의 경우 부둣세 $3를 추가로 지불해야 한다. 이외에 글라스 보텀 보트나 세미 잠수함을 타는 방법도 있지만 코로나19 이후로 운영이 멈춘 상태이고, 2024년 이후 운영이 재개될 예정이다.

뭘 먹고 마실까?

마나가하 아일랜드 중심에는 한국인이 운영하는 레스토랑 CK 스모크 하우스가 자리한다. 간단하게 먹을 수 있는 다양한 종류의 라면을 비롯해 라볶이, 닭꼬치, 튀김 만두 등 한국인의 입맛에 맞는 간식거리를 갖췄다. 가격도 $3~10으로 저렴하고 시원한 아이스크림과 커피, 과일 주스 등의 음료도 있다.

뭘 하고 놀까?

마나가하 아일랜드를 즐기는 방법은 여러 가지. 푸른 바다를 헤엄치고, 해변에 누워 일광욕을 하고, 숲길을 산책하는 것은 당연, 각종 해양 액티비티는 취향에 따라 선택하면 된다. 수영복과 수건, 돗자리, 스노클링 세트 등은 미리 챙기는 것이 좋지만, 만약 그렇지 못하더라도 섬 안에 있는 렌털 숍을 이용하면 편리하다. 파라솔, 비치체어, 돗자리, 수건, 구명조끼, 튜브, 스노클링 세트 등의 렌털 가격은 각각 $5~50이고, 세트 메뉴는 좀 더 저렴하다. 해양 액티비티의 경우, 바나나 보트, 파라세일링, 체험 스쿠버 다이빙 등 섬에서 진행하는 프로그램을 자유롭게 선택할 수 있다.

마나가하 아일랜드에서의 캠핑

마나가하 아일랜드를 좀 더 여유롭게 즐기고자 한다면 캠핑을 추천한다. 오전 9시부터 오후 4시까지만 섬 안에서 즐길 수 있지만 DPL(Department of Public Lands) 사무실에 미리 신청하면 숙박이 가능하다. 여행객들로 붐비는 시간대를 피해 늦은 오후부터 이른 아침까지 온전히 섬을 독차지할 수 있다. 캠핑에 필요한 도구는 각자 챙길 것. 공유지 사용 허가 신청은 무료이며 DPL 사무실은 단단 지역의 조텐 마트 2층에 있다.

전화 +1 670-234-3751

THEME 19

스쿠버 다이빙

넓은 산호 군락지, 알록달록 열대어와 유유히 헤엄치는 이글레이, 장관을 이루는 정어리 떼의 군무까지, 맑고 투명한 바닷속 세상이 우리를 유혹한다. 사이판 다이빙의 모든 것!

Mini Interview

이름 닉키
직업 사이판 다이빙 딥블루 대표

내가 꼽는 사이판 최고의 다이빙 스폿 3

1. 그로토 Grotto
명불허전 사이판 최고의 스폿. 동굴 사이 작은 구멍으로 뻗어나가는 푸른 빛깔이 예술이다. 구멍 밖으로 나가면 웅장한 절벽과 바위를 감싸고 있는 부채산호가 다이버를 반긴다.

2. 스포트라이트 Spotlight
사진 찍기 좋아하는 사람이라면 더없이 멋진 포토존. 동굴 지형이지만 천장에 구멍이 뚫려 있어 선명한 빛줄기가 동굴 안으로 들어온다.

3. 라우라우 비치 Lau Lau Beach
아름다운 산호 군락지와 다양한 바다 생명체를 만날 수 있는 곳. 항상 깨끗한 물속에는 무리 지어 생활하는 전갱이 떼와 이들을 사냥하는 대형 어종이 공존한다.

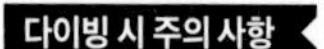

다이빙 시 주의 사항

다이빙 계획을 세울 때는 비행 스케줄 역시 꼼꼼히 체크해야 한다. 다이빙을 하면 체내에 질소가 축적되는데 이 질소가 배출되기 전에 비행기를 타면 높은 고도로 인해 중추신경계에 이상이 생겨 호흡 장애나 흉부 통증을 일으킬 수 있기 때문이다. 다이빙 시간에 따라 질소 배출을 위한 휴식 시간도 길어지는데 일반적으로 다이빙 후에는 12~18시간의 휴식이 필요하다. 감압이 필요한 잠수의 경우는 24시간 이상 쉬어야 한다.

쇼안 마루

랜딩 크래프트

아이스크림

딤플

파이프

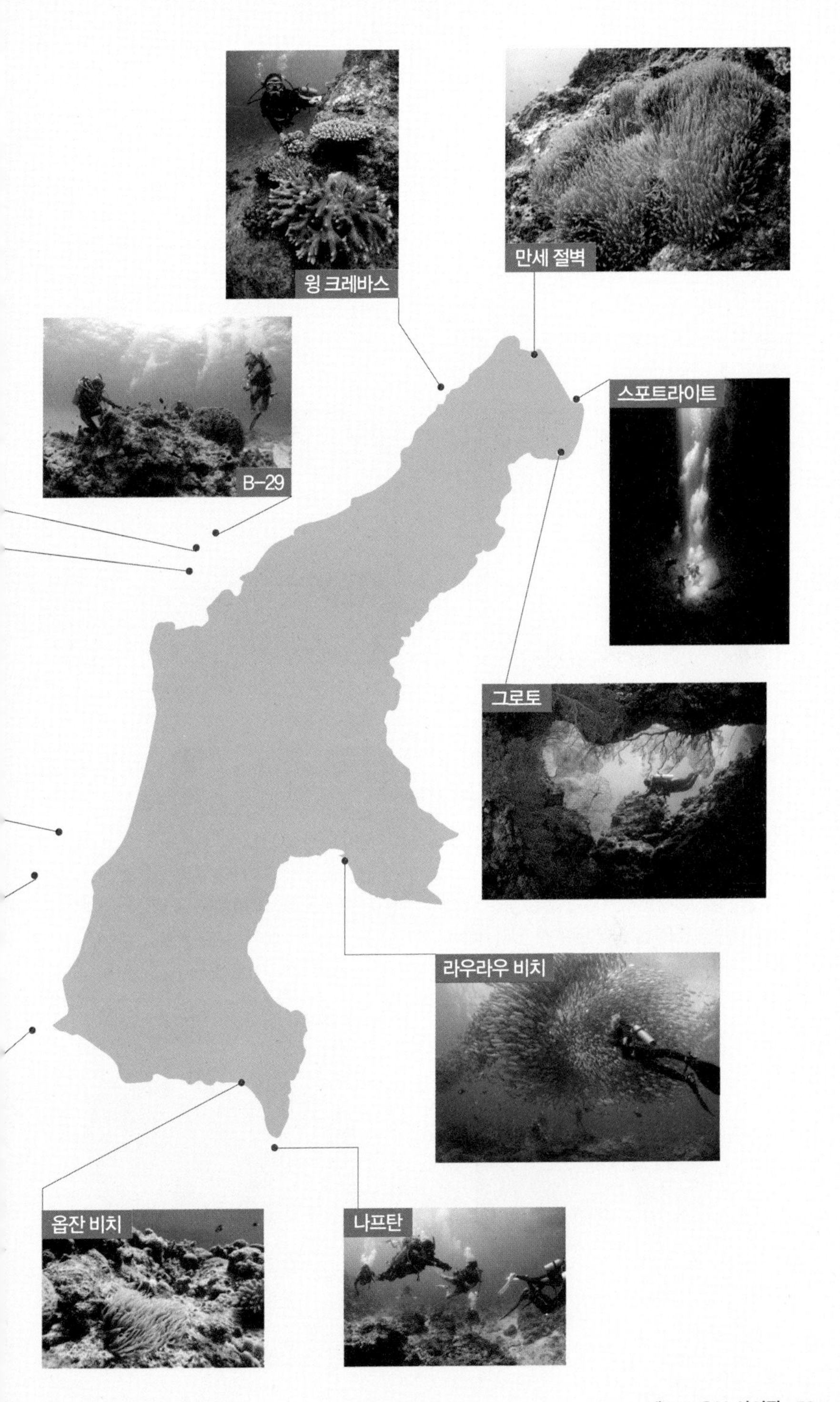

윙 크레바스
만세 절벽
B-29
스포트라이트
그로토
라우라우 비치
옵잔 비치
나프탄

사이판 북부

그로토 Grotto

세계 10대 다이빙 스폿에 당당하게 이름을 올린 북마리아나 제도 최고의 다이빙 포인트. 아치형의 깎아지른 기암괴석 동굴에 위치해 있다. 짙고 푸른 물속에 3개의 해저 터널이 있어 다이버들의 심장을 요동치게 만든다.

윙 크레바스 Wing Crevasse

윙 비치의 좁고 깊은 절벽에 자리한 다이빙 포인트. 땅이 갈라지면서 생긴 웅장한 틈 사이를 지나는 기분이 특별하다. 스포트라이트, 만세 절벽과 마찬가지로 6~9월에 다이빙할 수 있다.

만세 절벽 Banzai Cliff

사이판 북쪽 끄트머리, 만세 절벽 앞에 펼쳐지는 다이빙 스폿. 화려한 산호초는 물론 형형색색의 열대어와 바다거북을 쉽게 만날 수 있다. 파도와 조류가 거의 없는 6~9월에 입수가 가능하다.

스포트라이트 Spotlight

한 줄기 빛이 선명하게 들어오는 동굴 속에 자리한 곳. 수심 25m 아래 작은 동굴 안으로 들어가면 바위 천장에 큰 구멍이 뚫려 있어 신의 계시를 받는 듯 환상적인 모습이 연출된다. 햇빛이 강한 정오가 베스트 타이밍. 수온이 높은 여름 시즌에만 들어갈 수 있다.

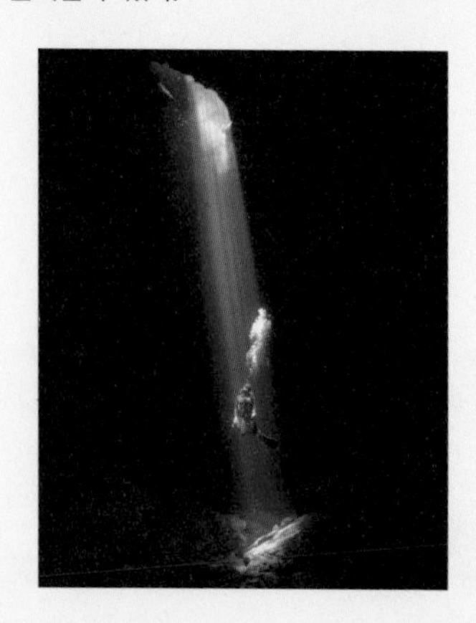

사이판 서부

쇼안 마루 Shoan Maru

전쟁 당시 미군이 쏜 어뢰에 맞아 침몰한 일본의 군수품 수송선 쇼안 마루가 가라앉아 있는 다이빙 포인트. 거대한 난파선 아래로 다양한 어종의 물고기가 서식하고, 주변에 한국인 희생자 추모비가 있다.

랜딩 크래프트 Landing Craft

난파선 쇼안 마루와 가까운 위치로 전쟁 당시 침몰한 작은 수송선들이 있다. 산호초 사이를 누비는 열대어와 무리 지어 이동하는 이글레이 떼가 장관을 이룬다.

B-29

제2차 세계대전 당시 미군이 사용하던 폭격기 B-29가 추락한 장소. 프로펠러, 엔진, 날개, 기관포 등 폭격기의 잔해가 남아 있고, 바로 옆으로 태극기가 새겨진 한국인 희생자 위령비가 세워져 있다.

아이스크림 Ice Cream

동그랗고 거대한 산호 군락지가 마치 콘 위에 얹은 아이스크림처럼 보이는 곳. 물이 잔잔하고 알록달록한 예쁜 열대어가 많아 수족관 속에 들어온 듯한 착각을 일으킨다.

라우라우 비치 Lau Lau Beach

각종 다이빙 교육이 이루어지는 장소. 제2차 세계대전 당시 사용하던 송유관이 남아 있으며 은빛 비늘이 반짝이는 엄청난 무리의 정어리 떼와 바다거북이 자주 출몰한다.

딤플 Dimple

끝없이 펼쳐지는 산호초가 동산을 이루는 곳. 다양한 어종의 열대어가 서식하는데 그중에서도 노란 빛깔이 고운 옐로탱과 나비고기 떼가 환상적이다.

옵잔 비치 Obyan Beach

라우라우 비치와 마찬가지로 초보자도 편안하게 다이빙을 즐길 수 있는 곳. 해변으로 걸어가 입수가 가능하고, 맑은 시야 덕분에 물속에서도 멋진 사진을 찍을 수 있다.

파이프 Pipe

평균 15m 수심의 하얀 모래 위에 파이프가 깔려 있는 다이빙 포인트. 우아하게 헤엄치는 이글레이 떼를 볼 수 있어 다이버들에게 인기가 높다.

나프탄 Naftan

사이판 최남단, 보트로 이동해 입수하는 포인트. 수심 10m 지점부터 시작되는 지하 70m 높이의 거대한 수중 절벽이 있으며, 산호로 둘러싸인 절벽 주변에 다양한 어종의 물고기가 서식한다.

다이빙 프로그램

다이빙은 크게 체험 다이빙, 교육 다이빙, 펀 다이빙으로 나뉜다. 체험 다이빙은 8세 이상 신체 건강한 사람이면 누구나 가능한 프로그램으로 호흡법과 수신호 등 간단한 교육을 받은 후에 바로 도전할 수 있다. 교육 다이빙은 자격증 취득을 목적으로 하는 프로그램. 오픈워터, 어드밴스드 오픈워터, 레스큐, 마스터 스쿠버 다이버, 다이브 마스터 등의 자격증을 딸 수 있으며 이론 교육과 실습, 평가 단계를 거친 후 좀 더 난도 높은 바닷속 세상을 탐험할 수 있다. 마지막으로 펀 다이빙은 자격증 취득자들이 즐기는 프로그램으로 사이판, 티니안, 로타 곳곳을 누빌 수 있다.

© Saipan Diving Deep Blue

3박 4일 오픈워터 자격증 도전

스쿠버 다이빙은 전문 다이빙 강사 협회인 PADI (Professional Association of Diving Instructors) 기준으로 최소 나흘이면 오픈워터 다이버 자격증을 딸 수 있다. 기본적인 이론교육과 수영장에서의 제한 수역, 바다에서의 개방 수역, 그리고 평가 시험으로 이어지며 요금은 $450 정도이다. 오픈워터 다이버 교육과정을 마치면 전문 다이버와 함께 그로토 다이빙이 가능하다.

추천 다이빙 숍

사이판 다이빙 딥블루

닉키 강사와 현지인 다이버의 가이드 아래 다양한 다이빙 프로그램과 오픈워터 자격증 패키지를 진행한다. 게스트 하우스도 운영해 숙박과 다이빙을 동시에 해결할 수 있다.

전화 +1 670-989-1100
(인터넷) 070-8263-2002
이메일 shkwak000@naver.com
홈페이지 www.saipandiving.co.kr

다이브 Y2K

1999년에 오픈한 다이빙 숍. 한국인 강사 3명으로 구성되어 있다. 체험, 교육, 펀 다이빙 모두 진행하며 최대 4명의 소수 인원 교육을 기본으로 한다.

전화 +1 670-233-6322
(인터넷) 070-8285-8450
이메일 divey2k@gmail.com
홈페이지 divey2k.com

THEME 20

옵션 투어

여행을 더욱 재미있게 즐기는 방법!
바다에서 경험하는 해양 스포츠 vs 땅 위에서 즐기는 지상 액티비티 vs 하늘을 나는 체험 여행 중
당신의 선택은?

하늘 높이 오르면 오를수록 심장이 요동치는 짜릿함이 밀려온다.
사이판을 넘어 마나가하 아일랜드, 티니안까지 하늘을 날며 온몸으로 즐기는 여행.
자, 이제 하늘을 정복할 차례다.

디스커버리 플라이트 Discovery Flight

'디스커버리 플라이트'라는 이름처럼 비행의 매력을 발견하게 해주는 스카이 투어. 4인승 경비행기를 타고 섬을 한 바퀴 도는 관광 코스와 실제 경비행기를 조정하는 체험 코스로 나뉜다. 경비행기 투어는 1시간 소요되며, 사이판 · 마나가하 아일랜드 코스는 $185, 사이판 · 마나가하 아일랜드 · 티니안 코스는 $195. 실제 비행기를 조종 해보는 투어는 숙련된 베테랑 파일럿과 동승하여 이륙, 상승, 낙하, 선회, 착륙 등의 과정을 체험한다. 체험 후에는 인증서가 발급된다. 조종 체험 요금은 25분 코스가 $180.

전화 +1 670-287-8961(한국어)

스카이다이빙 Skydiving

전용 비행기를 타고 하늘 위에서 사이판을 감상한 후 2,000m 이상의 상공에서 뛰어내리는 스릴 만점 액티비티. 기본 높이 2,400m에서 시작해 낙하산이 펴지기 전까지 15초 동안 시속 200km로 자유 낙하하고, 이어서 6분 동안 여유로운 공중 비행이 시작된다. 비디오 교육은 물론 숙련된 다이빙 마스터와 함께 진행하기 때문에 초보자도 안심할 수 있고, 착지 후에는 인증서도 수여한다. 나이는 18세 이상 65세 이하, 체중 100kg 이하여야 하고, 체험 시 신분증을 꼭 지참할 것. 2,400m (요금 $299) 외에도 3,000m, 3,600m, 4,200m 코스가 있고, 600m씩 높아질 때마다 추가 요금이 붙는다. 스카이다이빙은 사진과 동영상으로 촬영되며, USB 메모리로 살 수 있다.

전화 +1 670-488-8888
이메일 reservations@saipanadventuretours.com

와코 WACO

빈티지한 노란색 경비행기 와코를 타고 사이판 상공을 비행하는 아주 특별한 프로그램. 와코는 제2차 세계대전 당시 사용되었던 1935년형 모델로 파일럿을 제외하고 최대 2인까지 탑승할 수 있다. 뚜껑이 없는 오픈형 구조에 파일럿이 승객 뒤에 앉아서 경비행기를 직접 운전하는 듯한 생생한 체험이 가능하다. 마나가하 아일랜드와 포비든 아일랜드, 타포차우산 등 사이판의 대표 관광 명소를 하늘에서 돌아볼 수 있고, 소요 시간은 25~30분이다. 체험에 앞서 전문 파일럿이 안전 교육을 진행하고, 체험 후에는 수료증을 지급한다. 와코 투어 요금은 $189, 추가 요금을 지급하면 체험 사진과 동영상을 받을 수 있다. 참가 나이는 18세 이상 65세 이하, 체중은 100kg 이하여야 하고, 체험 시 신분증을 꼭 지참해야 한다.

전화 +1 670-488-8888
이메일 reservations@waco-adventures.com

조이 라이드 Joy Ride Scenic Flight

스카이 다이브 소유의 N27TP 경비행기를 타고 2,400m 상공에서 마나가하 아일랜드와 포비든 아일랜드, 라오라오 베이, 타포차우산 등 사이판의 대표 관광 명소를 감상하는 투어 프로그램. 와코와 마찬가지로 체험에 앞서 전문 파일럿이 안전 교육을 진행하고, 체험 후에는 수료증을 지급한다. 소요 시간은 25~30분. 파일럿을 제외하고 최대 3인까지 탑승 가능하다. 투어 요금은 성인 $165, 어린이 $155. 카메라를 들고 탑승할 수 있어 직접 사진과 동영상을 촬영해 여행의 추억을 남길 수 있다.

전화 +1 670-488-8888
이메일 reservations@waco-adventures.com

바다만큼 신나는 육지 탐험!
오프로드를 따라 정글을 누비는 모험은 물론 달콤한 열대 과일에 별빛까지 즐긴다.
땅 위에서 펼쳐지는 지상 액티비티 총정리!

고카트 Gocart

스피드를 즐기는 여행자라면 절대 놓칠 수 없는 아찔한 레이싱 액티비티. 최대 시속 60km에 달하는 1인 경주용 자동차 FK-9를 타고 쾌속 질주할 수 있다. 마리아나 리조트 & 스파 주최의 국제 경기가 열릴 정도로 잘 갖춰진 트랙은 총 1,025m 길이로 출발과 동시에 컴퓨터로 속도를 측정한다. 운전면허는 없어도 되지만 체감 속도가 3배에 달할 만큼 엄청나기 때문에 안전을 위해 12세 이상만 탑승 가능하다. 요금은 성인 $45, 어린이 $25, 초보자나 어린이용 블루 카트 $25. 10분 남짓 걸리는 짧은 코스지만 F1 레이싱 못지않은 짜릿함을 즐길 수 있다.

전화 +1 670-323-8735
홈페이지 www.marianastrekking.com

버기카 Buggy Car

ATV와 비슷한 듯 다른 버기카. 사륜구동이지만 ATV보다 차체가 낮고 지지 덮개가 있으며 자동차처럼 핸들을 잡고 운전하는 게 특징이다. 사이판 북부 산악 지대와 전망대, 과일 농장, 해변을 도는 코스는 1시간 30분 정도 소요되며, 요금은 $65~75. 버기카는 1인용 솔로, 2인용 더블의 두 종류가 있고 마리아나 트레킹에서 예약 가능하다. 이외에 ATV와 온 가족이 함께 탈 수 있는 UTV 투어도 있다.

전화 +1 670-323-8735
홈페이지 www.marianastrekking.com

바이크 투어 Bike Tour

MTB(산악자전거)를 타고 자연을 누비는 힐링 투어 프로그램. 헬 오브 더 마리아나스, 타가맨 철인 3종 경기, 엑스테라 챔피언십 등 국제적인 사이클링 경기가 펼쳐지는 사이판은 바이크 마니아들의 도전 정신을 자극하는 코스로 가득하다. 초보자도 쉽게 참여할 수 있도록 평지와 내리막길이 많은 사이판 북부를 중심으로 돌며 요금은 $65~80. 바이크 투어는 사이판 어드벤쳐와 마리아나스 트레킹에서 진행하고 산악자전거와 헬멧, 보호 장비는 무료로 대여해 준다.

ATV

ATV(사륜 오토바이)를 타고 오프로드를 달리는 투어. 울퉁불퉁 험한 정글을 헤치고 속도감 있게 질주할 수 있어 인기 만점이다. 액셀과 브레이크 작동법만 익히면 누구나 쉽게 탑승할 수 있고 어린이는 성인 동행자나 가이드와 함께 타야 한다. 헬멧과 보호대 착용은 필수. 사이판의 ATV 코스는 크게 두 가지로 사바나 고원을 달려 사이판 풍경을 감상하는 코스와 사이판 남부 래더 비치에서 옵잔 비치까지 이어지는 코스가 있다. 1시간 30분 정도 소요되며 요금은 $60~80.

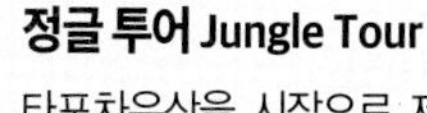

정글 투어 Jungle Tour

타포차우산을 시작으로 제프리스 비치, 산타루데스 성모 마리아상, 코코넛 농장 등 사이판 중동부 지역을 쉽게 돌아보는 투어. 사륜구동 자동차를 타고 전문 가이드의 설명을 들으며 이동하는 코스로 3시간 정도 소요되고 달콤한 열대 과일 시식으로 마무리된다. 요금은 성인 $45~70, 어린이 $35~60. 아이가 있는 가족 단위 여행객이나 차량을 렌트하지 않고 반나절 투어를 원하는 여행객에게 추천한다.

별빛 투어 Starlight Tour

맑고 깨끗한 자연환경 덕분에 별을 관측하기에 좋은 사이판. 대표적인 곳은 사이판 북부 만세 절벽과 버드 아일랜드 전망대로, 칠흑같이 어두운 밤하늘을 수많은 별빛이 수놓아 로맨틱한 밤을 즐길 수 있다. 별자리를 찾는 재미, 떨어지는 별똥별에 소원을 비는 재미가 더해지므로 돗자리는 필수. 차를 렌트하지 않았다면 픽업과 드라이브, 사진 촬영이 포함된 별빛 투어 프로그램을 이용하면 좋다. 가격은 $25~40.

홈페이지 www.saipantasy.com

끝없이 펼쳐지는 푸른 바다를 그저 바라만 볼 것인가.
당장 뛰어들어 다양한 방법으로 즐겨보자.
바다에서 경험할 수 있는 해양 스포츠 총정리.

스노클링 Snorkeling

스노클을 이용해 수심 5m 안팎의 바닷속 세상을 들여다보는 스포츠. 사이판, 티니안, 로타 모두 바다로 둘러싸인 섬이기 때문에 기본적인 마스크와 스노클 장비만 있으면 산호초와 열대어가 가득한 바닷속을 쉽게 감상할 수 있다. 특히 마나가하 아일랜드와 그로토가 대표적인 스노클링 포인트. 스노클링 장비와 핀, 구명조끼 등은 해변에 위치한 숍에서 대여 가능하며 투어를 신청할 경우 요금은 $30~45 정도이다. 더욱 특별한 경험을 하고 싶다면 나이트 스노클링을 추천한다. 칠흑같이 어두운 밤, 반짝이는 별빛 아래서 수영을 하고, 낮에는 볼 수 없는 바다 생물까지 관찰할 수 있다. 단, 나이트 스노클링의 경우 안전을 위해 전문 가이드와 함께하는 투어 프로그램을 선택할 것.

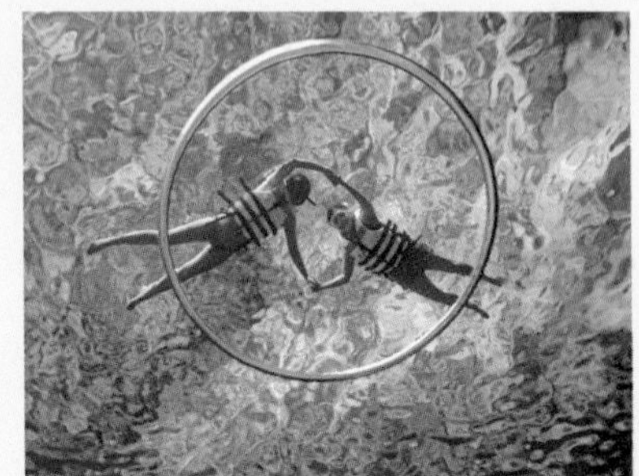

스쿠버 다이빙 Scuba Diving

스노클링으로 만족할 수 없다면 스쿠버 다이빙이 정답. 공기통과 레귤레이터, 부력 조절기, 보조 호흡기, 잔압계 등 스쿠버 장비를 착용하고 수심 깊은 곳까지 들어가는 스포츠로 기초적인 수업을 받은 후 즐길 수 있다. 요금은 $60~100 정도. 사이판은 특히 매력적인 다이빙 스폿이 많은데 제대로 즐기려면 최소한 오픈워터 다이버 자격증이 필요하다. 3박 4일의 여유가 있다면 정식으로 교육을 받은 뒤 다이버 자격증을 딸 수 있다. 이미 자격증이 있다면 그로토, 스포트라이트, 쇼안 마루, 라우라우 비치 등을 밤낮 구분 없이 언제나 자유롭게 누빌 수 있다.

프리 다이빙 Free Diving

스쿠버 다이빙과 다르게 공기 공급 장비를 사용하지 않고 무호흡으로 잠수해 물속 세상을 즐기는 스포츠. 장비를 최소화해 스노클링 마스크와 핀 정도만 착용하고 물속으로 들어가기 때문에 초보자도 쉽게 배울 수 있다. 특히 사이판은 연중 수온이 따뜻하고 시야가 깨끗해 프리 다이빙을 하기 최적의 장소. 그로토, 이스트베이, 라우라우 비치, 아이스크림 등 다양한 스폿에서 프리 다이빙을 즐기고, 인생 사진도 남기기 좋다. 가격은 $50~100 정도. 이색적인 프리 다이빙을 체험하고 싶다면 머메이드 다이빙을 추천한다. 인어 슈트 핀을 착용하고 다이빙을 하기 때문에 실제 인어가 된 듯한 특별한 체험이 가능하다.

전화 +1 670-287-5982
홈페이지 hifo.co.kr

파라세일링 Parasailing

마나가하 아일랜드 주변으로 각기 다른 푸른 빛깔을 뿜어내는 바다를 제대로 내려다보고 싶다면 파라세일링이 최고. 스피드 보트에 특수 제작한 낙하산을 연결해 비행을 즐기는 레저 스포츠로 요금은 $50~80 정도이다. 하늘에 떠 있는 시간은 불과 10분 정도에 불과하지만 끝없이 펼쳐지는 바다 위를 걷는 듯한 짜릿함은 이루 말할 수 없다. 간혹 재미를 위해 바다에 일부러 빠뜨리는 경우가 있는데 싫으면 보트 캡틴에게 미리 거부 의사를 밝힐 것.

바나나 보트 Banana Boat

바나나 모양의 무동력 고무보트를 모터보트에 연결해 시속 30~40km로 달리는 스릴 만점 스포츠. 고무보트 길이에 따라 최대 10명까지 탑승할 수 있다. 물 위로 솟구쳐 오를 때 손잡이를 잡고 뒤집히지 않도록 균형을 잡아야 한다. 모터보트가 갑자기 방향을 틀면 옆으로 튕겨나가 바다에 빠지기도 하니 어린이나 수영을 못하는 사람은 각별히 주의해야 한다. 요금은 $15~30.

윈드서핑 Wind Surfing

서핑 보드에 360도로 회전하는 돛을 세우고 바람을 이용해 파도를 즐기는 스포츠. 돛을 잡고 바람의 방향과 세기에 맞춰 균형을 잡는 것이 포인트로 스피드는 빠르지 않지만 바람, 파도와 하나가 되는 재미를 느낄 수 있다. 파도가 잔잔한 마이크로 비치가 윈드서핑하기 가장 좋은 곳으로 초보자도 간단한 레슨만 받으면 도전 가능하다. 요금은 1시간에 $55~70. PIC나 월드 리조트 투숙객은 레슨과 체험 모두 무료이다.

제트 스키 Jet-Ski

소형 보트와 오토바이가 결합된 수상 오토바이. 기동력이 좋아 최대 시속 80km까지 높여 바다 위를 질주할 수 있다. 조작이 쉬워 간단한 교육만 받으면 누구나 운전이 가능하며 어린이는 안전요원과 함께 탑승해야 한다. 소요 시간은 20분 정도이고, 요금은 $35~40.

카야킹 Kayaking

좁고 긴 보트에 앉아 양날 노를 좌우로 번갈아 저어서 가는 스포츠. 1~4인용 보트 위에 걸터앉는 싯온톱(sit-on-top)과 동그란 입구 속으로 들어가 앉는 싯인(sit-in) 타입이 있다. 몸의 중심을 잡고 바른 자세로 앉아 흔들리는 카약의 균형을 잡는 것이 중요하다. 양팔과 배, 허리, 다리 등을 골고루 사용하기 때문에 전신운동이 된다. 요금은 1시간에 $15~20. PIC나 월드 리조트 투숙객은 레슨과 체험 모두 무료이다.

스탠드 업 패들 보드 Stand Up Paddle

서핑과 카약을 하나로 묶은 레저 스포츠로 최근 핫하게 떠오르고 있다. 'Stand Up Paddle'의 약자인 SUP라고도 한다. 물 위에 보드를 띄우고 패들로 노를 젓는 형식인데, 카약이 앉아서 균형을 잡는다면 스탠드 업 패들 보드는 서서 균형을 잡는 게 관건. 파도가 잔잔한 마이크로 비치가 최적의 장소이다. 요금은 액티비티 숍에서 장비를 대여할 경우 1시간에 $15~20 정도이다.

딥스타 잠수함 투어
Deepstar Submarine Tour

노란색 레저용 잠수함인 딥스타를 타고 해저 15~25m까지 내려가 바닷속 세상을 탐험하는 투어. 딥스타는 컴퓨터 제어 방식의 잠수함으로 산호 군락지를 지나 제2차 세계대전 당시 추락한 폭격기 B-29, 난파선 쇼안 마루 등을 통과하고 깊은 바다에 서식하는 열대어와 대형 가오리, 바다거북 등을 관찰하는 것이 목적이다. 쾌적한 잠수함에서 편안하게 수중 세계를 여행할 수 있어 호기심 많은 어린이나 노약자, 물을 무서워하는 사람에게 특히 추천할 만하다. 오전 9시부터 오후 4시까지 1시간에 1대씩 잠수함이 출항하고, 미리 예약하면 호텔에서 잠수함 독까지 출항 시간에 맞춰 픽업해준다. 요금은 성인 $75, 어린이 $50. 잠수함 투어 선착장의 작은 기념품 가게에서는 딥스타가 그려진 티셔츠나 열쇠고리, 장식품 등도 판매한다.

전화 +1 670-322-7746
이메일 reservations@saipansubmarine.com
홈페이지 www.saipansubmarine.com

시 워커 Sea Walker

다이빙 장치 없이 헬멧을 쓰고 수중 체험을 하는 액티비티. 시 워커라는 이름 그대로 바닷속을 걸으며 열대어를 감상할 수 있다. 헬멧 안으로 물이 들어오지 않아 지상과 마찬가지로 숨 쉴 수 있다. 헬멧 무게가 무려 35kg에 육박하지만 수압 때문에 전혀 무겁게 느껴지지 않는다. 요금은 $60~80 정도.

시터치 Seatouch

인간과 동물의 교감을 목적으로 하는 이색 프로그램으로 마이크로 비치에 위치한 플로팅 독에서 진행된다. 숙련된 사육사의 가이드 아래 가오리를 직접 만지는 터치 타임과 먹이를 주는 피딩 타임이 있으며 마지막에는 가오리들과 함께 스노클링도 할 수 있다. 요금은 성인 $40, 어린이 $30. 크라운 플라자 리조트 내에 위치한 사무실이나 현지 여행사를 통해 예약 가능하다.

거북이 투어 Turtle Tour

사이판의 깨끗한 바다에서 서식하는 거북이를 보며 스노클링과 낚시 체험을 할 수 있는 프로그램. 스마일링 코브 선착장에서 출발해 사이판의 대표 다이빙 스폿이자 거북이 출몰지인 아이스크림 포인트에서 스노클링과 프리 다이빙을 하고, 2~3곳의 낚시 포인트에서 선상 낚시까지 즐길 수 있으니 일석이조. 실제 잡은 물고기는 바로 회로 맛볼 수 있고, 간단한 간식과 과일, 음료 등도 제공된다. 스노클링 장비와 구명조끼, 낚시 도구 등을 모두 포함한 투어 요금은 $65~80.

전화 +1 670-483-9900
홈페이지 www.saipanallpass.com

호핑 투어 Hopping Tour

동남아시아에서 호핑 투어는 대부분 섬들을 구경하며 스노클링을 즐기는 프로그램이지만 사이판에서는 보텀 피싱과 스노클링을 결합한 상품이 일반적이다. 물고기가 많은 장소로 이동해 낚시를 즐기고 마나가하 아일랜드 주변에서 스노클링을 하고 돌아오는 코스로 선상에서 바비큐 식사도 제공한다. 2시간 30분 정도 소요되며 스노클링 장비와 구명조끼, 낚시 도구 등을 모두 포함한 요금이 $55~80 정도.

선셋 크루즈 Sunset Cruise

사이판의 아름다운 일몰을 바다 위에서 감상하는 로맨틱한 선택. 해 질 무렵 스마일링 코브 마리나 선착장을 출발해 2시간 정도 마나가하 아일랜드 주변을 도는 코스로 푸짐한 디너와 흥겨운 라이브 공연도 포함한다. 배 위에서는 사이판의 가수 제리가 기타를 치고 노래를 부르는데, 누구나 따라할 수 있는 팝송과 한국 가요가 나와 부담 없이 즐길 수 있다. 저녁 메뉴로 생선 혹은 비프스테이크에서 선택이 가능하고, 맥주와 음료, 팝콘은 무한 제공된다. 요금은 성인 $65, 어린이 $55.

옵션 투어 예약, 어렵지 않다!

파라세일링, 스노클링, 제트 스키 등 해양 스포츠 프로그램은 대부분 리조트를 낀 비치를 중심으로 이뤄진다. 해안가를 따라 현지인이 운영하는 해양 스포츠 숍이 자리해 장비 대여는 물론 옵션 투어를 현장에서 바로 예약, 실행할 수 있다. 영어가 서툴러 부담이 있다면 한국인이 운영하는 랜드 여행사나 인터넷 여행사를 이용하면 된다.

사이판 굿투어

사이판은 물론 티니안, 로타까지 아우르는 현지 여행사로 한국인이 운영해 〈정글의 법칙〉, 〈세계테마기행〉과 같은 사이판 로케이션 TV 프로그램을 다수 진행했다. 호텔과 경비행기, 렌터카 예약부터 섬 관광, ATV, 스노클링, 스쿠버 다이빙, 호핑 투어 등 다양한 옵션 프로그램을 갖추고 있다. 월드 리조트 내에 사무실이 있고, 홈페이지를 방문하면 할인과 무료 쿠폰 등 프로모션 혜택을 준다.

전화 +1 670-287-8961
이메일 j-good1004@hanmail.net
홈페이지 www.saipangoodtour.co.kr

미친 사이판

한국인이 운영하는 인터넷 여행사. 사이판 현지 여행사와 협업해 마나가하 아일랜드, 이스트베이 스노클링, 호핑투어를 비롯해 파라세일링, 바나나 보트 등의 해양 스포츠, 그 외 정글 투어, 선셋 크루즈, 스카이 다이빙 등의 옵션 프로그램을 저렴한 가격에 제공한다. 오랜 경력의 한국인 가이드와 현지 사정을 꿰뚫고 있는 원주민 가이드를 적절하게 배치해 투어의 완성도가 높다.

전화 +1 670-483-4806
이메일 michinsaipan2022@gmail.com
홈페이지 www.michinsaipan.com

트레킹 & 어드벤처 전문 여행사

사이판 어드벤쳐 Saipan Adventure

한국인 가이드 미키와 20대의 젊은 차모로 현지인으로 구성된 여행사. 그로토 & 야간 스노클링, 포비든 아일랜드 트레킹, 바이크 투어, 별빛 투어 등 평범하지 않으면서 활동적인 익스트림 프로그램이 많아 젊은이들 사이에는 이미 입소문이 자자하다. 소수를 위한 맞춤형 투어가 가능하고 $10를 지불하면 투어 사진과 동영상을 전달한다.

전화 +1 670-989-2151
카카오톡 ID 사이판 어드벤쳐
이메일 saipanadventure@hotmail.com
홈페이지 www.saipanadventure.com

마리아나스 트레킹 Marianas Trekking

2000년에 오픈한 이래, 사이판 지역 트레킹 코스와 어드벤처 투어 개발에 힘쓴 전문 여행사. 포비든 아일랜드 투어가 대표적이고 이외에 바이크 투어, 에코 어드벤처, 그로토 스노클링, 카약, 패들 보딩, ATV, 버기카 등의 오프로드 프로그램을 진행한다. 마리아나 리조트 & 스파 근처에 있어 투어와 스파 프로그램을 묶은 상품도 이용 가능하다.

전화 +1 670-323-8735
이메일 marianastrekking@hotmail.com
홈페이지 www.marianastrekking.com

THEME 21

알아두면 도움 되는 사이판 깨알 정보

사이판, 어디까지 알고 있니? 알면 알수록 재미있는 사이판 TMI

사이판다 Saipanda

사이판의 마스코트. 노란 코가 달린 귀여운 판다 캐릭터로 일본어로 '사이판이다(Saipan+da)'라는 의미와 '코뿔소 판다(Sai+Panda)'라는 의미가 있다. DFS T 갤러리아 내에서 사이판다 인형과 초콜릿, 컵 등의 기념품을 판매한다.

사이판에서 촬영한 뮤직비디오

사이판의 아름다운 풍경을 음악과 함께 영상으로 감상하고 싶다면? 볼빨간사춘기의 〈여행〉, 〈야경〉과 씨스타 〈I Swear〉, 시크릿 〈YooHoo〉, 모모랜드 〈뿜뿜〉(일본어 버전), 프로미스나인 〈Stay This Way〉 등의 뮤직비디오가 정답이다. 만세 절벽, 비치로드, 마나가하 아일랜드, 탱크 비치, 마이크로 비치 등 뮤직비디오 속에 숨어 있는 장소를 찾는 재미 또한 쏠쏠하다.

플루메리아 Plumeria

북마리아나 제도의 국화나 다름없는 꽃으로 원주민 차모로족의 순결을 의미한다. 또한 꽃을 오른쪽에 꽂으면 미혼을, 왼쪽에 꽂으면 기혼을 의미하니 머리 장식을 할 때 신경 쓸 것!

마마 Mwar Mwar

꽃이나 나뭇잎, 조개껍데기 등으로 만든 머리 장식. 축제나 전통 공연에서 자주 볼 수 있는데 원주민 차모로족이 아닌 캐롤리니언족의 전통문화이다.

사이판 영화관 Regal Saipan

사이판 유일의 영화관으로 총 7관을 갖춘 할리우드 시어터(Hollywood Theaters)이다. 한국보다 할리우드 영화를 더 빠르게 접할 수 있는 게 특징. 요금은 $7~10 정도이다.

MAP p.83-G
찾아가기 가라판 비치로드, 조텐 슈퍼스토어 근처
전화 +1 844-462-7342(내선 번호 1484)

사이판 해시 하우스 해리어스 Saipan Hash House Harriers

건강한 삶과 친목 도모를 위해 열리는 달리기 행사. 1984년에 처음 시작했으며 흰색 가루를 따라 사이판 곳곳을 달린다. 매주 트랙이 바뀌기 때문에 참가자들도 도착 지점이 어디인지 모른다는 것이 이 행사의 즐거움. 달리기를 마치면 다 같이 어울려 맥주 파티를 벌인다. 매주 토요일 오후 4시 가라판 뱅크 오브 괌 주차장에서 모여 출발하며 참가비는 $10이다. 가벼운 운동복 차림에 갈아입을 옷을 준비하고 참여할 것.

홈페이지 saipanhash.blogspot.com

골드 짐 Gold's Gym

운동 마니아라면 하루 종일 운동할 수 있는 피트니스 센터 골드 짐을 추천한다. 러닝머신, 사이클, 다양한 헬스 기구 등을 갖췄고 그룹별로 진행하는 운동 수업도 마련되어 있다. 하루 입장료는 $15. 골드 짐 옆에는 스케이트보드를 즐길 수 있는 공간도 있다.

MAP p.82-D
찾아가기 가라판 지역, 슈거 킹 공원 맞은편
전화 +1 670-233-4000
영업 월~금요일 05:00~22:00, 토~일요일 07:00~19:00
이메일 info@goldsgymsaipan.com
홈페이지 www.goldsgym.com/saipan/

대마초 Cannabis

2018년 9월부터 사이판을 비롯한 티니안, 로타 등 북마리아나 제도는 대마초의 기호용 및 의료용 사용을 합법화했다. 현재 사이판 곳곳에 대마초를 피울 수 있는 공간이 자리하고, 한국어로 된 안내문까지 있어 호기심을 자극한다. 하지만 한국인에게 대마초는 엄연히 불법이다. 해외에서 대마를 소지하거나 흡입해 국내 입국 때 해당 성분이 검출되면 형법 제3조에 따라 5년 이하의 징역이나 5,000만 원 이하 벌금에 처해지니 주의할 것!

빈랑나무 열매 Betel Nut

북마리아나 제도에서 흔히 볼 수 있는 원주민들의 기호 식품. 종려나뭇과에 속하는 빈랑나무에서 도토리처럼 생긴 작은 열매를 따서 그 안에 라임 파우더와 담뱃잎을 넣고 나뭇잎에 말아 씹었다가 뱉어내는데 담배처럼 중독성이 강하다. 원주민들의 치아가 붉거나 검은 것은 빈랑나무 열매를 많이 씹었기 때문. 발암물질이 들어 있어 판매를 금지한 국가도 있다.

입에 넣고 씹은 후
입안에 고인 즙은 뱉어낸다.

롤러스케이트
International Roller Skates

사이판 유일의 실내 롤러스케이트장. 자체적으로 진행하는 안전 교육을 받은 후 널찍한 링크에서 자유롭게 롤러스케이트를 즐길 수 있다. 인형 뽑기나 농구 게임 등의 오락 시설과 작은 카페 겸 휴식 공간도 갖췄다. 이용 요금은 2시간에 $100이고, 스케이트를 타지 않는 경우는 $5의 입장료만 받는다. 롤러스케이트 외에도 수영과 승마 체험이 가능하다.

MAP p.88-E
찾아가기 산안토니오 지역, 비치로드에서 Rte 303으로 이동, 위너스 레지던스 내
전화 +1 670-235-2560
영업 화~금요일 17:00~20:00, 토~일요일 14:00~21:00
휴무 월요일

코스모 라운지 & 카페
Cosmo Lounge & Cafe

사이판 현지 학생들을 위한 공부방이자 여행자를 위한 캐주얼 라운지. 방마다 테이블과 소파, 의자 등이 마련되어 삼삼오오 모여 공부를 하거나 휴식을 취하기 좋다. 무료 와이파이를 제공하고, 공항으로 이동하기 전 여행 가방을 맡길 수 있는 짐 보관소도 있다. 하루 이용 요금은 $10, 컵라면이나 스낵, 커피, 차 등의 간단한 먹거리도 갖췄다.

MAP p.89-G
찾아가기 (구)카노아 리조트 맞은편, 로하스 마사지 옆
전화 +1 670-235-4596
영업 월~금요일 12:00~19:00, 토~일요일 예약 시 오픈

바다 아트 카페 BADA Art Cafe

아름다운 사이판의 바다와 풍경을 DIY 캔들과 캔버스에 담을 수 있는 체험 카페. 솜씨 좋은 선생님의 지도를 받으며 각자 원하는 컬러와 모양, 장식으로 캔들을 만들고, 직접 그림을 그릴 수 있다. 총 소요 시간은 90분으로 가격은 $35. 개조한 스쿨버스 안에서 VR 비디오를 시청하거나 게임을 해도 되고, 아트 드로잉, 쿠킹 클래스 등을 진행하는 키즈 프로그램도 갖췄다.

MAP p.89-H
찾아가기 비치로드, 킬릴리 비치 공원 옆
전화 +1 670-287-8456
(카카오톡 ID) yuna75yuna75
영업 09:00~17:00

써니 사이판 Sunny Saipan

사이판에서 '감성' 피크닉을 즐기고 싶다면? 푸른 바다를 배경으로 예쁜 기념사진을 남기고 싶다면? 파라솔과 의자, 방수 매트, 밀크 박스, 피크닉 바구니, 음료 캐리어, 잔, 거울 등 피크닉 용품을 대여해 주는 써니 사이판이 책임진다. 솜사탕처럼 알록달록한 코튼캔디색과 차분하고 우아한 베이지색 패키지가 있고, 단품도 대여 가능하다. 대여 시간은 3~4시간이고, 가격은 $40~60. 모든 예약은 카카오 채널로 진행된다.

영업 09:00~18:00
카카오 채널 써니사이판

THEME 22

전쟁의 아픈 흔적

**북마리아나 제도를 여행하다 보면 전쟁의 잔해를 심심치 않게 만나게 된다.
제2차 세계대전 당시 사용한 전차와 대포, 군함 등
아직까지 그대로 남아 있는 전쟁의 상흔을 찾아보자.**

사이판, 티니안, 로타. 이 작고 아름다운 섬들의 역사는 보기와 다르게 평탄치 않다. 군사적 · 전략적 요충지인 탓에 오랜 세월 동안 스페인, 독일 등 강대국의 지배를 받았고 제1차 세계대전 이후에는 30년 동안이나 일본의 통치 아래 있었다. 당시 일본은 사이판을 사탕수수 제국으로 건설해 엄청난 부와 경제권을 거머쥐었는데, 이때 이곳 원주민은 물론 우리나라와 동남아시아 사람들이 강제로 끌려와 노역에 시달렸다. 그러다 제2차 세계대전이 발발하고 미국과 격렬한 전투가 벌어지면서 섬은 처참하게 무너졌다. 도시는 붕괴되고 수많은 사람이 죽었으며, 자살 절벽과 만세 절벽에서는 끝까지 항복하지 않은 일본인들이 투신 자살하는 비극까지 벌어졌다. 전쟁이 종결되고 미국의 신탁통치에 들어간 북마리아나 제도는 1975년 주민 자유 투표를 거쳐 1986년 신탁통치 종료와 함께 미국 자치령이 되어 현재에 이르렀다.
제2차 세계대전이 끝난 지 70여 년이 지났음에도 곳곳에 전쟁의 흔적이 남아 있는데, 이는 한때 섬을 호령하던 일본이 관광지 개발에 투자를 아끼지 않았기 때문이다. 최후 사령부와 아슬리토 이착륙장이 대표적인 예로 전쟁 당시 사용한 전차, 방공호, 대포, 군함, 비행기 등을 그대로 남겨두어 역사 유적지로 보존 · 전시하고 있다. 전범국인 일본이 그 잔해를 보존하고 당시 죽은 사람들을 추모하는 모습은 참으로 아이러니하다. 어쨌든 이곳에서 역사와 전쟁의 비극을 마주하고 바른 역사 의식을 갖게 된다면 훌륭한 교육의 장인 것만은 분명하다.

아슬리토 이착륙장에 자리한
전차와 방공호

마나가하 아일랜드에
남아 있는 대포

비치로드에 전시되어 있는 전차

전쟁에 희생당한 한국인들의 영혼을 추모합시다!

한국인 희생자 추모비

제2차 세계대전 당시 수송선 쇼안 마루가 침몰한 곳에 세운 수중 추모비. 1996년 삼일절 77주년을 맞아 중앙일보와 삼성물산이 공동으로 구축했다.

한국인 희생자 위령비

미국 B-29 폭격기가 수장된 바다에 세운 수중 위령비. 1999년 광복절을 기념해 KBS 주관으로 세웠으며 문덕수 시인이 지은 "태평양 전쟁 시 희생되신 영혼이시여 고이 잠드소서"라는 글귀가 새겨져 있다.

한국인 위령탑

사이판 북부 최후 사령부 바로 옆에 자리한 한국인 위령탑. 해외희생동포위령사업회가 전쟁 당시 강제 징용되어 끌려가서 죽은 한국인들의 영혼을 추모하기 위해 1979년에 완공했다. 5대양 6대주를 상징하는 5각 6단의 탑 위에 평화의 상징인 비둘기가 한국을 향해 있다.

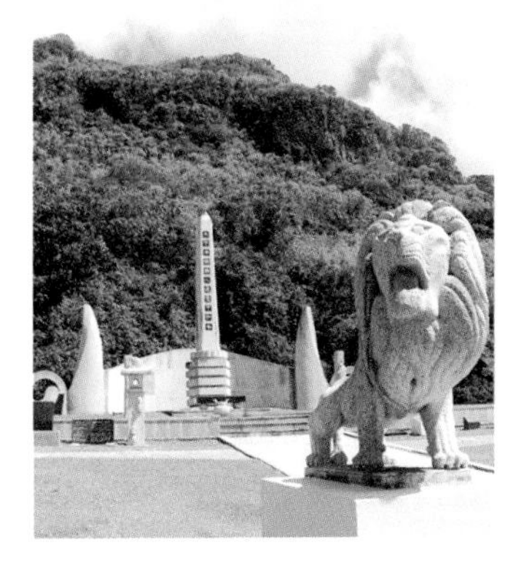

동굴을 개조해 만든
최후 사령부

B-29 폭격기 잔해

일본 통치 시절의 일본인 감옥

사이판
SAIPAN

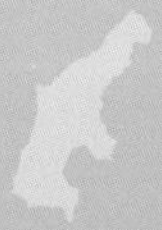

SAIPAN
Saipan
WELCOME TO SANTA LOURDES

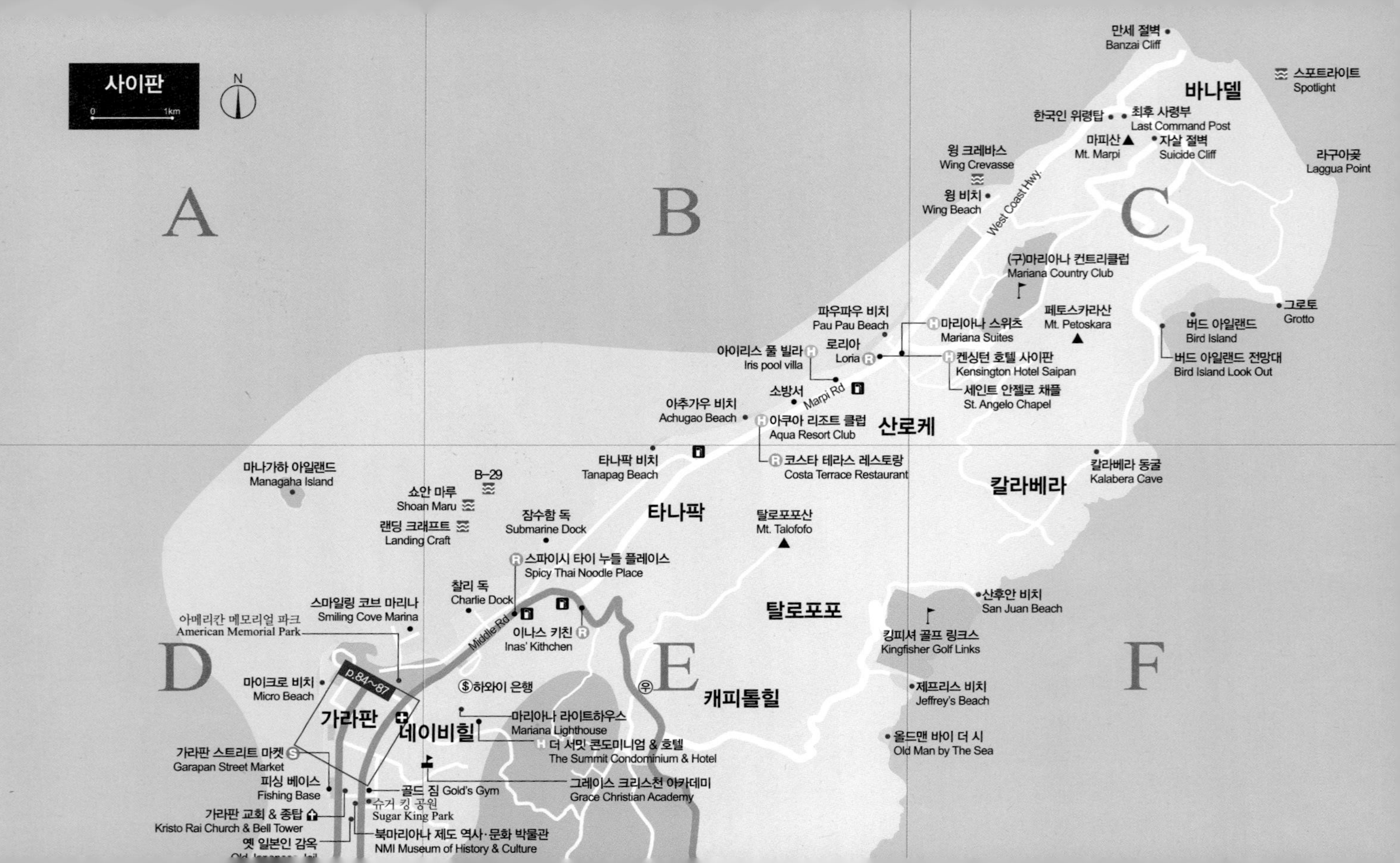
사이판
0 1km
N
A
B
C
D
E
F
바나델
만세 절벽
Banzai Cliff
스포트라이트
Spotlight
한국인 위령탑
최후 사령부
Last Command Post
마피산
Mt. Marpi
자살 절벽
Suicide Cliff
라구아곶
Laggua Point
윙 크레바스
Wing Crevasse
윙 비치
Wing Beach
West Coast Hwy.
(구)마리아나 컨트리클럽
Mariana Country Club
그로토
Grotto
페토스카라산
Mt. Petoskara
버드 아일랜드
Bird Island
버드 아일랜드 전망대
Bird Island Look Out
파우파우 비치
Pau Pau Beach
마리아나 스위츠
Mariana Suites
로리아
Loria
켄싱턴 호텔 사이판
Kensington Hotel Saipan
아이리스 풀 빌라
Iris pool villa
세인트 안젤로 채플
St. Angelo Chapel
소방서
Marpi Rd
아추가우 비치
Achugao Beach
아쿠아 리조트 클럽
Aqua Resort Club
산로케
타나팍 비치
Tanapag Beach
코스타 테라스 레스토랑
Costa Terrace Restaurant
칼라베라 동굴
Kalabera Cave
칼라베라
마나가하 아일랜드
Managaha Island
B-29
쇼안 마루
Shoan Maru
랜딩 크래프트
Landing Craft
잠수함 독
Submarine Dock
타나팍
탈로포포산
Mt. Talofofo
스파이시 타이 누들 플레이스
Spicy Thai Noodle Place
찰리 독
Charlie Dock
스마일링 코브 마리나
Smiling Cove Marina
아메리칸 메모리얼 파크
American Memorial Park
Middle Rd
이나스 키친
Inas' Kithchen
탈로포포
산후안 비치
San Juan Beach
킹피셔 골프 링크스
Kingfisher Golf Links
마이크로 비치
Micro Beach
p.84~87
하와이 은행
캐피톨힐
제프리스 비치
Jeffrey's Beach
가라판
네이비힐
마리아나 라이트하우스
Mariana Lighthouse
더 서밋 콘도미니엄 & 호텔
The Summit Condominium & Hotel
올드맨 바이 더 시
Old Man by The Sea
가라판 스트리트 마켓
Garapan Street Market
피싱 베이스
Fishing Base
골드 짐 Gold's Gym
그레이스 크리스천 아카데미
Grace Christian Academy
슈거 킹 공원
Sugar King Park
가라판 교회 & 종탑
Kristo Rai Church & Bell Tower
북마리아나 제도 역사·문화 박물관
NMI Museum of History & Culture
옛 일본인 감옥

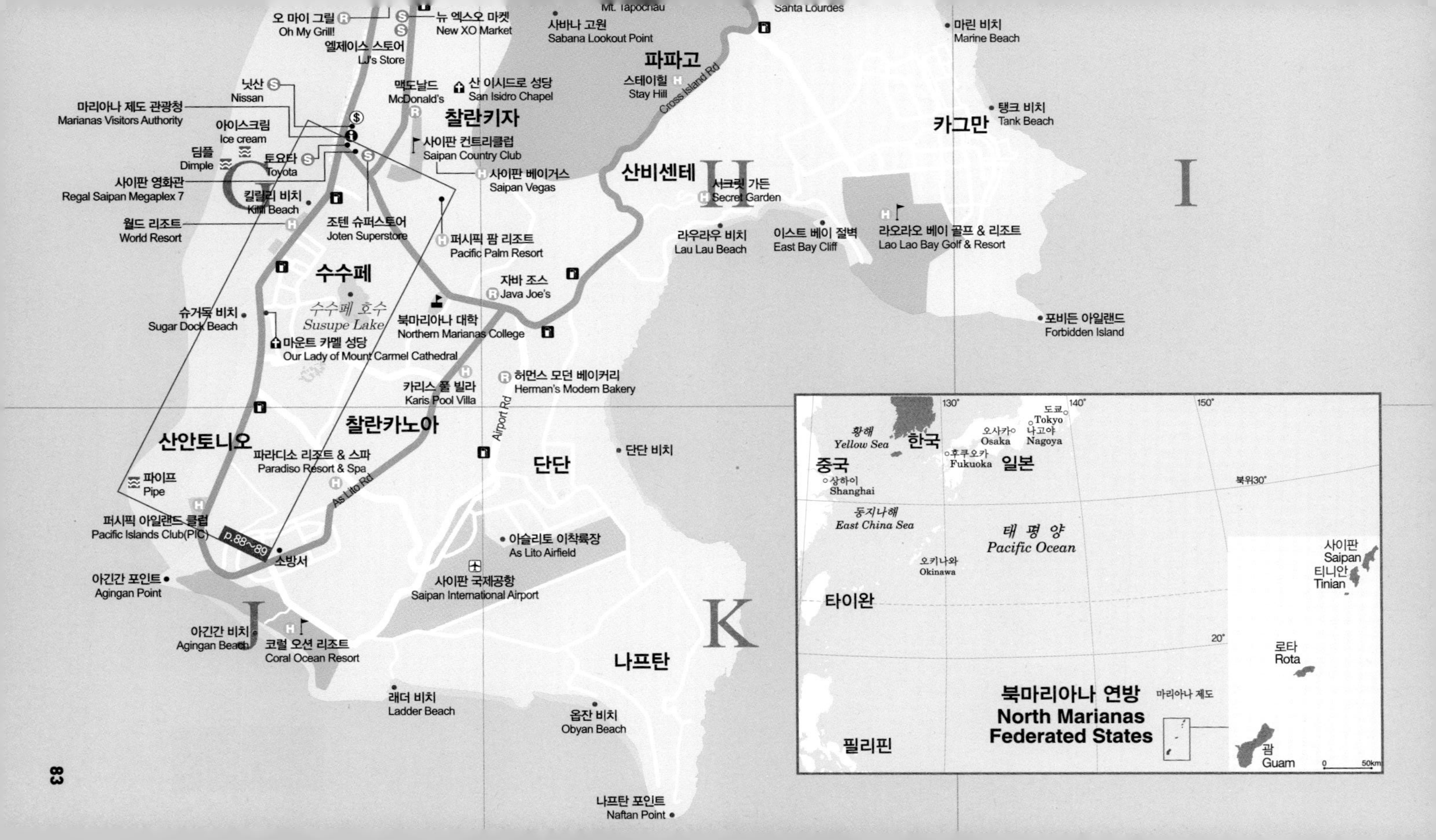
오 마이 그릴
Oh My Grill!
뉴 엑스오 마켓
New XO Market
엘제이스 스토어
LJ's Store
사바나 고원
Sabana Lookout Point
Mt. Tapochau
Santa Lourdes
파파고
스테이힐
Stay Hill
Cross Island Rd
마린 비치
Marine Beach
탱크 비치
Tank Beach
카그만
닛산
Nissan
마리아나 제도 관광청
Marianas Visitors Authority
맥도날드
McDonald's
산 이시드로 성당
San Isidro Chapel
찰란키자
아이스크림
Ice cream
딤플
Dimple
토요타
Toyota
사이판 컨트리클럽
Saipan Country Club
사이판 베이거스
Saipan Vegas
사이판 영화관
Regal Saipan Megaplex 7
산비센테
서크릿 가든
Secret Garden
킬릴리 비치
Kilili Beach
월드 리조트
World Resort
조텐 슈퍼스토어
Joten Superstore
퍼시픽 팜 리조트
Pacific Palm Resort
라우라우 비치
Lau Lau Beach
이스트 베이 절벽
East Bay Cliff
라오라오 베이 골프 & 리조트
Lao Lao Bay Golf & Resort
수수페
자바 조스
Java Joe's
수수페 호수
Susupe Lake
슈거독 비치
Sugar Dock Beach
북마리아나 대학
Northern Marianas College
포비든 아일랜드
Forbidden Island
마운트 카멜 성당
Our Lady of Mount Carmel Cathedral
카리스 풀 빌라
Karis Pool Villa
허먼스 모던 베이커리
Herman's Modern Bakery
찰란카노아
Airport Rd
산안토니오
파라디소 리조트 & 스파
Paradiso Resort & Spa
단단 비치
단단
파이프
Pipe
As Lito Rd
퍼시픽 아일랜드 클럽
Pacific Islands Club(PIC)
p.88~89
아슬리토 이착륙장
As Lito Airfield
소방서
사이판 국제공항
Saipan International Airport
아긴간 포인트
Agingan Point
아긴간 비치
Agingan Beach
코럴 오션 리조트
Coral Ocean Resort
나프탄
래더 비치
Ladder Beach
옵잔 비치
Obyan Beach
나프탄 포인트
Naftan Point
G
H
I
J
K
130°
140°
150°
황해
Yellow Sea
한국
도쿄
Tokyo
나고야
Nagoya
오사카
Osaka
후쿠오카
Fukuoka
일본
중국
상하이
Shanghai
북위30°
동지나해
East China Sea
태 평 양
Pacific Ocean
오키나와
Okinawa
타이완
20°
사이판
Saipan
티니안
Tinian
로타
Rota
북마리아나 연방
North Marianas
Federated States
마리아나 제도
필리핀
괌
Guam
0
50km

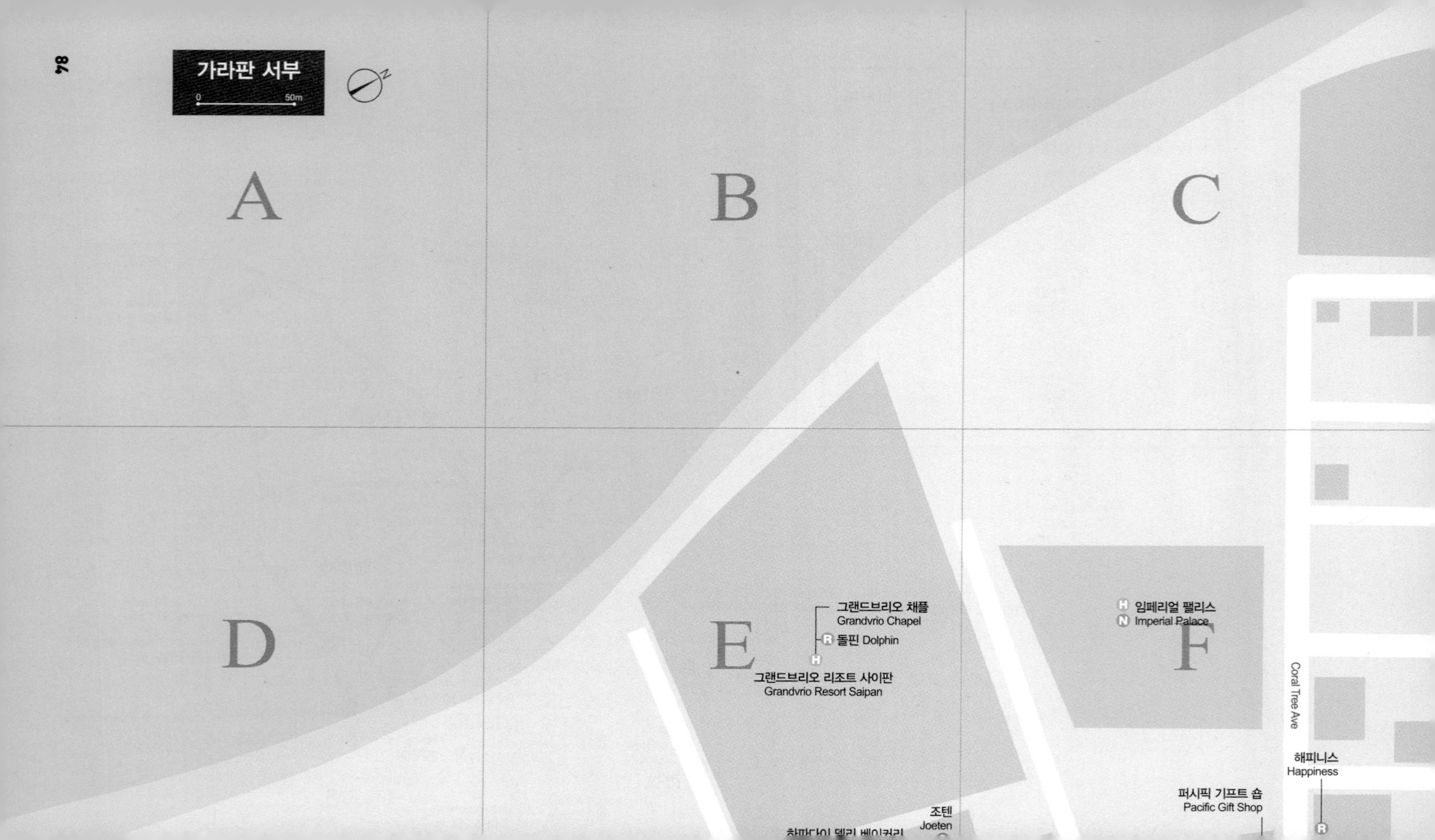

가라판 서부
0
50m
N
A
B
C
D
E
F
그랜드브리오 채플
Grandvrio Chapel
돌핀 Dolphin
그랜드브리오 리조트 사이판
Grandvrio Resort Saipan
임페리얼 팰리스
Imperial Palace
Coral Tree Ave
해피니스
Happiness
퍼시픽 기프트 숍
Pacific Gift Shop
조텐
Joeten

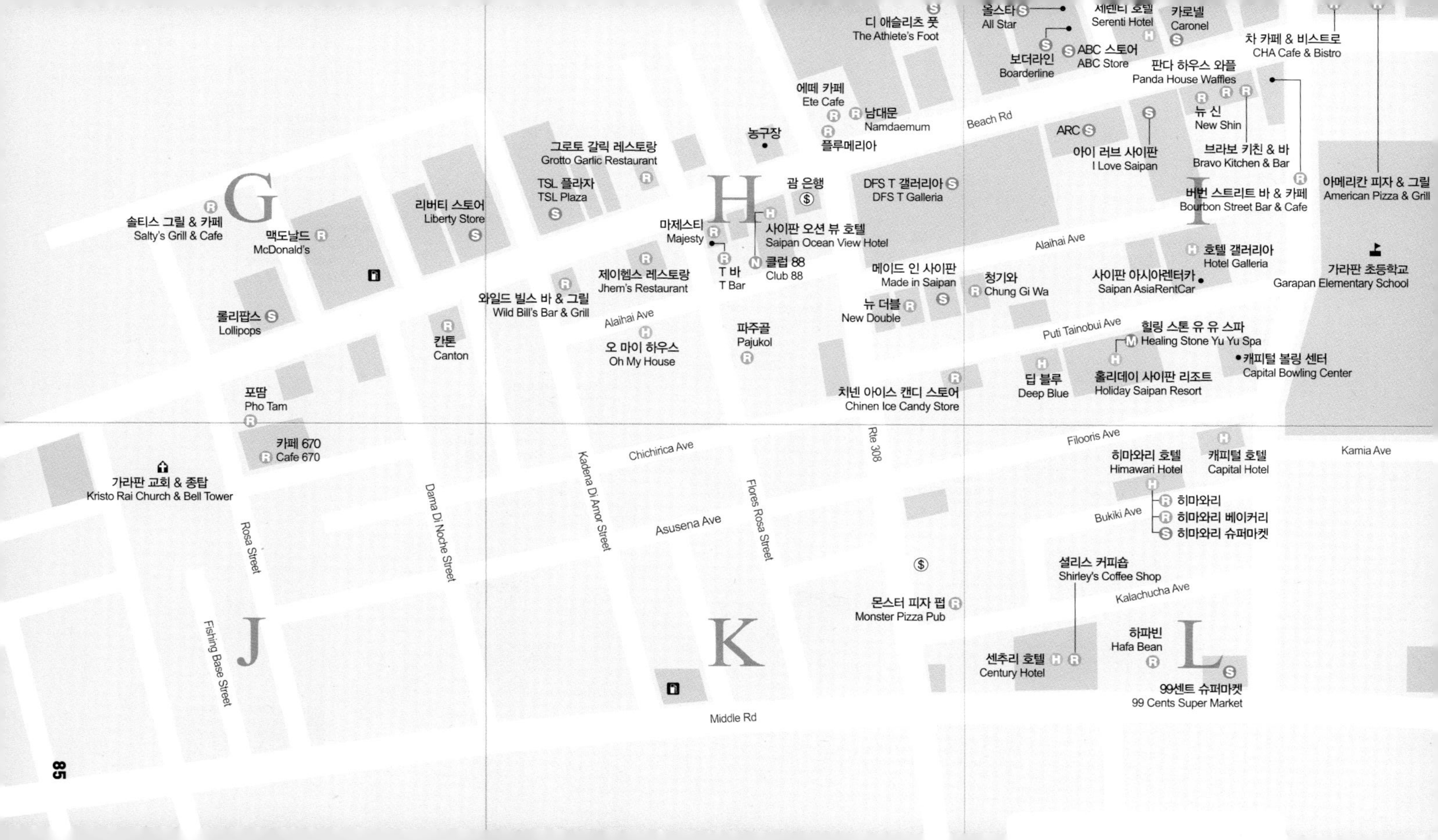

올스타 All Star
세렌티 호텔 Serenti Hotel
카로넬 Caronel
디 애슬리츠 풋 The Athlete's Foot
보더라인 Boarderline
ABC 스토어 ABC Store
차 카페 & 비스트로 CHA Cafe & Bistro
판다 하우스 와플 Panda House Waffles
에떼 카페 Ete Cafe
남대문 Namdaemum
플루메리아
농구장
뉴 신 New Shin
Beach Rd
ARC
아이 러브 사이판 I Love Saipan
브라보 키친 & 바 Bravo Kitchen & Bar
그로토 갈릭 레스토랑 Grotto Garlic Restaurant
TSL 플라자 TSL Plaza
괌 은행
DFS T 갤러리아 DFS T Galleria
아메리칸 피자 & 그릴 American Pizza & Grill
버번 스트리트 바 & 카페 Bourbon Street Bar & Cafe
G
H
I
솔티스 그릴 & 카페 Salty's Grill & Cafe
리버티 스토어 Liberty Store
마제스티 Majesty
사이판 오션 뷰 호텔 Saipan Ocean View Hotel
맥도날드 McDonald's
Alaihai Ave
호텔 갤러리아 Hotel Galleria
가라판 초등학교 Garapan Elementary School
제이헴스 레스토랑 Jhem's Restaurant
T 바 T Bar
클럽 88 Club 88
메이드 인 사이판 Made in Saipan
청기와 Chung Gi Wa
사이판 아시아렌터카 Saipan AsiaRentCar
와일드 빌스 바 & 그릴 Wild Bill's Bar & Grill
롤리팝스 Lollipops
뉴 더블 New Double
Alaihai Ave
파주골 Pajukol
Puti Tainobui Ave
힐링 스톤 유 유 스파 Healing Stone Yu Yu Spa
칸톤 Canton
오 마이 하우스 Oh My House
캐피털 볼링 센터 Capital Bowling Center
딥 블루 Deep Blue
홀리데이 사이판 리조트 Holiday Saipan Resort
포땀 Pho Tam
치넨 아이스 캔디 스토어 Chinen Ice Candy Store
카페 670 Cafe 670
Chichirica Ave
Rte 308
Filooris Ave
Kamia Ave
히마와리 호텔 Himawari Hotel
캐피털 호텔 Capital Hotel
가라판 교회 & 종탑 Kristo Rai Church & Bell Tower
Dama Di Noche Street
Kadena Di Amor Street
Flores Rosa Street
히마와리
히마와리 베이커리
히마와리 슈퍼마켓
Bukiki Ave
Asusena Ave
Rosa Street
셜리스 커피숍 Shirley's Coffee Shop
Kalachucha Ave
몬스터 피자 펍 Monster Pizza Pub
J
K
L
Fishing Base Street
하파빈 Hafa Bean
센추리 호텔 Century Hotel
99센트 슈퍼마켓 99 Cents Super Market
Middle Rd

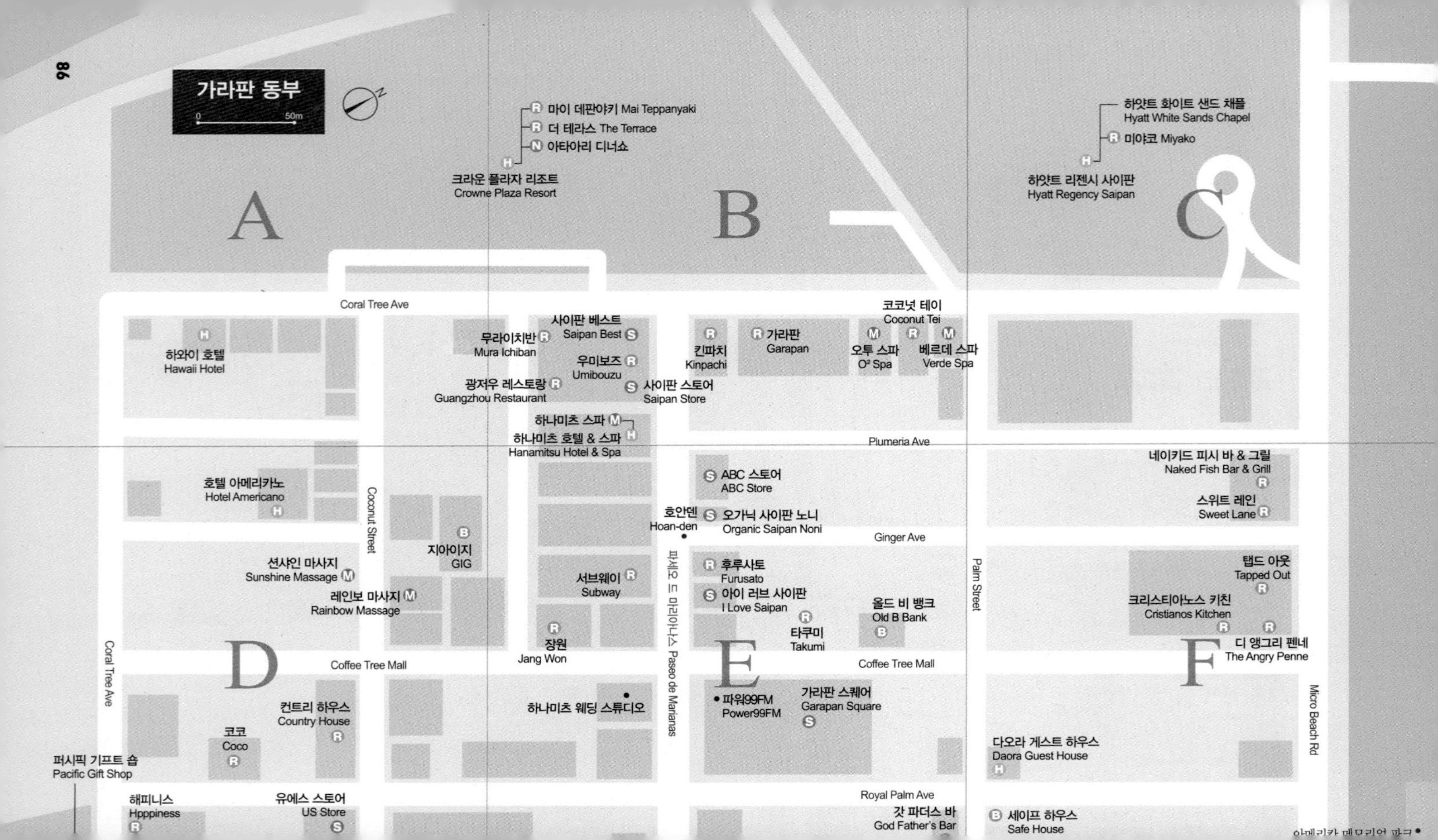
가라판 동부
0
50m
마이 데판야키 Mai Teppanyaki
더 테라스 The Terrace
아타아리 디너쇼
크라운 플라자 리조트
Crowne Plaza Resort
하얏트 화이트 샌드 채플
Hyatt White Sands Chapel
미야코 Miyako
하얏트 리젠시 사이판
Hyatt Regency Saipan
A
B
C
D
E
F
Coral Tree Ave
하와이 호텔
Hawaii Hotel
무라이치반
Mura Ichiban
사이판 베스트
Saipan Best
우미보즈
Umibouzu
광저우 레스토랑
Guangzhou Restaurant
사이판 스토어
Saipan Store
킨파치
Kinpachi
가라판
Garapan
코코넛 테이
Coconut Tei
오투 스파
O² Spa
베르데 스파
Verde Spa
하나미츠 스파
하나미츠 호텔 & 스파
Hanamitsu Hotel & Spa
Plumeria Ave
네이키드 피시 바 & 그릴
Naked Fish Bar & Grill
스위트 레인
Sweet Lane
호텔 아메리카노
Hotel Americano
Coconut Street
ABC 스토어
ABC Store
호안덴
Hoan-den
오가닉 사이판 노니
Organic Saipan Noni
Ginger Ave
지아이지
GIG
션샤인 마사지
Sunshine Massage
레인보 마사지
Rainbow Massage
서브웨이
Subway
파세오 드 마리아나스 Paseo de Marianas
후루사토
Furusato
아이 러브 사이판
I Love Saipan
타쿠미
Takumi
올드 비 뱅크
Old B Bank
Palm Street
탭드 아웃
Tapped Out
크리스티아노스 키친
Cristianos Kitchen
디 앵그리 펜네
The Angry Penne
장원
Jang Won
Coffee Tree Mall
Coffee Tree Mall
Coral Tree Ave
컨트리 하우스
Country House
하나미츠 웨딩 스튜디오
파워99FM
Power99FM
가라판 스퀘어
Garapan Square
Micro Beach Rd
코코
Coco
퍼시픽 기프트 숍
Pacific Gift Shop
다오라 게스트 하우스
Daora Guest House
해피니스
Hppiness
유에스 스토어
US Store
Royal Palm Ave
갓 파더스 바
God Father's Bar
세이프 하우스
Safe House

마마 스토어
Mama Store
아쿠아 커넥션스
Aqua Connections
파리 크루아상
Paris Croissant
Beach Rd
조니스 바 & 그릴
Jonny's Bar & Grill
천지
Chun Ji
수라
SURA
소방서
차 카페 & 비스트로
CHA Cafe & Bistro
아메리칸 피자 & 그릴
American Pizza & Grill
유 세이브 카 렌털
U Save Car Rental
비시 선스포츠
B-Sea Sunsports
로코 & 타코
Loco & Taco
스타 샌즈
Star Sands
QQ 렌터카
QQ Rentcar
상지 렌터카
Sangjee Rentcar
디 오리지널 럭키 빌
The Original Lucky Bill
사이판 아시아렌터카
Saipan AsiaRentCar
G
H
I
Botones Ave
애비뉴 게스트 하우스
Avenue Guest House
호텔 갤러리아
Hotel Galleria
가라판 초등학교
Garapan Elementary School
관광객 피해 방지 사무소
포키 야키
Poki Yaki
센터마크 인
Centermark Inn
캐피털 볼링 센터
Capital Bowling Center
Kalachucha Ave
카사 우라시마
Casa Urashima
캐피털 호텔
Capital Hotel
Kamia Ave
Kamia Ave
에베레스트
Everest Kitchen
마리아나스 크리에이션스
Marianas Creations
똠얌
Tom Yum
99센트 슈퍼마켓
99 Cents Super Market
J
파라다이스 호텔
Paradise Hotel
K
L
Middle Rd

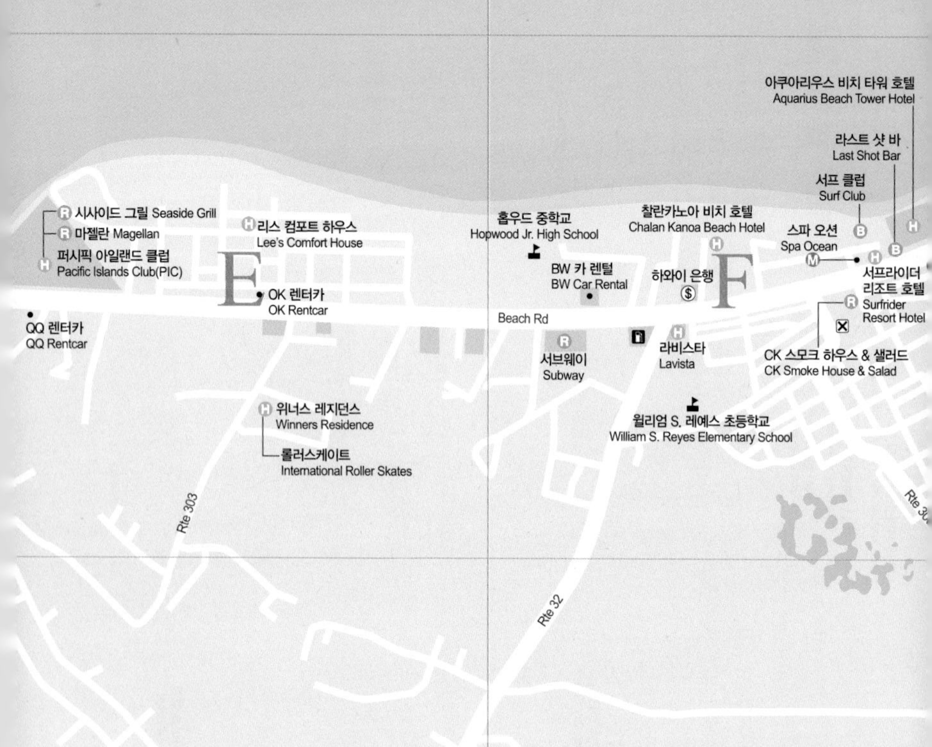
A
B
E
F
I
J
아쿠아리우스 비치 타워 호텔
Aquarius Beach Tower Hotel
라스트 샷 바
Last Shot Bar
서프 클럽
Surf Club
시사이드 그릴 Seaside Grill
마젤란 Magellan
퍼시픽 아일랜드 클럽
Pacific Islands Club(PIC)
리스 컴포트 하우스
Lee's Comfort House
홉우드 중학교
Hopwood Jr. High School
찰란카노아 비치 호텔
Chalan Kanoa Beach Hotel
스파 오션
Spa Ocean
서프라이더 리조트 호텔
Surfrider Resort Hotel
BW 카 렌털
BW Car Rental
하와이 은행
OK 렌터카
OK Rentcar
QQ 렌터카
QQ Rentcar
Beach Rd
서브웨이
Subway
라비스타
Lavista
CK 스모크 하우스 & 샐러드
CK Smoke House & Salad
위너스 레지던스
Winners Residence
롤러스케이트
International Roller Skates
윌리엄 S. 레예스 초등학교
William S. Reyes Elementary School
Rte 303
Rte 32

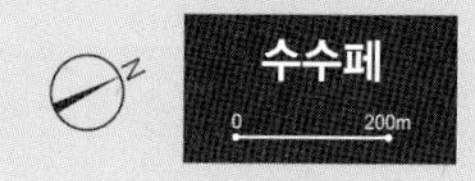
수수페
0
200m

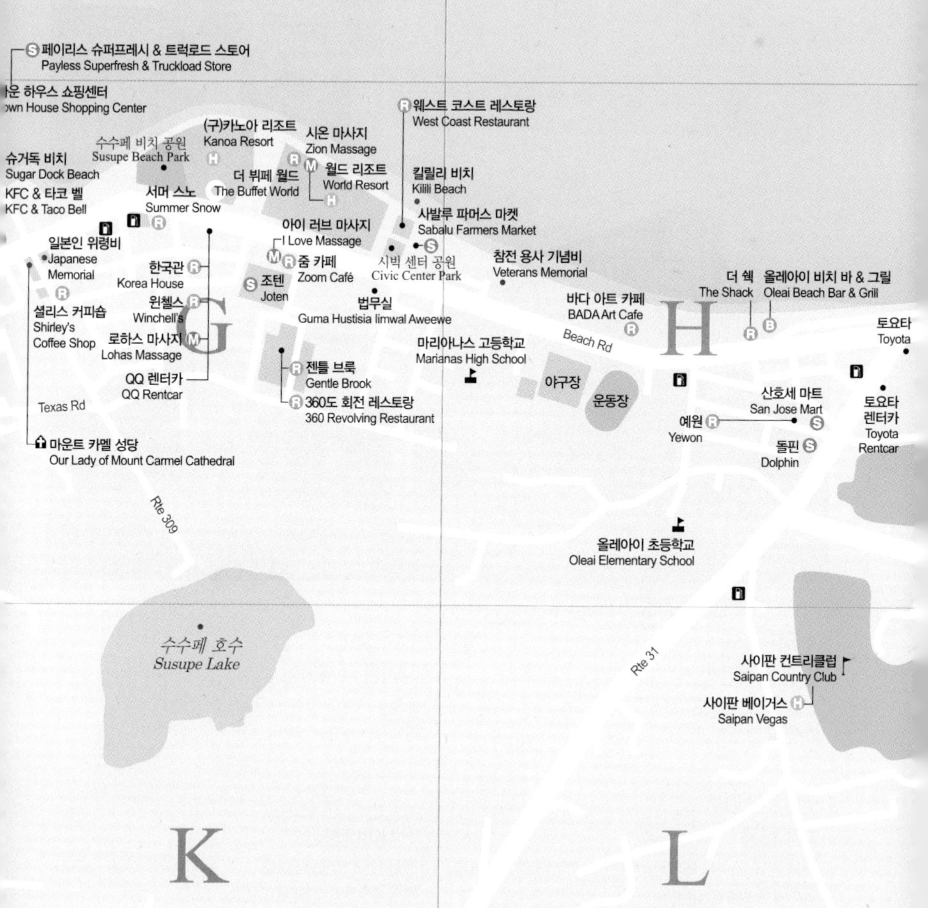
C
D
G
H
K
L
페이리스 슈퍼프레시 & 트럭로드 스토어
Payless Superfresh & Truckload Store
운 하우스 쇼핑센터
own House Shopping Center
웨스트 코스트 레스토랑
West Coast Restaurant
(구)카노아 리조트
Kanoa Resort
시온 마사지
Zion Massage
수수페 비치 공원
Susupe Beach Park
슈거독 비치
Sugar Dock Beach
더 뷔페 월드
The Buffet World
월드 리조트
World Resort
킬릴리 비치
Kilili Beach
KFC & 타코 벨
KFC & Taco Bell
서머 스노
Summer Snow
사발루 파머스 마켓
Sabalu Farmers Market
아이 러브 마사지
I Love Massage
일본인 위령비
Japanese Memorial
줌 카페
Zoom Café
시빅 센터 공원
Civic Center Park
참전 용사 기념비
Veterans Memorial
한국관
Korea House
조텐
Joten
더 쉑
The Shack
올레아이 비치 바 & 그릴
Oleai Beach Bar & Grill
셜리스 커피숍
Shirley's Coffee Shop
윈첼스
Winchell's
법무실
Guma Hustisia Iimwal Aweewe
바다 아트 카페
BADA Art Cafe
토요타
Toyota
로하스 마사지
Lohas Massage
Beach Rd
마리아나스 고등학교
Marianas High School
젠틀 브룩
Gentle Brook
QQ 렌터카
QQ Rentcar
야구장
운동장
산호세 마트
San Jose Mart
토요타 렌터카
Toyota Rentcar
360도 회전 레스토랑
360 Revolving Restaurant
예원
Yewon
Texas Rd
돌핀
Dolphin
마운트 카멜 성당
Our Lady of Mount Carmel Cathedral
Rte 309
올레아이 초등학교
Oleai Elementary School
수수페 호수
Susupe Lake
Rte 31
사이판 컨트리클럽
Saipan Country Club
사이판 베이거스
Saipan Vegas

사이판 가는 법

우리나라에서 사이판으로 가려면 비행기를 이용해야 한다. 현재 아시아나항공과 제주항공, 티웨이항공 등이 운항 중이고, 각각 인천과 부산에서 출발한다. 주말 여행객이 많기 때문에 밤에 출발해 이른 아침에 돌아오는 노선이 많고, 대략 4시간 30분 소요된다. 사이판 국제공항은 프란시스코 C. 아다 국제공항(Francisco C. Ada International Airport)으로도 불리며 국내선은 티니안 · 로타 · 괌 노선을 운항한다.

●공항 정보

인천 국제공항

전화 1577-2600
홈페이지 www.airport.kr

사이판 국제공항

전화 +1 670-237-6500~1
홈페이지 www.cpa.gov.mp/spnapt.asp

●항공사 정보

제주항공

전화 한국 1599-1500, 사이판 +1 670-233-3003
홈페이지 www.jejuair.net

아시아나항공

전화 한국 1588-8000, 사이판 +1 670-288-3000
홈페이지 flyasiana.com

티웨이항공

전화 1688-8686
홈페이지 www.twayair.com

에어부산

전화 1666-3060
홈페이지 www.airbusan.com

공항에서 시내로 가기

사이판에는 대중교통이 없다. 공항에서 시내로 들어가려면 렌터카나 호텔 픽업 서비스, 택시 등을 이용해야 한다. 택시의 경우 공항에서 시내 중심인 가라판까지 $30~50 정도로 요금이 무척 비싼 편이다. 대부분의 숙소에서 $10~15에 픽업 서비스를 운행하니 미리 신청하는 것이 좋다.

렌터카 신청

사이판에 도착하자마자 바로 신청 가능한 렌터카 서비스. 공항 정면에 자리한 독립적인 렌터카 건물에는 버짓, 토요타, 아일랜더, 에이비스 등 총 6개 렌터카 업체가 24시간 영업한다. 차종에 따라 요금이 다르지만 대부분 하루 이용에 $60~120 정도. 21세 이상은 국제 운전면허증 없이 한국 운전면허증을 제시하면 렌트할 수 있다.

●공항 렌터카 서비스 문의
버짓 Budget +1 670-234-8232
알라모/내셔널 Alamo/National +1 670-288-4400
아일랜더 Islander +1 670-234-8233
허츠 Hertz +1 670-234-8336
에이비스 AVIS +1 670-288-2847
토요타 Toyota +1 670-288-0013
사전 예약 홈페이지 www.rentalcars.com

와이파이 렌털

가로 11cm, 세로 9cm 크기의 휴대용 기계를 이용해 4G-LTE 속도의 데이터를 무제한으로 즐길 수 있는 와이파이 렌털 서비스. 최대 15명까지 동시 접속이 가능하고, 연속으로 사용할 수 있는 시간은 16시간이다. 렌털 시 본체와 배터리, 충전기, 가방을 제공한다. 렌털 부스는 사이판 공항 경찰서 옆에 있다. 당일 렌털 시 재고 확보가 어려울 수 있으니 사이판 도착 24시간 이전에 홈페이지를 통해 예약하면 편리하다.

전화 +1 670-288-7788
영업 12:00~18:00, 23:00~08:00
홈페이지 www.guamecom.com

환전

사이판 국제공항에는 환전소가 없어 한국에서 미리 달러로 환전해 가야 한다. 부득이한 경우에는 괌 은행의 ATM 기기를 이용할 것. 비자카드 소지자라면 미국 달러 인출이 가능하고, 한국어 지원도 된다.

사이판 교통수단

DFS T 갤러리아 셔틀버스

사이판 관광객들이 가장 부담 없이 이용할 수 있는 교통수단. DFS T 갤러리아에서 운영하는 무료 셔틀버스로 가라판에 위치한 DFS T 갤러리아에서 출발해 사이판 내 주요 리조트를 왕복한다. 총 2개의 노선이 남부와 북부를 운행하는데, 남부는 월드 리조트, 퍼시픽 아일랜드 클럽(PIC), 북부는 켄싱턴 호텔 사이판, 아쿠아 리조트 클럽, 크라운 플라자 리조트, 하얏트 리젠시 방향으로 이동한다.

택시

요금이 비싸기는 하지만 급할 때 유용하게 사용하는 이동 수단. 우리나라처럼 도로에서 세워 타지 않고 호텔 리셉션, 레스토랑, 쇼핑센터 등에 요청해 택시를 부르는 시스템이다. 기본요금은 $2.5, 이후 약 400m마다 ¢75씩 요금이 추가되며, 하차할 때 15%의 팁과 함께 요금을 지불한다. 미터제 계산이 원칙이지만 간혹 미터기가 없는 경우가 있으니 탑승 전 대략의 요금을 확인하고 타는 것이 좋다. 이외에 조선족이 운영하는 택시가 있는데 요금은 저렴하지만 엄연히 불법이다. 사고 발생 시 그 어떤 보상도 받을 수 없으니 주의해야 한다.

렌터카 Rent-a-car

사이판에서는 만 21세 이상이면 누구나 자유롭게 3시간, 6시간, 하루, 일주일 등의 기간으로 차를 렌트할 수 있다. 렌터카 사무실은 가라판과 비치로드, 주요 리조트 근처에 있고, 방문해서 직접 렌트하거나 전화나 인터넷을 통한 예약도 가능하다. 원하는 차종이 없을 경우를 대비해 미리 예약하는 것이 좋은데, 인터넷 예약 시에는 할인도 받을 수 있다. 한국 운전면허증으로 최대 30일간 운전할 수 있고, 주행 거리에는 제한이 없으며, 연료비는 이용자가 부담한다. 반납 시에는 최초 차량 대여 시와 동일하게 연료를 채워 반납해야 하는데, 부족할 때는 일반 연료비 외에 초과 비용이 부과될 수 있다.

●**렌터카 업체 정보**

상지 렌터카

세단, SUV, 밴, 오픈카 등 다양한 크기와 디자인의 차종을 보유하고 있는 렌터카 회사. 전 차량 오토매틱이며 요금은 하루 기준 $50~170, CDW(차량 사고 고객 부담금 한도 제도) $13~30, PAI(개인 사고 보험) $5~7 정도이다. 인터넷 예약 시 10~15% 할인되고, 여행 안내 지도와 가이드북, 베이비 시트를 무료로 제공한다.

MAP p.93-I
전화 +1 670-233-1000
홈페이지 www.sangjeerentcar.com

토요타 렌터카

소형부터 중형, 대형, 미니 밴까지 주행 2년 미만의 최신 토요타 차량을 전문으로 취급한다. 요금은 하루 기준 $35~105으로, 운전자 1인을 추가할 수 있다. 종합 보험 가입과 카시트 2개, 아이스박스를 무료 제공하며, 사이판 국제공항 픽업 및

반납이 24시간 가능하다.

MAP p.95-H
전화 +1 671-747-0060
홈페이지 www.toyota-rentcar.co.kr

사이판 아시아렌터카

최신형 뉴 머스탱 컨버터블 프리미엄, 뉴 카마로 컨버터블(범블비), 토요타 FJ 크루저, 허머 H2 럭셔리 에디션 등 다양한 차량을 보유한 회사. 보험을 포함한 가격이 하루 기준 $60~150이고, 인터넷 예약 시 30% 할인해 준다. 한국인이 운영하기 때문에 의사소통에도 전혀 불편함이 없다.

전화 +1670-233-1114
(카카오톡 ID) asiarentcar
홈페이지 www.asiarentcar.com

QQ 렌터카

세단, SUV, 밴, 오픈카는 물론 포르쉐, 캐딜락, 벤츠 등 고급 차종을 다수 보유하고 있다. 하루 기준 $50~150, CDW $12.50~30, PAI $5~7 정도다. 호텔 픽업과 반납이 가능하고, 여행 안내 지도와 가이드북, 베이비 카시트를 무료로 제공한다.

전화 +1 670-233-8866
홈페이지 www.qqcarrental.com

눈부시게
아름다운

사이판
관광 명소
Sightseeing

마나가하 아일랜드 ★★★
Managaha Island

MAP p.82-D
찾아가기 가라판 지역, 스마일링 코브 마리나에서 배를 타고 약 10~20분
운영 08:30~16:00
요금 환경세 $10

바다에 콕 박힌 진주

사이판 여행에서 빼놓을 수 없는 섬. 진주알처럼 동그란 모양, 고운 모래사장, 물속을 누비는 오색 빛깔 열대어, 게다가 바다가 보여줄 수 있는 모든 종류의 파란색이 이 작은 섬 주변으로 펼쳐진다. 해안선을 따라 한 바퀴를 돌아도 30분이 채 걸리지 않는 규모에 숲속 산책로도 마련되어 있다. 이 섬 역시 전쟁의 상처가 남아 있는 곳으로 곳곳에서 제2차 세계대전 당시 침몰한 배와 대포 등의 잔해가 발견된다. 이 섬의 하이라이트는 뭐니 뭐니 해도 해양 스포츠. 투어 상품을 이용하거나 섬 안에 있는 타시 투어에서 옵션을 선택하면 바나나 보트, 스노클링, 스쿠버 다이빙, 파라세일링 등을 모두 즐길 수 있다. 또한 렌털 숍을 비롯해 레스토랑, 마사지 숍, 기념품 숍, 샤워장, 화장실 등도 잘 갖췄다. 오전에는 단체 관광객이 몰리므로 여유롭게 섬을 즐기고 싶다면 오후에 방문하는 것이 좋다.

가라판 ★★★
Garapan

사이판 최대 번화가

레스토랑, 바, 클럽, 카지노, 호텔, 쇼핑센터 등이 밀집한 사이판 최대 번화가. 서울에 명동, 부산에 해운대가 있다면 사이판에는 가라판이 있다. 끝없이 펼쳐지는 마이크로 비치 전망의 호텔들 앞으로 다양한 상권이 형성되어 여행자들에게 최고의 위치. 또한 맛집이 많아 식사하기 좋으며, 밤늦게까지 영업하는 바와 클럽 덕분에 나이트 라이프를 즐기기에도 안성맞춤이다. 가라판 거리의 한 귀퉁이에는 일본 식민지 시대에 세운 호안덴(奉安殿)이 자리해 있다. 당시 사이판의 모든 학교에는 신사 참배를 목적으로 호안덴을 세웠는데, 이것이 그중 하나로 북마리아나 연방 문화재 보존 사단과 마리아나 관광청 등의 협조로 복원되었다.

MAP p.82-D
찾아가기 사이판 중서부 중심

아메리칸 메모리얼 파크 ★★
American Memorial Park

전쟁의 아픔을 품다

제2차 세계대전 당시 사이판에서 전사한 미군과 마리아나 제도 원주민을 추모하기 위해 조성한 곳. 공원 중앙에는 사이판 침공 50주년을 맞아 마련한 희생자 5,204명의 이름을 새겨 넣은 위령비가 서 있다. 제2차 세계대전 당시의 모습이 궁금하다면 방문자 센터와 서점을 방문할 것. 전쟁 때 사용한 무기와 지도, 사진, 영상 등 관련 자료가 전시되어 있다. 꽃과 나무가 우거진 산책로와 운동장, 테니스장, 놀이터, 피크닉 공간 등이 있어 산책이나 운동을 즐기는 사람도 많다.

MAP p.82-D
찾아가기 가라판 비치로드와 마이크로 비치로드가 만나는 지점
전화 +1 670-234-7207(내선 2020)
운영 방문자 센터 09:00~17:00
휴무 새해, 추수감사절, 크리스마스
요금 무료

마이크로 비치 ★★★
Micro Beach

끝없이 펼쳐지는 푸른빛

사이판의 가장 대표적인 해변. 마나가하 아일랜드를 바라보는 위치에 있으며 아메리칸 메모리얼 파크에서 시작해 호텔 라인을 따라 1km가량 이어진다. 맑고 투명한 물빛, 잔잔한 파도, 고운 모래사장, 게다가 수심이 무릎 높이밖에 되지 않아 안전한 물놀이가 가능하다. 각 호텔 앞에 마린 스포츠 숍이 자리해 스노클링, 바나나 보트, 스탠드 업 패들 같은 다양한 액티비티를 즐길 수 있다. 특히 해 질 무렵이면 붉게 물드는 일몰을 감상하기 위해 사람들이 몰린다.

MAP p.82-D
찾아가기 아메리칸 메모리얼 파크에서 하얏트 리젠시, 크라운 플라자 리조트, 그랜드브리오 리조트로 이어지는 지점

스마일링 코브 마리나 ★
Smiling Cove Marina

조용하고 아름다운 항구

아메리칸 메모리얼 파크와 연결되는 항구. 마나가하 아일랜드 투어나 선셋 크루즈 등에 이용하는 크고 작은 배가 정박하는 곳으로 하늘과 바다, 배가 어우러진 풍경이 근사하다. 조용히 산책하거나 해 질 무렵 일몰을 감상하기에 좋다. 마히 낚시대회, 사이판 국제낚시대회 등 매년 이곳에서 열리는 특별한 이벤트도 볼만하다. 낚시를 좋아하는 사람이라면 현지인, 외국인 할 것 없이 누구나 참여 가능하며 관람객도 대회 참가자들이 잡아 올린 대어를 직접 볼 수 있다.

MAP p.82-D
찾아가기 가라판 지역, 아메리칸 메모리얼 파크 안쪽

비치로드 ★★★
Beach Road

바다와 함께 달려라

이름 그대로 해변을 따라 이어진 도로. 가라판에서 사이판 남부까지 시원하게 가로지르는 드라이브 코스로 해 질 무렵에는 환상적인 일몰과 나란히 달릴 수 있다. 비치로드 중간중간 제2차 세계대전 당시 사용한 일본군 전차를 비롯해 기관총, 대포 등을 비치하던 토치카 터, 참전 용사를 추모하는 위령비 등이 자리해 있으며 주변으로 호텔과 레스토랑이 이어진다. 불꽃나무가 만개하는 4~6월은 비치로드가 가장 화려하게 변신하는 시즌이며 산책로도 있어 조깅 코스로도 으뜸이다.

MAP p.88~89

13 피셔맨 위령비

가라판 교회 & 종탑 ★
Kristo Rai Church & Bell Tower

스페인 통치의 흔적

스페인 탐험가 마젤란이 첫발을 내디딘 이후 오랫동안 스페인과 독일 통치 시대를 겪은 사이판. 가라판 교회와 종탑은 1876년 스페인 선교사들이 공사를 시작해 독일 통치 시대에 완공되었다. 제2차 세계대전 중인 1944년 폭격으로 심하게 파괴되었다가 현지인들의 노력으로 다시 세워졌으며 현재 우아하고 세련된 현대적 건물로 재탄생했다. 교회 바로 옆에 있는 종탑은 전쟁에서 유일하게 살아남은 건축물로 종은 사라지고 없지만 그 존재만으로도 가치가 높다.

MAP p.85-J
찾아가기 가라판 비치로드, 피싱 베이스 맞은편

슈거 킹 공원 ★
Sugar King Park

설탕왕은 누구인가?

일본 통치 시대에 사이판은 사탕수수 재배와 제당 산업으로 크게 발전했다. 슈거 킹 공원은 당시 무역 발전에 이바지한 일본인 마쓰에 하루지를 기리기 위해 만든 곳. 그는 사이판에 난요코하츠 주식회사를 세우고 대규모 사탕수수 농장을 만들어 제당업을 독점한 인물이다. 물론 이 과정에서 수많은 한국인과 동남아시아 각국의 노동자들이 강제로 끌려와 노역에 시달렸음을 잊지 말아야겠다. 공원 중심에는 1934년에 세운 4m 높이의 마쓰에 하루지 동상이 있고 주변에는 당시 운행하던 빨간색 증기기관차, 일본 신사가 자리해 있다.

MAP p.82-D
찾아가기 가라판 미들로드

일본 통치 시대에 사탕수수를 운반하던 증기기관차

북마리아나 제도 역사·문화 박물관 ★★
NMI Museum of History & Culture

북마리아나 제도 역사를 한눈에!

기원전부터 스페인, 독일, 일본 통치 시대까지 북마리아나 제도 역사를 정리해 놓은 박물관. 기원전 4000~2000년 사이 섬에 정착한 차모로족 관련 유물을 비롯해 원주민들의 과거 생활상이 담긴 각종 자료와 사진, 당시 사용한 물건들이 전시되어 있다. 박물관 건물은 원래 일본 통치 시대인 1926년에 병원으로 지은 것이었다. 참혹한 전쟁의 와중에서 살아남은 건물을 1998년 개수하여 현재 박물관으로 사용 중이다. 박물관 주변에서 과거의 병원 부속 건물도 찾을 수 있다.

MAP p.82-D
찾아가기 가라판 미들로드, 슈거 킹 공원 맞은편
전화 +1 670-664-2164
운영 09:00~16:00
휴무 토·일요일, 공휴일
요금 $2(6세 이하 무료)
홈페이지 cnmimuseum.wix.com/welcome

사이판 중동부

타포차우산에서 내려다본 풍경

타포차우산 ★★★
Mt. Tapochau

사이판 최고 전망대

사이판 중심부의 해발 474m에 자리한 타포차우산. 사이판에서 가장 높은 산이자 360도 파노라마 뷰를 자랑하는 전망대로 섬 전체를 내려다볼 수 있다. 가라판, 마나가하 아일랜드, 수수페 호수는 물론이고 날씨가 좋은 날에는 바다 너머 티니안과 고트 아일랜드까지 보일 정도. 산 정상에는 더 이상 전쟁이 일어나지 않기를 기원하는 예수 그리스도상이 서 있어 특별한 날에는 예배하러 온 현지인들로 붐빈다. 산 정상까지는 꼬불꼬불하고 가파른 길을 지나야 하기 때문에 사륜구동차 혹은 구동력 좋은 오프로드 전용 ATV 등으로 이동하는 것이 좋다.

MAP p.83-H

찾아가기 캐피톨힐 Tapochau Rd에서 Sara Market 맞은편 길을 따라 이동

산타 루데스 ★
Santa Lourdes

성스러운 마리아

성모 마리아상을 모신 가톨릭교 성지. 전체 인구의 90% 이상이 가톨릭 신자인 사이판에서 가장 성스러운 곳으로 통한다. 제2차 세계대전 당시 사람들이 모여 전쟁이 하루 빨리 끝나길 기도했던 장소로 움푹 파인 동굴 속에 30cm 크기의 성모 마리아상과 제단이 놓여 있다. 그 앞으로 촛불을 밝히고 소원을 비는 공간과 천연 지하수를 끌어 올리는 펌프가 자리하는데, '마리아의 성수'로 불리는 이 지하수는 마시거나 상처에 바르면 병이 낫는다는 이야기가 예부터 전해 오고 있다. 성모 마리아상 왼편 계단을 따라 올라가면 전쟁 중에 피난소이자 야전병원으로 사용하던 작은 동굴과 연결된다.

MAP p.83-H
찾아가기 Isa Dr와 Chalan Santa Lourdes 교차점에서 도보 5분

라우라우 비치 ★★
Lau Lau Beach

365일 푸른 놀이터

사이판 중동부를 대표하는 해변으로 '라오라오(Lao Lao) 비치'라고도 한다. 맑고 투명한 물, 얕은 수심, 잔잔한 파도, 아름다운 산호 덕분에 물놀이는 물론 스노클링, 다이빙 포인트로 인기가 높다. 오프로드를 따라 해변이 길게 이어져 있고, 위치에 따라 아이들과 수영하기 좋은 곳, 체험 다이빙하기 좋은 곳 등의 특색이 있으니 미리 체크할 것. 산호가 부서져 쌓인 별 모양의 모래를 찾는 재미도 쏠쏠하고, 주말에는 바비큐를 즐기는 사람들도 많다. 라우라우 비치 주변에는 차모로족의 유적 라테 스톤과 제2차 세계대전 당시 일본군이 숨어 지내던 동굴, 벙커, 대포 등도 자리해 있다.

MAP p.83-H
찾아가기 Isa Dr에서 Laulau Bay Dr를 따라 이동

포비든 아일랜드 ★★★
Forbidden Island

금지된 파라다이스

라우라우 베이 동쪽 끝, 가파른 절벽 아래 봉긋하게 솟아오른 작은 섬. 자연보호 구역으로 각종 희귀한 동식물이 서식하고, 섬과 섬 사이에 자연적으로 형성된 천연 수영장에는 화려한 빛깔을 뽐내는 물고기가 가득해 스노클링 스폿으로도 유명하다. 섬과 바다를 연결하는 작은 동굴도 숨어 있는데, 지형이 험해 접근하기는 다소 힘들지만 동굴 내에 바닷물이 고여 만들어진 신비로운 풍경은 가히 압도적이다. 누구라도 엄지손가락을 추켜올릴 만큼 아름다운 풍광을 자랑하지만 30분 정도 이동해야 하는 험난한 트레킹 코스와 사고 위험이 따르는 위협적인 파도 때문에 꺼려하는 현지인도 많다. 오죽하면 이름마저 금단의 섬일까. 실제로 갑자기 밀려온 파도로 참변을 당한 사람이 많으니 현지 가이드와 함께 방문할 것을 권한다.

MAP p.83-I
찾아가기 Forbidden Island Rd를 따라 들어가다 Forbidden Island Marine Sanctuary 표지판에서 시작

이스트베이 절벽 ★★
East Bay Cliff

꽁꽁 숨겨놓은 사이판의 히든 플레이스

사람들에게 잘 알려지지 않은 사이판의 히든 플레이스. 라우라우 비치를 지나 정글 깊숙이 자리 잡은 해안가 절벽으로 아찔한 5m 높이에서 에메랄드빛 바다로 뛰어들 수 있는 최적의 장소다. 이스트베이에서 포비든 아일랜드 주변까지 해양보호구역으로 관리되어 물속 세상도 때 묻지 않은 자연 그대로의 모습이다. 투명한 시야에서 형형색색 수많은 물고기를 볼 수 있으니 스노클링과 다이빙을 즐기기에도 안성맞춤. 최근 이스트베이 절벽을 관광지로 개발 중이라 스노클링과 다이빙 옵션 투어도 곧 체계적으로 진행될 예정이다.

MAP p.83-H
찾아가기 라우라우 비치를 지나 Lau Lau Bay Dr 끝까지 이동 후 도보 이동

올드맨 바이 더 시 ★★
Old Man by The Sea

할아버지 얼굴을 찾아봐!

할아버지 얼굴 모양의 거대한 바위가 우뚝 솟아 있는 해변. 우리나라의 전설처럼 고기를 잡으러 망망대해로 떠난 어부를 기다리다 망부석이 되어 버린 바위라고 전해진다. 초록 빛깔이 우거진 숲길을 30분 정도 지나야 비로소 그 모습을 드러내는데, 섬 안쪽으로 깊숙이 자리한 해변이라 아늑하고 비밀스럽다. 파도가 바위에 부딪치고 하얗게 부서진 파도가 바위 사이로 밀려들어오는 모습이 변화무쌍하다. 운이 좋으면 할아버지 얼굴 바위에 둥지를 튼 희귀종 흰꼬리열대새도 볼 수 있다.

MAP p.82-E
찾아가기 Isa Dr에서 킹피셔 골프 링크스를 향해 들어가다 노란색 Old Man by The Sea 표지판에서 시작

제프리스 비치 ★
Jeffrey's Beach

기이한 바위로 둘러싸인 바다

킹피셔 골프 링크스 바로 옆에 위치한 해변. '제프리'라는 이름은 제2차 세계대전 당시 미군을 승리로 이끈 제프리 해링턴 장군의 이름에서 따왔다. 해변 왼편에는 악어를 닮은 바위가, 오른편에는 코가 뾰족한 노파 바위가 자리하고, 곳곳에 기이한 모양의 바위가 많다. 섬 안쪽 탈로포포 폭포(Talofofo Falls)에서 흘러 내려오는 물이 제프리스 비치와 만나기 때문에 비 온 뒤에는 해변 방향으로 거대한 물줄기가 형성되는 것이 특징이다. 고운 모래보다 자갈이 많고 사이판에서 유일하게 검은 빛깔의 흑운모가 깔려 있어 아쿠아 슈즈를 신는 것이 좋다.

MAP p.82-F
찾아가기 Isa Dr에서 킹피셔 골프 링크스를 향해 들어가다 Ababang Pl에서 우회전

드라마 〈여명의 눈동자〉 촬영지였던 해변가 동굴

산후안 비치 ★★
San Juan Beach

보석처럼 숨겨놓고 싶은 곳

사이판 현지인들의 사랑을 듬뿍 받는 작고 아담한 해변. 킹피셔 골프 링크스를 기준으로 제프리스 비치가 아래쪽에 있다면 산후안 비치는 바로 위쪽에 자리한다. 해변 오른편에는 악어를 닮은 거대한 바위가 자리하고, 그 앞으로 자연적으로 만들어진 독특한 돌계단과 움푹 파인 구멍이 있어 파도가 부딪쳐 솟아오르는 경쾌한 장면이 끊임없이 연출된다. 해변 왼편으로는 고래가 숨 쉴 때 물줄기를 뿜어내는 듯한 블로 홀(Blow Hole)도 볼 수 있다. 악어 바위를 다른 각도에서 보면 입을 크게 벌린 호랑이 같아서 타이거 비치(Tiger Beach)라고도 불린다.

MAP p.82-F
찾아가기 Isa Dr에서 킹피셔 골프 링크스를 향해 들어가다 Windward Rd를 따라 이동

마린 비치 & 탱크 비치 ★
Marine Beach & Tank Beach

동해안을 따라 이어지는 해변

사이판 카그만(Kagman) 지역, 동해안을 따라 길게 이어지는 마린 비치와 탱크 비치. 두 해변 모두 넓고 수심이 얕지만 군데군데 사람이 퐁당 뛰어들 만한 깊이의 구멍이 있어 수영하기에 적당하다. 덕분에 푸른 바닷속 작은 수영장에서 노는 듯한 이색적인 기분을 느낄 수 있다. 산호초가 둘러싸고 있어 방파제 역할을 하지만 파도가 다소 거친 편이므로 조심해야 한다. 탱크 비치에는 제2차 세계대전 당시의 비밀스러운 무기 창고가 바위 안에 숨어 있으니 한번 찾아보자.

MAP p.83-I
찾아가기 Isa Dr에서 Chacha Rd를 지나 해안도로로 이동

마린 비치

탱크 비치

사이판 북부

그로토 ★★★
Grotto

다이버들의 파라다이스

북마리아나 제도 최고의 다이빙 포인트. 자연이 만든 천연 해식동굴로 117개의 급경사 계단을 따라 내려가면 짙푸른 코발트빛 바다가 드러난다. 수심이 깊을 뿐만 아니라 아치형 절벽 사이를 통과하면 심연과 연결되는 독특한 지형이다. 무엇보다 동굴 안으로 쏟아지는 햇살이 바다를 얼마나 아름다운 빛깔로 변신시키는지 보여주는 완벽한 장소이다. 그로토를 제대로 탐험하려면 스쿠버 다이빙 자격증이 필수! 깊은 바닷속 절벽과 동굴, 형형색색 산호초를 구경할 수 있다. 수영, 스노클링, 스쿠버 다이빙 모두 가능하지만 파도가 거칠고 위험해 현지 가이드가 동행하지 않으면 입수가 거부되기도 한다. 그로토 입구에는 사이판 최고의 다이버이자 정글 속에 박혀 있던 그로토를 발견해 인기 다이빙 스폿으로 만든 벤 콘셉시온의 기념비가 세워져 있다.

MAP p.82-C
찾아가기 미들로드에서 Grotto Dr를 따라 이동

전망대에서 바라본 그로토

117개의 급경사 계단

버드 아일랜드 ★★★
Bird Island

새들이 노래하는 섬

사이판 북부의 자그마한 섬. 석회암으로 형성된 바위 사이사이에 구멍이 송송 뚫려 있는데 그 안에 새가 둥지를 틀고 있다. '새 섬'이라는 이름 그대로 수많은 새들의 보금자리. 보호지역으로 지정되어 섬에 직접 들어갈 수는 없고 전망대에서 내려다봐야 한다. 섬의 해안으로 밀려드는 파도가 마치 새의 날갯짓처럼 곡선을 이뤄 숫자 '3'처럼 보이는 것이 특징이다. 새를 보려면 이른 아침이나 해 질 무렵에 방문해야 한다. 섬 모양이 웅크리고 있는 거북이를 닮았다고 하여 '거북 바위'라고도 부르며, 바다에서 헤엄치는 바다거북도 심심치 않게 볼 수 있다.

MAP p.82-C
찾아가기 미들로드에서 버드 아일랜드 전망대로 이동

칼라베라 동굴 ★
Kalabera Cave

깊고 깊은 동굴의 위엄

고대 차모로족이 생활하던 동굴. 높이 10m에 달하는 거대한 입구로 들어가면 내부는 그보다 훨씬 넓고 깊으며, 동굴 안에 옛 원주민들이 그린 벽화가 희미하게 남아 있어 역사적인 의미가 크다. '칼라베라'가 스페인어로 해골을 뜻하고, 스페인 통치 시대의 원주민 해골이 남아 있어 일부 고고학자들은 시체를 매장했던 곳으로 추정하기도 한다. 제2차 세계대전 당시에는 일본군이 야전병원으로 사용했으며 당시 사용하던 물건과 해골이 남아 있다. 현재 입구까지만 관람이 가능하다.

MAP p.82-F
찾아가기 미들로드에서 버드 아일랜드 전망대를 지나 Kalabera Cave Trail로 이동
운영 07:00~17:00 입장료 무료

만세 절벽
Banzai Cliff ★★★

그 누가 만세를 외쳤는가?

사이판 최북단에 위치한 높이 80m의 깎아지른 절벽. 끝없이 펼쳐지는 푸른 바다와 절벽에 부딪치는 거친 파도가 장관을 이룬다. 하지만 이곳에는 아픈 전쟁의 역사가 남아 있으니 바로 제2차 세계대전 당시 미군에 대항하던 일본군과 일반인 1,000여 명이 절벽 아래로 몸을 던져 자살한 것. 그들은 "천왕 폐하 만세!"를 외치며 뛰어내렸는데, 이후 사람들이 만세를 의미하는 '반자이'라 불렀으며 그 주변으로 당시 희생된 사람들을 기리는 수많은 기념비를 세웠다. 밤에는 별을 관찰할 수 있어 별빛 투어 코스로도 최고이다.

MAP p.82-C
찾아가기 미들로드에서 Banzai Cliff Rd를 따라 이동

자살 절벽
Suicide Cliff ★★

자살하기엔 너무 아름다운 곳

해발 249m 높이의 마피산(Mt. Marpi) 정상 서쪽에 위치한 절벽. 만세 절벽과 마찬가지로 제2차 세계대전 당시 미군에 항복하지 않은 일본군이 뛰어내려 자살한 곳이다. 현지인들은 라데란 바나데로(Laderan Banadero)라고도 부르며, 두 군데에 전망대가 있다. 수직으로 깎아지른 절벽 너머로 푸른 태평양과 광활한 들판, 만세 절벽까지 내려다보여 비극적인 역사가 무색하게 아름다운 풍경을 뽐낸다. 1976년에는 평화기념공원을 조성하고, 죽은 영혼을 추모하는 기념비와 관음보살상을 세웠다.

MAP p.82-C
찾아가기 미들로드에서 Rte 322를 따라 이동

자살 절벽에서 내려다본 풍경

평화기념공원의 관음보살상

파우파우 비치 ★
Pau Pau Beach

누가 파란 물감을 풀어놓았나

사이판 북부 산로케 지역, 윙 비치와 아추가우 비치 사이에 위치한 해변. 차모로어로 '향기롭다'는 의미의 파우파우 비치는 하늘과 바다의 경계선이 모호할 만큼 짙푸른 빛깔이 두 눈을 황홀하게 만든다. 사이판 중남부에 비해 한가하고 인적이 드물어 평일에는 마치 개인 전용 바다를 누리는 듯한 호사도 가능한 곳. 수심이 얕고 파도가 잔잔해 스탠드 업 패들이나 스노클링 장소로도 인기가 높다. 주말에는 바비큐와 피크닉을 즐기려는 가족 단위 현지인이 몰린다.

MAP p.82-B
찾아가기 미들로드에서 Paupau Dr로 이동

최후 사령부 ★★
Last Command Post

일본군의 마지막 요새

제2차 세계대전 당시 일본군이 마지막까지 저항한 최후 격전지. 마피산 절벽에 있는 천연 동굴을 개조해 만든 콘크리트 요새로, 미군이 쏘아 올린 포탄에 2m 크기의 구멍이 뚫릴 만큼 참혹했던 전쟁의 흔적이 고스란히 남아 있다. 최후 사령부 앞으로 대포와 전차 등이 자리하고, 주변에는 한국인 위령탑, 일본 평화 기념비, 오키나와 평화 기념비 등이 있다. 한국인 위령탑은 일본군에 강제로 징용되어 억울하게 목숨을 잃은 한국인 피해자들을 기리기 위해 1979년에 세운 것이다.

MAP p.82-C
찾아가기 미들로드와 Banzai Cliff Rd가 만나는 지점

전쟁에 사용한 대포

구멍이 뚫린 요새

한국인 위령탑

마운트 카멜 성당 ★
Our Lady of Mount Carmel Cathedral

사이판 최대의 성당

사이판을 비롯해 북마리아나 제도를 대표하는 성당. 스페인 통치 시대에 지은 건물은 제2차 세계 대전 당시 완전히 파괴되었고, 1949년에 전쟁으로 파괴된 섬을 재건하고자 하는 염원을 담아 다시 만들었다. 1984년에는 교황 요한 바오로 2세가 북마리아나 제도의 모든 가톨릭 교구를 총괄하는 대성당으로 승격했다. 스페인 건축 양식을 따라 지은 우아한 성당 앞에는 아기 예수를 안고 있는 성모 마리아상이 서 있고, 뒤편으로 가톨릭 공동 묘지와 한국인 교회도 있다.

MAP p.89-G
찾아가기 수수페 비치로드, 슈거독 비치 맞은편

수수페 호수 ★
Susupe Lake

말없이 고요하기만 하다

사이판의 유일한 호수이다. 염분 함유량이 1L 중 500mL 이하인 담수호로 둘레가 약 1.6km에 달한다. 제2차 세계대전 당시 일본군과 한국군 등 많은 사람들이 이곳에 수장되었다는 이야기가 전해져 '죽음의 호수'라고도 부른다. 호수를 감상할 수 있도록 나무 데크와 오두막, 쉼터 등을 설치해놓았지만 호수로 들어가는 입구 대부분이 개인 사유지이기 때문에 일반 관광객이 자유롭게 드나들기는 좀 어렵다. 다만 최근 관광지 개발을 추진 중이니 기대해 볼 만하다.

MAP p.89-K
찾아가기 수수페 지역, 마운트 카멜 성당 옆 Rte 309를 따라 이동

킬릴리 비치 ★
Kilili Beach

일몰이 아름다운 해변

사이판 비치로드를 따라 이어지는 서쪽 해변. 제2차 세계대전 당시 일본군이 사용하던 M4 셔먼 탱크가 바다에 잠겨 있다. 수심이 얕고 잔잔해 어린아이들도 탱크까지 헤엄쳐 갈 수 있는데, 끝없이 펼쳐진 푸른 바다와 탱크, 그리고 천진난만한 아이들이 오버랩되는 풍경이 매우 이색적이다. 특히 이곳의 일몰이 아름답다. 주변에는 전쟁 기념비가 세워져 있고, 킬릴리 비치 남쪽으로 찰란카노아 비치, 산안토니오 비치, 그리고 아긴간 포인트 등이 이어진다.

MAP p.89-G

찾아가기 가라판 비치로드, 월드 리조트 옆

바다에 잠겨 있는 M4 셔먼 탱크

래더 비치 & 옵잔 비치 ★★
Ladder Beach & Obyan Beach

한없이 투명한 바다

사이판 남부에 나란히 자리한 두 해변. 래더 비치는 오래전 사다리를 타고 내려가야 했기 때문에 붙은 이름으로 현재는 계단을 이용한다. 절벽 아래 형성된 자연 동굴 안에서 바다를 바라보며 휴식을 즐기기에 안성맞춤. 옵잔 비치는 스노클링, 다이빙 포인트로 인기가 높고, 별 모양으로 깎인 독특한 산호모래가 많다. 주변에 1,500여 년 전 고대 차모로 유적지인 라테 스톤과 제2차 세계대전 당시 사용한 벙커, 동굴 등이 있다.

MAP p.83-J · K

찾아가기 사이판 국제공항 Rte 302에서 래더 비치 표지판 혹은 옵잔 비치로드를 따라 이동

래더 비치

옵잔 비치

아슬리토 이착륙장 ★
As Lito Airfield

전쟁의 흔적을 전시하다

사이판 국제공항 내에 있는 미국 역사 기념물. 과거 일본 통치 시대에 태평양 전쟁을 주도했던 아슬리토 이착륙장은 콘로이(Conroy)라는 이름을 거쳐 이슬리(Isely) 필드로 개명되었고, 1973년 재건축을 시작해 현재의 사이판 공항으로 거듭났다. 사이판 공항 북쪽에는 여전히 녹슨 일본군 전차와 대포, 방공호, 탄약고 터, 전기발전소 터, 병원 터 등 전쟁의 흔적이 곳곳에 남아 있다. 주변에 미군과 일본군을 추모하는 위령비도 있다.

MAP p.83-K
찾아가기 사이판 국제공항 내

전쟁 당시 사용한 전차

전기발전소 터

나프탄 ★
Naftan

사이판 남쪽 끝을 찾아서!

사이판 최남단에 위치한 나프탄. 차 1대가 간신히 드나드는 좁은 비포장도로와 울창한 정글을 헤치고 들어가면 깎아지른 절벽 너머 티니안으로 향하는 남쪽 바다와 마주한다. 전쟁 전후의 변화가 거의 없는 곳으로 거대한 크레바스와 동굴, 제2차 세계대전 당시 사용한 벙커와 대포, 수류탄 등이 심심치 않게 발견된다. 관광지로 개발하지 않은 탓에 나프탄 포인트로 향하는 코스가 꽤나 험난하지만 트레킹이나 정글 탐험을 좋아하는 여행객에게는 충분히 매력적이다.

MAP p.83-K
찾아가기 나프탄 로드 혹은 옵잔 비치로드가 끝나는 지점에서 시작

정글 트레킹 코스를 지나야 비로소 마주할 수 있는 풍경

사이판
맛집
Restaurant

컨트리 하우스
Country House

1992년 오픈한 이래 꾸준하게 사랑받는 스테이크 전문점. 천장이 높은 통나무집, 황야를 달리는 무법자 그림과 인디언 추장 나무조각품, 사슴과 버펄로 뿔, 엽총 등의 인테리어 장식, 카우보이모자를 쓴 직원까지, 들어서는 순간부터 미국 서부 개척 시대로 돌아간 듯한 느낌이 든다. 대표 메뉴는 스테이크로, 앵거스 비프 협회에서 최고급 육질로 인정한 프리미엄 쇠고기를 사용하는 것이

컨트리풍으로 꾸민 실내

립로인스테이크와 스페셜 런치 메뉴

특징이다. 등심스테이크, 안심스테이크, 티본스테이크, 카우보이 스테이크 등을 맛볼 수 있으며 220g, 330g, 450g 등으로 주문 가능하다. 이외에 햄버그스테이크와 치킨, 생선, 햄버거, 파스타, 그라탱 등의 메뉴도 준비되어 있다. 런치 메뉴에는 수프와 밥이 포함되어 좀 더 푸짐하게 먹을 수 있으며 요리에 어울리는 다양한 와인 리스트도 갖췄다. 가격은 $30~59. 맥주, 위스키, 브랜디, 칵테일, 슈터 등 다양한 주류도 있어 저녁에는 간단한 튀김 요리에 한잔하기도 좋다.

MAP p.86-D
찾아가기 가라판 지역, Coconut St에 위치
전화 +1 670-233-1908
영업 11:00~13:30, 17:30~23:00
예산 메인 메뉴 런치 $9~21, 디너 $11~62,
음료 · 주류 $4~12
홈페이지 www.countryhouse.co.jp

브라보 키친 & 바
Bravo Kitchen & Bar

맛있는 음식과 흥겨운 음악, 사람들과 함께하는 즐거운 공간을 만들고자 2022년 11월에 문을 연 레스토랑. 인테리어가 현대적이고 스타일리시하며 메인 공간과 바, 가라오케로 구성되어 총 80명을 수용할 수 있다. 대표 메뉴는 미국 농무부(USDA) 인증의 블랙앵거스 티본, 설로인, 립아이 등이며, 2시간 전에 예약하면 토마호크 스테이크도 $180에 맛볼 수 있다. 블랙앵거스 비프로 만든 고스트 버거를 비롯해 클래식 치즈, 스모크 하우스, 알파인 치즈 등의 버거 메뉴와 랍스터, 해산물, 치킨, 파스타, 필리핀 요리도 선보인다.

MAP p.85-I
찾아가기 가라판 비치로드, 아이 러브 사이판 옆
전화 +1 670-488-1818
영업 11:00~14:00, 17:00~22:00
예산 메인 메뉴 $12~45, 음료 · 주류 $3~8

설로인스테이크

고스트 버거

코코
Coco

가라판 시내에 있는 스테이크 & 시푸드 전문 레스토랑. 주문과 동시에 오픈형 숯불 그릴에 구워 내는 것이 특징. 안심스테이크, 티본스테이크, 뉴욕 스테이크를 비롯해 닭고기와 돼지고기, 랍스터 · 새우 · 게 · 굴 · 가리비 · 오징어 등의 해산물 요리를 선보인다. 170g에서 500g까지 먹는 양에 따라 주문할 수 있고, 메인 메뉴 주문 시 $5를 추가하면 샐러드 바까지 이용 가능하다. 스테이크와 해산물을 결합한 콤보 메뉴도 선보이며 프랑스, 미국, 칠레 등에서 수입한 와인과 위스키, 브랜디, 맥주 등 주류도 다양하다.

MAP p.86-D
찾아가기 가라판 지역, Royal Palm Ave에 위치
전화 +1 670-233-2626
영업 17:00~21:00
예산 메인 메뉴 $13~48, 음료 · 주류 $3~12

숯불에 구운 해산물 요리

마리아나 라이트하우스
Mariana Lighthouse

일본 식민 시대에 세워진 오래된 등대가 2021년 전망 좋은 레스토랑으로 변신했다. 그리스 산토리니를 연상시키는 블루 & 화이트 컬러의 외관, 깔끔한 실내와 널찍한 실외 공간이 있고, 전망대에 올라가면 마나가하 아일랜드가 드넓게 펼쳐진다. 대표 메뉴는 티본, 립아이, 뉴욕 스트립 등의 스테이크이고, 바비큐 그릴, 회, 스시, 피자, 파스타 등 다양하게 갖췄다. 특히 해 질 무렵, 붉게 지는 노을을 바라보며 여유로운 식사를 즐기기 좋다. 가끔은 신나는 라이브 음악 공연과 야시장도 열리며, 매일 오후 1~5시까지 1시간 간격으로 DFS T 갤러리아 면세점에서 출발하는 무료 셔틀 버스도 운행한다.

MAP p.82-E
찾아가기 Navy Hill Rd를 따라 올라가다 Whispering Palms School을 지나 왼쪽에 위치
전화 +1 670-322-3353 (카카오톡 ID) jhspark81
영업 일~목요일 10:00~21:00, 금~토요일 10:00~22:00
예산 메인 메뉴 $13.50~59, 음료 · 주류 $3~11

뉴욕 스트립스테이크

새우튀김 스시롤

오 마이 그릴!
Oh My Grill! (OMG)

2021년 테이스트 오브 마리아나스 축제에서 차모로족과 캐롤리니언족의 전통과 문화를 상징하는 요소를 결합한 푸드 부스를 만들어 1등을 차지한 100% 사이판 로컬 스타일의 바비큐 가게. 저렴한 가격에 갈비, 삼겹살, 치킨, 핫도그 등 바삭하게 구운 바비큐와 차모로식 레드 라이스, 샐러드와 함께 세트로 구성된다. 테이크아웃 메뉴가 기본이지만 식사가 가능한 테이블도 마련되어 있다. 일주일 중 단 4일, 심지어 점심에만 장사하니 영업시간을 잘 체크할 것.

MAP p.83-G
찾아가기 가라판 비치로드, Pupuru Dr과 Dotse Pl 사이에 위치
전화 +1 670-788-4664
영업 11:00~13:30 휴무 토~월요일
예산 메인 메뉴 $8~14, 샘플러 플래터 $45

갈비구이 세트

360도 회전 레스토랑
360 Revolving Restaurant

파노라마 뷰 전망대와 고급 레스토랑이 하나로 뭉쳤다. 거대한 원형 기둥을 중심으로 360도 회전하는 레스토랑으로 모든 테이블이 창가에 위치해 식사하면서 탁 트인 통유리창 너머로 시시각각 변하는 사이판 남서부 풍경을 감상할 수 있다. 애피타이저, 수프, 샐러드를 비롯해 닭·생선·새우구이 메뉴, 스테이크, 피자, 버거, 랍스터 요리를 선보인다. 특히 스테이크는 앵거스 비프 협회에서 품질을 인정받은 쇠고기를 사용하며 안심스테이크, 등심스테이크, 뉴욕 스트립 로인스테이크, 립아이스테이크 등의 메뉴를 갖췄다. 샴페인, 와인, 맥주 등 주류 메뉴 또한 다양하고 차모리타 같은 로컬 스타일의 독특한 칵테일도 맛볼 수 있다.

MAP p.89-G
찾아가기 조텐 마트 맞은편의 마리아나 비즈니스 플라자 8층
전화 +1 670-234-3600
영업 월~금요일 11:00~14:00, 17:00~21:00, 토요일 17:00~21:00 휴무 일요일
예산 메인 메뉴 $11~50, 랍스터 요리 $70~90, 음료 $3~8
홈페이지 360saipan.com

360 바비큐 립

웨스트 코스트 레스토랑
West Coast Restaurant

2021년 1월에 오픈한 패밀리 레스토랑. 전형적인 웨스턴풍으로 꾸민 실내와 야외 테이블까지 공간이 크고 넓어 파티 장소로도 손색없다. 메인 메뉴는 앵거스 립아이스테이크를 비롯한 비프 요리이고, 패럿 피시, 연어, 참치 등으로 만든 생선 요리도 수준급이다. 돼지고기, 치킨, 피자, 파스타, 필리핀 요리 등 익숙한 메뉴도 있다. 주중에는 매일 메인 메뉴가 바뀌는 스페셜 런치가 $14에 제공되고, 특별한 날에는 인터내셔널 뷔페 음식과 함께 신나는 라이브 음악 공연도 펼쳐진다. 해피 아워는 오후 5시~7시 30분이다.

MAP P.89-G
찾아가기 월드 리조트와 시빅 센터 공원 사이
전화 +1 670-234-0037
영업 11:00~14:00, 17:00~22:00, 일요일 11:00~14:00, 17:00~21:00
예산 메인 메뉴 $13.50~34.50, 음료·주류 $3~8

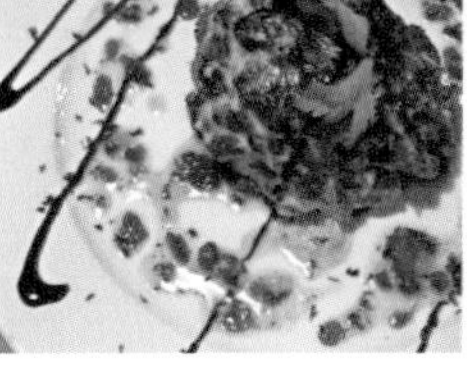

연어 시금치 구이

토마토소스 비프 스트로가노프

베이컨 클래식 버거

치킨 퀘사디아

크리스티아노스 키친
Cristianos Kitchen

미국 필라델피아 출신의 크리스와 크리즈웰 부부가 아들의 이름인 '크리스티아노스'를 간판에 걸고 오픈한 레스토랑. 작은 푸드 트럭으로 시작해 인기를 끌자 가라판 귀퉁이에 자신만의 공간을 마련했다. 테이블은 고작 3~4개밖에 되지 않지만 언제나 사람들로 붐비는 핫 플레이스다. 메뉴는 모두 주인장이 직접 개발한 레시피로 고향인 필라델피아의 맛을 가미한 버거와 멕시코 동부 해안의 풍미를 더한 타코, 퀘사디아 등이 있다.

MAP P.86-F
찾아가기 가라판 지역, 아메리칸 메모리얼 파크 입구, Coffee Tree Mall에 위치
전화 +1 670-488-1366
영업 11:00~21:00
휴무 일요일
예산 메인 메뉴 $8~13, 음료 $2.50~3

디 앵그리 펜네
The Angry Penne

위트 넘치는 젊은 감각의 이탈리안 레스토랑. 하얏트 리젠시 리조트 주방에서 경력을 쌓은 셰프 노먼 찬의 진휘하에 2021년 12월 오픈했다. 디 앵그리 펜네의 가장 큰 장점은 사람들이 모두 볼 수 있는 오픈형 키친에 화덕 피자를 선보인다는 것. 마르게리타, 페퍼로니, 치킨 페스토 랜치 등의 피자와 밀가루 반죽 사이에 고기와 치즈, 야채 등을 넣고 만두처럼 만들어 오븐에 구운 칼조네, 신선한 로컬 식재료로 맛을 낸 파스타와 라자냐, 페코리노 로마노 치즈를 듬뿍 넣은 샐러드 등 정통 이탈리아 맛을 구현한다.

MAP P.86-F
찾아가기 가라판 지역, 아메리칸 메모리얼 파크 입구, Coffee Tree Mall에 위치
전화 +1 670-287-3245
영업 11:00~14:00, 17:00~21:00
휴무 화요일
예산 메인 메뉴 $12~19, 음료 $2~6

마르게리타 피자

시저 샐러드

차돌박이 & 돼지고기 라자냐

아메리칸 피자 & 그릴
American Pizza & Grill

코로나19 기간 동안 리노베이션을 거쳐 깔끔하게 단장한 아메리칸 피자 & 그릴. 1990년에 오픈해 20년 넘게 사이판 맛집으로 통했던 '바비 캐딜락스(Bobby Cadillacs)'가 전신이다. 피자는 스파이시 비프 & 머시룸, 프레시 모차렐라 & 허니, 트러플 갈릭 버터 립아이스테이크, 파인애플 & 햄, 미트 러버 등 다양하다. 10인치, 14인치 중 사이즈를 고른 뒤 다양한 토핑을 자유자재로 선택할 수 있다. 블랙앵거스 스테이크와 고기의 육즙을 잘 살린 버거, 치킨, 피자, 파스타 등의 메뉴도 갖췄다.

MAP p.85-I
찾아가기 가라판 비치로드, 가라판 초등학교 맞은편
전화 +1 670-233-1180
영업 월~목요일 11:30~20:30, 금~일요일 11:30~21:00
예산 피자 $12~40, 스테이크 $45~95

몬스터 피자 펍
Monster Pizza Pub

2004년 티니안 다이너스티 호텔 & 카지노에 처음 문을 열어 2015년 사이판으로 이전해 역사를 새롭게 쓰기 시작했다. 2018년 한국인이 가게를 인수하면서 현지인은 물론 한국인의 입맛까지 사로잡는 피자를 선보인다. 피자는 하와이언 몬스터, 불고기, 베이컨 포테이토, 불닭 마늘, 미트 러버, 고르곤졸라 등 다양하고, 사이즈는 리틀(12인치), 빅(16인치), 슈퍼(20인치)로 나뉜다. 고구마 크러스트 토핑은 $3에 추가할 수 있다. 파스타와 치킨 윙, 오징어링 튀김 등의 메뉴도 갖췄다.

MAP P.85-K
찾아가기 가라판 비치로드와 미들로드 사이, Rte308에 위치
전화 +1 670-233-9999
영업 10:00~22:00
예산 메인 메뉴 $12~30, 음료 · 주류 $3~7

허니버터 치킨 윙

불고기 & 베이컨 포테이토 피자

이나스 키친
Inas' Kithchen

미국 포틀랜드에서 요리를 배운 셰프 프란시스코 소니가 2018년 3월에 할아버지의 이름을 따 오픈한 레스토랑. 장사를 시작하자마자 '버거 맛집'으로 단숨에 인기를 얻었을 만큼 명성이 자자하다. 오픈형 키친에 30여 명이 앉을 수 있는 캐주얼한 공간을 갖췄다. 스위스, 피카, 칸사카, 치즈버거 등 블랙앵거스 비프를 사용한 다양한 버거와 타코, 브리토, 로코모코 등의 메뉴가 있고, 모든 메뉴는 샐러드나 감자튀김을 선택해 함께 즐길 수 있다. 이나스 키친의 로고인 'K'는 차모로족의 라테 스톤을 형상화한 것이며, 그 중 'I'는 요리사의 칼을 의미한다.

MAP p.82-E
찾아가기 미들로드 Isa Dr에서 우회전, 주유소를 지나 위치
전화 +1 670-488-1627
영업 11:00~14:00 휴무 일요일
예산 메인 메뉴 $8~16.50, 음료 $3~5

스위스 버거

로코모코

카사 우라시마
Casa Urashima

가라판 교회 뒤 언덕에 아늑하게 자리 잡은 카사 우라시마. 2001년 6월에 처음 문을 연 이래 20년 이상 현지인의 사랑을 받은 곳으로 일본인이 운영한다. 일반 가정집 같은 인테리어, 메인 공간을 중심으로 룸마다 1~3개의 테이블과 의자가 마련되어 있다. 메인 메뉴는 피자와 파스타, 리소토 등의 이탈리아 요리이고, 특히 꽃게 토마토 파스타와 성게 크림 파스타가 인기 있다. 일본 스타일의 샐러드와 애피타이저, 해산물, 스테이크 메뉴도 갖췄다. 해 질 무렵, 레스토랑 앞마당에 서면 가라판 교회 십자가와 어우러지는 아름다운 노을도 감상할 수 있다(2023년 9월 아메리칸 메모리얼 파크 앞으로 이전).

MAP p.87-I
전화 +1 670-287-3303
영업 17:30~22:30
휴무 일요일
예산 메인 메뉴 $12~42, 디너 세트(2인) $120, 음료·주류 $3~10, 보틀 와인 $30~100

성게 크림 파스타

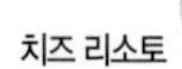
치즈 리소토

뷔페 레스토랑

미야코
Miyako

하얏트 리젠시 사이판 내에 있는 일식 레스토랑. 오픈 당시 총주방장의 이름을 따 레스토랑 이름을 지을 만큼 요리에 대한 자부심이 대단한 곳으로 사이판 현지인들이 추천하는 맛집 중의 맛집. 실제로 예약하지 않으면 식사하지 못할 만큼 사람들로 붐빈다. 어두운 조명, 무게감이 느껴지는 클래식한 인테리어에 총 62개의 좌석 옆으로 다양한 일식 메뉴가 펼쳐지는 카운터가 자리한다. 현지에서 잡아 올린 싱싱한 해산물로 만든 초밥과 회를 비롯해 튀김, 구이, 조림, 우동, 밥, 디저트 등의 메뉴를 갖췄다.

MAP p.86-C
찾아가기 가라판 지역, 하얏트 리젠시 사이판 내
전화 +1 670-234-1234
영업 11:15~14:30, 18:00~21:00
휴무 토~일요일
예산 런치 뷔페 $43, 디너 뷔페 $52

더 테라스
The Terrace

크라운 플라자 리조트 내에 위치한 총 150석 규모의 뷔페 레스토랑. 트로피컬 감성의 인테리어에 아침, 점심, 저녁 모두 뷔페를 즐길 수 있다. 점심과 저녁의 테마가 요일별로 다른 것이 특징. 월요일과 화요일은 타코와 퀘사디아, 부리토 등 라틴 풍미가 가득한 멕시코 요리, 수요일과 목요일은 정통 이탈리아 요리, 금요일과 토요일은 고급 이자카야 스타일로 일본의 다양한 맛을 선보인다. 선데이 브런치는 맥주와 와인, 칵테일 등이 무료로 제공된다. 리조트 패스를 이용할 경우, 점심 식사와 수영장 이용까지 가능해 가성비가 좋다.

MAP p.86-B
찾아가기 가라판 지역, 크라운 플라자 리조트 내
전화 +1 670-234-6412
영업 조식 06:30~10:00, 중식 11:00~14:00, 석식 17:30~21:30, 선데이 브런치 11:00~14:00
예산 조식 성인 $35, 아동 $17.50 / 중식 성인 $40, 아동 $20 / 석식 성인 $40~58, 아동 $20~29 / 선데이 브런치 성인 $65, 아동 $25

더 뷔페 월드
The Buffet World

월드 리조트 내에 있는 뷔페 레스토랑. 총 212석 규모의 넓고 깔끔한 공간에 통유리창 너머로 사이판의 푸른 하늘과 웨이브 정글이 시원하게 펼쳐진다. 매일 신선한 식재료로 만든 서양식, 한식, 일식 등 인터내셔널 뷔페가 기본 메뉴. 저녁은 요일마다 각기 다른 테마로 회, 초밥, 치킨, 스테이크, 파스타, 해산물 요리, 과일, 디저트 등 다양하다. 한국인 고객을 위한 한식 코너도 다채롭다. 점심, 저녁은 맥주와 와인이 무제한 제공되고, 일요일에는 선데이 브런치도 가능하다.

MAP p.89-G
찾아가기 수수페 지역, 월드 리조트 내
전화 +1 670-234-5900
영업 조식 07:00~10:00, 중식 11:30~13:30, 석식 18:00~21:00, 선데이 브런치 11:00~14:00
예산 조식 성인 $30, 아동 $15 / 중식 성인 $32, 아동 $16 / 석식 성인 $45, 아동 $23 / 선데이 브런치 성인 $45, 아동 $23

마젤란
Magellan

퍼시픽 아일랜드 클럽(PIC) 내에 있는 뷔페 레스토랑. 총 440석으로 사이판 최대 규모를 자랑하는 곳이다. 한식은 물론 중식, 일식, 이탤리언, 아메리칸, 멕시칸, 차모로식 등 요일별 테마에 따라 세계 각국의 요리를 골고루 맛볼 수 있다. 특히 중식과 석식에는 맥주와 하우스 와인을 무제한 제공하는 것이 특징. 한식이 나오는 목요일에는 제육볶음, 불고기에 상추, 깻잎, 풋고추 등 갖가지 쌈과 나물이 곁들여져 푸짐한 식사를 즐길 수 있다. 일요일에는 선데이 브런치 뷔페도 마련한다.

MAP p.88-E
찾아가기 수수페 지역, 퍼시픽 아일랜드 클럽 내
전화 +1 670-234-7976
영업 조식 07:00~09:30, 중식 11:30~14:00, 석식 17:30~21:00, 선데이 브런치 11:00~14:00
예산 퍼시픽 아일랜드 클럽(PIC)에 직접 문의(p.182)

코스타 테라스 레스토랑
Costa Terrace Restaurant

아쿠아 리조트 클럽을 대표하는 레스토랑. 유리창 너머로 아름다운 바다가 펼쳐지는 총 100석 규모의 실내는 우아한 인테리어로 꾸며졌다. 아침, 점심, 저녁 모두 뷔페를 제공하지만 특히 디너 뷔페의 인기가 하늘을 찌른다. 금요일에는 회와 초밥, 새우, 굴 등 푸짐한 해산물과 맥주가 무한 제공되는 시푸드 나이트 뷔페, 토요일에는 즉석에서 구워내는 앵거스 비프스테이크와 와인을 마음껏 즐길 수 있는 스테이크 나이트 뷔페를 진행한다. 항상 문전성시를 이룰 정도로 붐비니 예약은 필수. 일요일에는 선데이 브런치 뷔페도 마련되어 있다.

MAP p.82-B
찾아가기 산로케 지역, 아쿠아 리조트 클럽 내
전화 +1 670-322-1234
영업 조식 07:00~10:00, 중식 11:00~14:00, 석식 18:00~21:00, 선데이 브런치 11:00~14:00
예산 조식 성인 $25, 아동 $12.50 / 중식 성인 $27, 아동 $13.50 / 석식 성인 $55, 아동 $27.50 / 선데이 브런치 성인 $55, 아동 $27.50
※월 · 수 · 목 · 일요일 석식 없음

앵거스 비프스테이크

로리아
Loria

켄싱턴 호텔 내에 위치한 뷔페 레스토랑. 총 250석 규모, 럭셔리 크루즈를 모티브로 디자인한 내부는 블랙 & 화이트 컬러로 심플하면서도 고급스럽게 꾸며졌다. 한식, 일식, 중식은 물론 정통 이탤리언 다이닝까지 다양하게 선보인다. 특히 전문 파티시에가 만든 디저트 라인은 인기가 높으며 몇 개만 먹어봐도 그 가치가 느껴진다. 선데이 브런치에서는 회와 초밥, 스테이크 또는 랍스터 메뉴를 맛볼 수 있고, 석식과 선데이 브런치의 경우 맥주와 와인이 무제한 제공된다.

MAP p.82-B
찾아가기 가라판 미들로드, 파우파우 비치
전화 +1 670-322-3311
영업 조식 06:30~09:30, 중식 11:30~14:00, 석식 18:00~21:00 선데이 브런치
예산 성인 조식 $35, 중식(월~화 · 목~토요일) $42.90, 석식(월 · 목 · 토요일) $62, 브런치(수 · 일요일) $49

퓨전 · 로컬 요리

로코 & 타코
Loco & Taco

사이판 유일의 멕시칸 레스토랑. 사이판 어드벤쳐의 리더인 미키가 2020년에 가게를 인수해 정열의 나라 멕시코가 연상되는 강렬한 컬러와 아기자기한 소품으로 내부를 완벽하게 바꿨다. 물론 로코 & 타코의 맛과 명성은 예전 그대로다. 쇠고기, 돼지고기, 치킨, 새우, 생선, 곱창 등으로 만든 타코와 퀘사디아, 나초, 부리토 등이 메인 메뉴. 다양한 타코를 맛보고 싶다면 가성비 좋은 타코 세트를 추천한다. 버거와 파스타, 치킨, 스테이크 등의 메뉴를 갖췄고, 사이판 어드벤쳐 투어 손님에게는 특별 아이스크림도 제공한다.

MAP p.87-H
찾아가기 가라판 비치로드, QQ 렌터카 옆에 위치
전화 +1 670-233-5233
영업 월~토요일 11:00~14:00, 17:00~21:00, 일요일 17:00~21:00
예산 메인 메뉴 $5.50~30, 음료 $3.75~15

치킨 퀘사디아 & 타코

포키 야키
Poki Yaki

하와이 포키와 일본 데리야키를 접목한 포키 전문점. 2017년에 장사를 시작해 2021년 7월 가라판으로 이전했다. 포키는 참치나 연어 등의 생선을 한입 크기로 잘라 밥과 야채 등과 함께 섞어 먹는 음식으로 포키 야키는 알로하, 캘리포니아, 재패니즈, 피카 등 다양한 포키 볼 메뉴를 갖췄다. 심지어 고추장 소스가 들어간 비빔 볼도 있다. 치킨과 비프, 스팸 등을 넣은 데리야키 볼도 인기 만점. 또한 취향에 따라 밥이나 야채, 생선 종류, 토핑, 소스 등을 각각 골라 개인 맞춤 포키 볼을 만들 수 있으니 도전해 볼 것!

MAP p.87-I
찾아가기 가라판 마이크로 비치로드, 디 오리지널 럭키 빌 뒤편에 위치
전화 +1 670-233-9254
영업 11:00~14:00 휴무 토~일요일
예산 $8~11

재패니즈 볼 & 캘리포니아 볼

솔티스 그릴 & 카페
Salty's Grill & Cafe

지금은 사라진 옛 부둣가 남보 피어에 위치한 차모로 & 퓨전 레스토랑. 점심에는 치킨, 커리, 파스타, 돈가스, 로코모코 등을 샐러드, 수프와 함께 세트 구성으로 내놓고, 저녁에는 켈라구엔, 티티야스, 카둔 피카, 포키, 아피기기 등 흔히 맛볼 수 없는 차모로 전통 음식과 다양한 스페셜 메뉴를 선보인다. 일본인 셰프의 영향으로 일본식 메뉴도 상당히 많다. 밤에는 바를 오픈해 음악과 함께 맥주와 와인, 칵테일, 위스키 등을 즐기기 좋다.

MAP p.85-G
찾아가기 가라판 비치로드에서 가라판 교회 방향으로 내려가다 오른쪽에 위치한 맥도날드 뒤편
전화 +1 670-233-7258
영업 월~금요일 11:00~14:00, 17:00~20:30
휴무 토~일요일
예산 런치 $12~14, 디너 $6~28, 음료 · 주류 $3~10
홈페이지 www.saltys670.com

비프 바비큐 런치 세트와 갈릭 슈림프 요리

그로토 갈릭 레스토랑
Grotto Garlic Restaurant

다이버들의 천국으로 불리는 그로토를 테마로 꾸민 퓨전 레스토랑. 푸른 바다를 상징하는 컬러 인테리어에 그로토의 아름다운 모습이 담긴 다이빙 사진으로 공간을 가득 채웠다. 페퍼로니, 베이컨 & 머시룸, 클램 & 갈릭, 하와이안 등 4종류의 피자, 그리고 푸타네스카, 명란, 페페론치노 등 흔히 맛볼 수 없는 파스타 메뉴를 저렴한 가격에 판매한다. 이외에 치킨, 커리, 스테이크, 해산물, 일식 요리 등을 갖췄다. 피자 한 판과 맥주 다섯 캔을 더한 스페셜 메뉴는 $30에 맛볼 수 있다.

MAP p.85-H
찾아가기 가라판 비치로드에서 가라판 교회 방향으로 내려가다 오른편
전화 +1 670-233-2298
영업 월~금요일 11:00~14:00, 17:00~21:00, 토요일 17:0 0~21:00
휴무 일요일
예산 메인 메뉴 $12~33, 음료 · 주류 $3.50~8

믹스 피자와 갈릭 슈림프 요리

제이스 레스토랑
J's Restaurant

사이판의 역사와 함께해 온 현지인들의 단골 레스토랑. 아침 식사로 좋은 달걀 요리를 비롯해 닭고기 · 쇠고기 · 돼지고기 · 해산물 요리, 햄버거, 샌드위치, 누들, 스테이크까지 다양한 메뉴를 갖췄다. 특히 필리핀 요리가 인기인데 그중에서도 새끼 돼지 족발을 바삭하게 튀긴 크리스피 파타(crispy pata)와 삼겹살을 바삭하게 튀긴 레촌 카왈리(lechon kawali)를 추천한다. 큼지막한 접시에 밥을 고봉으로 담아줘 한 끼 식사로 든든하다. 스테이크를 제외하고 대부분의 메뉴가 $10 이하의 가격. 맛은 물론이고 푸짐한 양, 저렴한 가격에 야식까지 책임지는 24시간 운영 시스템으로 사랑받고 있다.

MAP p.82-D
찾아가기 가라판 미들로드, Gualo Rai Rd 근처
전화 +1 670-235-8640
영업 24시간
예산 메인 메뉴 $5~15, 음료 · 주류 $2~3.50

삼겹살을 바삭하게 튀긴 레촌 카왈리

셜리스 커피숍
Shirley's Coffee Shop

무려 30년의 역사를 가진 사이판의 로컬 레스토랑. 1983년 괌에서 장사를 시작하여 1993년 사이판으로 영역을 확장했다. 레스토랑 특유의 편안함과 다양한 메뉴 구성으로 오랜 세월 사랑받았다. 가벼운 아침 식사부터 버거, 샌드위치, 파스타, 볶음밥, 스테이크, 해산물, 그릴 요리 등 선택의 폭이 넓고 12세 이하 어린이를 위한 키즈 밀($8), 성장기 학생을 위한 스튜던트 밀($10)도 준비되어 있다. 음식의 양이 무척 많으니 소식가라면 주문할 때 주의할 것. 셜리스 커피숍은 수수페 지역 외에 가라판 센추리 호텔 내에도 있다.

MAP p.89-G
찾아가기 마운트 카멜 성당 옆
전화 +1 670-235-5379
영업 06:00~22:00
예산 메인 메뉴 $8.50~26, 음료 $3~8

새우야채볶음 & 볶음밥

할로할로 아이스크림

더 쉑
The Shack

맛은 물론 건강까지 생각하는 레스토랑. 올레아이 비치의 버려진 컨테이너 건물을 새롭게 단장해 2012년에 오픈, 판잣집을 뜻하는 '더 쉑'이라는 이름을 붙였다. 대표 메뉴는 칠면조 가슴살, 연어, 콩, 그래놀라, 아사이베리 등의 건강 식재료를 이용해 만든 크레이프. 이외에 샐러드볼, 팬케이크, 디저트 등이 있다. 건강을 고려한 레시피 덕분에 북마리아나 제도 헬시 푸드 챔피언 상을 수상했고, 홈메이드 웰빙 요리에 대한 자부심 역시 강하다. 매일 아침 엄마의 손맛을 느낄 수 있는 오늘의 요리 POD(plate of the day) 메뉴도 추천한다.

MAP p.89-H
찾아가기 가라판 비치로드, 올레아이 비치 바 옆
전화 +1 670-235-7422
영업 08:00~14:00
휴무 월~일요일
예산 메인 메뉴 $6~15, 음료 $2~6
홈페이지 www.theshacksaipan.com

치킨 칼라구엔이 들어간 로컬 크레페

로코모코

젠틀 브룩
Gentle Brook

수수페 지역에 위치한 인터내셔널 퀴진 레스토랑. 다크 그린, 옐로 브라운, 핑크 컬러가 조화를 이룬 인테리어에 총 100석 규모로 패밀리 레스토랑의 면모를 갖췄다. 아메리칸, 멕시칸, 이탤리언, 일식 등 다양한 메뉴가 있는데, 이곳의 장점은 푸짐한 세트 구성과 저렴한 가격이다. 햄버그스테이크나 일본식 돈가스는 돼지구이나 만두, 치킨 가라아게 등을 포함한 1+1 세트 구성이 $11, 여기에 샐러드와 빵, 밥 등도 추가할 수 있다. 앵거스 비프 스테이크, 알래스칸 연어 구이도 수준급이다.

MAP p.89-G
찾아가기 월드 리조트 맞은편의 마리아나 비즈니스 플라자 1층
전화 +1 670-234-2233
영업 11:30~14:00, 17:30~21:00
예산 메인 메뉴 $10~44, 음료 $3.50~6.50
홈페이지 gentlebrookcafesaipan.yolasite.com

비프 햄버그스테이크 & 수제 버거

CK 스모크 하우스 & 샐러드
CK Smoke House & Salad

2021년 12월에 오픈한 로컬 레스토랑. 찰란카노아 지역에 위치해 심플하게 CK라 이름 붙었다. 차모로 전통 음식부터 크리스피 파타, 레촌 카왈리, 카레카레 등 현지인이 즐기는 요리, 치킨, 버거, 볶음밥까지 메뉴가 다양하다. 특히 차모로 비프스테이크, 안심스테이크, 비프 브로콜리 등 모든 육류 메뉴는 자연 방목해 100% 풀을 먹고 자란 목초 사육우를 사용해 신선하고 건강한 것이 특징이다. 4~6인 테이블이 총 18개 마련되어 있고, 프라이빗 파티를 위한 별도의 파티룸도 갖췄다. 디저트 메뉴 또한 특별하다. 쿠키와 케이크 등은 모두 CK 스모크 하우스의 이름을 걸고 파티시에가 직접 만든다. 특별한 날을 위한 주문 제작 케이크도 가능하다.

MAP p.88-F
찾아가기 서프라이더 호텔 맞은편, Konsolacion St에 위치
전화 +1 670-234-3331
영업 11:00~14:00, 17:00~21:00
예산 메인 메뉴 $7~39.50, 음료 · 주류 $3~9

새콤달콤한 소스로 맛을 낸 에스카베체

필리핀식 갈비탕 불랄로

서프 클럽
Surf Club

푸른 해변과 맞닿아 있는 이국적인 분위기의 바 & 레스토랑. 오두막 같은 외관에 상큼한 민트 컬러, 깔끔한 인테리어가 돋보이는 공간으로 2016년 오픈과 동시에 연인들에게 로맨틱한 스폿으로 떠올랐다. 가볍게 먹기 좋은 퀘사디아, 샌드위치, 버거 등의 메뉴를 갖췄고, 비치 파티를 원한다면 그릴 & 스테이크 요리가 제격이다. 특히 해 질 무렵 석양을 바라보며 마시는 칵테일을 추천한다.

MAP p.88-F
찾아가기 수수페 지역, 아쿠아리우스 비치 타워 호텔 옆에 위치
전화 +1 670-235-1122
영업 월~금요일 11:00~21:00, 토~일요일 07:00~21:00
예산 메인 메뉴 $10~50, 음료 · 주류 $3~10

태국 · 필리핀 · 베트남 · 네팔 요리

디 오리지널 럭키 빌
The Original Lucky Bill

미국 텍사스 출신의 빌과 태국 출신의 쏨짜이 커플이 2023년에 새롭게 오픈한 레스토랑. 넓은 정원이 있는 일반 주택을 개조해 내부를 꾸몄다. 메인 메뉴는 태국 음식으로 팟타이, 똠얌, 얌운센, 랍, 똠카 등 무려 69가지 메뉴를 다채롭게 선보인다. 이외에도 아메리칸 브렉퍼스트를 비롯해 패티 멜트, 하우스 스페셜, 칠리, 베이컨 치즈버거 등 다양한 맛의 버거, 샌드위치, 치킨, 파스타, 스테이크, 해산물, 멕시코 요리 등이 있다. 특히 치킨과 팟타이, 솜땀 등 여러 가지 요리를 한 번에 맛볼 수 있는 점심 뷔페를 $15에 제공한다.

MAP p.87-I
찾아가기 가라판 비치로드, 소방서 맞은편
전화 +1 670-488-1977
영업 일~목요일 10:00~21:00, 금~토요일 10:00~22:00
예산 메인 메뉴 $5~35, 음료 $2~4.50

와일드 빌스 바 & 그릴
Wild Bill's Bar & Grill

아메리칸 스타일의 바와 태국 레스토랑이 결합한 공간. 현재 디 오리지널 럭키 빌을 운영 중인 빌과 쏨짜이 커플이 2005년에 오픈했고, 2020년 새로운 주인장이 바통을 이어받았다. 간단한 아침 식사 메뉴를 시작으로 팟타이, 솜땀, 똠얌, 얌운센 등 다양한 태국 요리를 선보인다. 이외에 버거, 샌드위치, 멕시칸 음식 등 다양한 메뉴가 있는데, 그중에서 두툼한 패티가 들어간 버거의 인기가 높다. 술을 마시며 즐길 수 있는 포켓볼과 전자오락기 등도 있다.

MAP p.85-H
찾아가기 가라판 비치로드, Flores Rosa St와 Kadena Di Amor St 사이
전화 +1 670-233-3372
영업 10:00~21:00
예산 메인 메뉴 $8.75~13.75

스파이시 타이 누들 플레이스
Spicy Thai Noodle Place

자타공인 사이판 최고의 태국 요리 전문점. 원래는 가라판에 있었지만 2021년 지금의 위치로 이동했다. 총 3층 건물, 최대 120명까지 수용 가능한 널찍한 내부, 편안한 테이블과 현대식 주방을 갖췄다. 태국 출신의 와리 브랙큰 아주머니가 직접 요리하는데, 태국 스타일의 국수와 볶음밥, 솜땀, 똠얌꿍, 얌운센, 코코넛밀크 커리 등 한국인이 좋아하는 메뉴가 가득하다. 맛은 물론 푸짐한 양, 합리적인 가격까지 삼박자가 어우러져 현지인과 관광객들에게 인기 만점. 매일 11시부터 2시까지는 런치 뷔페가 마련되어 $15에 다양한 음식을 즐길 수 있다.

MAP p.82-E
찾아가기 미들로드와 Puerto Street가 만나는 지점
전화 +1 670-235-3000
영업 월~금요일 11:00~22:00,
일요일 11:00~21:00
예산 메인 메뉴 $9.95~15, 음료 $3~4

에베레스트 키친
Everest Kitchen

사이판 유일의 네팔 음식 전문점. 2016년 사이판 탑 셰프 콘테스트에서 우승을 차지한 네팔 출신 셰프 락쓰미 스레스타가 집안 대대로 내려오는 가정식 레시피를 이용해 달, 커리, 후무스 등 네팔 전통 음식과 중동 음식을 선보인다. 홈메이드 아이스티가 포함된 점심 뷔페의 인기가 상당하다. 가격은 $18, 매일 메인 메뉴가 바뀌고, 음식을 모두 당일 오전에 만들기 때문에 맛과 신선도, 퀄리티를 보장한다. 월요일에는 사모사, 금요일에는 버터 치킨 커리 등 요일별 특별 요리가 있고, 단품 메뉴도 다양하다. 미리 주문하면 저녁 도시락도 맛볼 수 있다.

MAP p.87-L
찾아가기 가라판 마이크로 비치로드, Kalachucha Ave와 만나는 지점
전화 +1 670-233-2688
영업 11:00~14:00
휴무 일요일
예산 메인 메뉴 $5.75~16, 음료 $2.25~6.95

똠얌
Tom Yum

태국 출신의 판니 리건이 태국의 맛을 알리고 싶은 마음에 2019년 오픈한 레스토랑. 널찍한 공간에 바와 가라오케, 다트 게임 등을 갖춰 특별한 날 파티를 즐기기에도 적당하다. 어머니의 레시피를 토대로 만든 정통 태국 요리가 메인 메뉴. 이외에 아메리칸 브렉퍼스트, 스테이크, 버거, 치킨, 파스타, 부리토, 퀘사디아 등 선택의 폭이 넓다. 매일 오전 11시부터 오후 2시까지는 점심 뷔페, 매주 목요일부터 토요일까지 오후 6시 30분부터 9시까지는 디너 뷔페를 저렴한 가격에 제공한다.

MAP p.87-J
찾아가기 미들로드, CHC 종합병원 맞은편
전화 +1 670-488-2963
영업 월~금요일 10:00~22:00, 토~일요일 07:00~22:00
예산 메인 메뉴 $5~30, 음료 · 주류 $3~7.50

스파이시 비프 샐러드 남똑

포땀
Pho Tam

미국 패서디나에서 요리를 전공한 셰프 리처 타가 2021년에 오픈한 베트남 레스토랑. 베트남어로 포(Pho)는 국수를, 땀(Tam)은 숫자 8을 의미한다. 오랜 시간 우려낸 진한 육수에 소갈비나 양지머리, 힘줄, 미트볼 등을 넣은 쌀국수는 기본이고, 스프링 롤, 반미, 반세오, 완탕, 치킨 커리, 볶음밥, 베트남식 돼지구이 등 다양한 베트남 요리를 선보인다. 각자 입맛에 따라 음식을 만드는 'Build Your Bowl' 메뉴도 특별하다. 밥이나 베르미첼리 파스타 면 중에서 기본을 선택하고, 이어서 치킨, 돼지고기, 마늘 새우 등을 골라 담아 나만의 음식을 만들 수 있다.

MAP P.85-G · J
찾아가기 가라판 교회 & 종탑 옆
전화 +1 670-233-7878
영업 11:00~21:00
예산 메인 메뉴 $14~24, 음료 · 주류 $3~13

해산물 튀김

소갈비 쌀국수

한국 요리

청기와
Chung Gi Wa

참치회와 갈비구이

참치회와 갈비, 전골을 전문으로 하는 한식당. 푸른 기와가 떠오르는 차양 장식이 눈에 띄는 입구에 깔끔하고 널찍한 실내, 소모임을 하기 좋은 프라이빗룸을 갖췄다. 신선한 참치회는 기본이고, 생갈비와 불고기, LA갈비, 삼겹살, 곱창 등 다양한 구이 메뉴가 있다. 얼큰하게 입맛을 돋우는 김치, 해물, 불낙, 만두 등 전골 메뉴, 해물찜, 철판 닭갈비, 육회 등의 일품 요리, 가벼운 식사 메뉴가 다양하게 마련되어 있으며 어떤 메뉴를 주문해도 푸짐한 반찬이 세팅되어 입맛을 돋운다. T멤버십 회원은 인기 메뉴를 30% 할인된 가격에 맛볼 수 있다.

MAP p.85-I
찾아가기 가라판 비치로드, DFS T 갤러리아 뒷골목
전화 +1 670-233-0033
영업 월~토요일 10:30~14:00, 17:00~21:00, 일요일 17:00~21:00
예산 메인 메뉴 $10~55, 갈비 코스 $70~80, 음료 · 주류 $3~15

장원
Jang Won

맛도 일품, 서비스도 일품, 깔끔함도 일품으로 소문난 식당. 사이판 남부 지역 맛집으로 유명했던 장원이 가라판으로 자리를 옮겨 새롭게 오픈했다. 갈비와 불고기, 삼겹살, 보쌈 등 고기 요리가 다양하고, 어머니 손맛을 느낄 수 있는 찌개, 전골, 탕 등 한식 메뉴를 갖췄다. 또한 참치회, 장어구이, 삼계탕, 아귀찜 등 한국 버금가는 다양한 메뉴로 선택의 폭이 넓다. 무료 픽업 서비스도 제공한다.

MAP p.86-E
찾아가기 가라판 지역, Paseo de Marianas의 1+1 스파 옆에 위치
전화 +1 670-235-2352
영업 10:30~21:30
예산 메인 메뉴 $10~45, 음료·주류 $3~25

남대문
Nam Dae Moon

청결, 친절, 미각이라는 3대 원칙을 기준으로 한국의 맛을 알리는 식당. 입구에 걸린 수많은 사진만 보더라도 얼마나 많은 한국인 셀러브리티가 다녀갔는지 알 수 있다. 총 170석 규모로 깔끔한 메인 공간과 소모임을 위한 좌석도 갖췄다. 숯불갈비, LA갈비, 불고기, 삼겹살 등 육류 요리가 메인이고, 신선한 참치회, 전골, 삼계탕, 국밥, 비빔밥, 김치볶음밥 등 다양한 메뉴를 갖췄다. 전골과 회무침, 낙지볶음 등 한국인의 입맛에 맞춘 푸짐한 안주 덕분에 저녁 시간대에도 사람들로 북적거린다.

MAP p.85-H
찾아가기 가라판 지역, 플루메리아 스테이크 하우스 옆 위치
전화 +1 670-233-2324
영업 11:00~21:00
휴무 일요일
예산 메인 메뉴 $13~50, 음료 · 주류 $3~12

참치회와 불고기 뚝배기

천지
Chun Ji

참치회와 숯불갈비를 전문으로 하는 식당. 사이판 현지인과 여행객의 입맛을 모두 사로잡은 곳으로 냉동 참치가 아닌 당일 오전에 잡아 올린 싱싱한 참치만을 회 떠서 내놓는다. 참치회는 S, M, L 사이즈가 각각 $29, $39, $52. 양이 한정되어 있기 때문에 일찍 방문하거나 방문 전에 전화로 남은 양을 확인하는 것이 좋다. 이외에 생갈비와 양념갈비를 비롯해 삼겹살, 불고기, 안창살, 곱창구이 등의 바비큐 메뉴, 전골, 찌개, 탕, 찜, 볶음, 덮밥 등 한국의 맛을 그대로 지키는 다양한 메뉴를 갖췄다. 예약 시간에 맞춰 호텔 픽업 서비스도 가능하다.

MAP p.87-I
찾아가기 가라판 지역, QQ 렌터카 맞은편
전화 +1 670-233-1188
영업 17:00~22:30
예산 메인 메뉴 $12~89, 랍스터 · 코코넛크랩 $60~80, 음료 · 주류 $4~15

진장로스

참치회

수라
SURA

2018년 가라판에 오픈해 한국의 명품 수라상을 맛보게 하는 식당. 총 108석 규모, 내부는 시원하게 탁 트인 메인 홀과 소규모 모임이 가능한 프라이빗 공간으로 분리되어 있다. 갈비와 주물럭, 불고기, 삼겹살, 곱창 등의 구이 메뉴와 참치회, 닭볶음탕, 닭갈비 등의 일품 요리, 푸짐한 전골 요리, 육개장, 비빔밥, 김치찌개 등의 식사 메뉴를 갖췄다. 수라의 가장 큰 장점은 매일 점심에 맛깔스런 한식 뷔페가 차려진다는 것. 단돈 $15에 매일 갓 튀긴 치킨과 삼겹살 구이, 잡채, 미역국, 볶음밥 등은 물론 커피나 아이스티까지 무제한으로 맛볼 수 있다.

MAP p.87-I
찾아가기 가라판 지역, 소방서 바로 옆
전화 +1 670-233-4745
영업 11:00~14:00, 17:00~21:00
예산 메인 메뉴 $12~55, 철판구이 세트 $110, 음료·주류 $3~15

가라판
Garapan

한식, 숯불구이, 일식, 카페가 모두 해결되는 레스토랑. 한때 '명동'이라는 이름었지만 1~2층을 깔끔하게 리모델링하고 '가라판'이라는 새로운 간판을 걸었다. 1층은 캐주얼한 카페 분위기로 간단한 한식과 초밥 메뉴를 제공하고, 2층은 갈비, 삼겹살, 불고기, 곱창, 오리구이 등 본격적인 숯불 바비큐 요리를 즐길 수 있다. 점심에는 비빔밥, 냉면, 생선구이, 찌개, 돈가스 등을 저렴한 가격에 제공하며, 오후 시간에는 해피 아워가 적용되어 더 저렴하게 맥주를 마실 수 있다.

MAP p.86-B
찾아가기 가라판 지역, 크라운 플라자 리조트 맞은편의 Coral Tree Ave에 위치
전화 +1 670-233-7000
영업 일~금요일 11:00~13:00, 18:00~22:00
휴무 토요일
예산 메인 메뉴 $5~35, 음료·주류 $3~13

냉면

파주골
Pajukol

경기도 파주가 고향이었던 주인장이 고향의 맛을 전하겠다는 마음으로 오픈한 식당. 산 안토니오 지역에서 20년 이상 자리를 지키다 2020년 가라판으로 이전했다. 그새 새로운 주인이 바통을 이어받아 파주골의 새 역사를 쓰고 있다. 국밥, 갈비탕, 만둣국, 김치말이국수 등의 식사류와 부대찌개, 동태찌개, 버섯전골, 곱창전골 등의 탕류, 갈비, 불고기, 삼겹살 등의 구이류, 참치회, 족발, 닭발, 골뱅이 소면 등의 일품 요리까지 다양한 메뉴를 갖췄다. 시즌에는 랍스터와 코코넛크랩 요리도 가능하다.

MAP p.85-H
찾아가기 비치로드에서 Flores Rosa St로 좌회전
전화 +1 670-235-0200

곱창볶음과 김치말이국수

돼지국밥

영업 09:00~22:00
휴무 매월 첫째, 셋째 화요일
예산 메인 메뉴 $12~65, 랍스터 · 코코넛크랩 세트 $80~90, 음료 · 주류 $3~10

예원
Yewon

산호세 지역에 자리한 한식당. 널찍한 규모, 깔끔한 인테리어, 독립적인 테이블 구조에 노래방 시설을 갖춘 프라이빗룸도 마련되어 있다. 설렁탕, 육개장, 청국장, 추어탕, 삼계탕 등 100여 개에 가까운 한식 메뉴를 갖췄다. 여기에 어떤 메뉴를 주문해도 푸짐하게 차려지는 밑반찬 덕분에 한 끼 식사가 든든하다. 저녁에는 얼큰한 감자탕이나 족발, 보쌈, 부대찌개, 숯불갈비 메뉴에 소주 한 잔 걸치려는 손님으로 북적인다. 한식 도시락도 예약 가능하고, 시즌에는 코코넛크랩 요리도 맛볼 수 있다.

MAP p.89-H
찾아가기 비치로드 토요타 매장 삼거리, 산호세 마트와 돌핀 사이 골목 내 위치
전화 +1 670-235-7726
영업 11:00~15:00, 17:00~22:00
예산 메인 메뉴 $13~50, 랍스터 세트 $80, 음료 $3~15

내장탕

줌 카페
Zoom Café

사이판에서도 치맥 열풍이 대단하다. 한국인은 물론 차모로 현지인들의 입맛까지 사로잡은 치킨 전문점. 프라이드치킨, 양념 치킨, 간장소스 치킨 등 바삭하게 튀긴 치킨과 찜닭 요리를 메인으로 한다. 이외에도 김밥, 우동, 볶음밥, 햄버그스테이크 등 식사류와 족발, 두부김치, 골뱅이무침 등 푸짐한 안주 메뉴를 갖췄다. 커피, 스무디, 빙수 등 디저트 종류도 다양해 카페 역할까지 톡톡히 해내는 곳. 실내 안쪽으로는 최신식 노래방 시설까지 완비했으며 가격은 1시간에 $20. 치킨과 생맥주는 야식 배달도 가능하다.

MAP p.89-G
찾아가기 수수페 지역, 월드 리조트 맞은편
전화 +1 670-234-1010 영업 11:00~22:00
예산 치킨 $14~24, 식사 · 안주 $7~33, 음료 · 주류 $2~18

프라이드치킨 & 양념 치킨

한국관
Korea House

총 120석 규모로 널찍한 한식당. 사골 우거지탕, 육개장, 콩나물국밥 등 식사류는 기본이고, 냉면, 콩국수, 칼국수 등의 면 요리, 갈비, 불고기, 삼겹살, 곱창 등의 구이 메뉴까지 알차다. 이외에도 참치회, 수육, 아귀찜, 얼큰한 지리와 탕, 전골류 등을 다양하게 갖췄다. 가장 인기 있는 메뉴는 날치알쌈. 참치회와 날치알을 여러 가지 야채와 곁들여 고소한 땅콩소스에 찍어 먹는 음식으로 여럿이 함께 먹기 좋다.

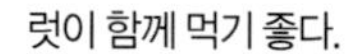

MAP p.89-G
찾아가기 수수페 지역, (구)카노아 리조트 맞은편
전화 +1 670-235-7718
영업 월~토요일 11:30~14:00, 17:00~21:00
휴무 일요일
예산 메인 메뉴 $12~55, 음료 · 주류 $4~14

콩국수 & 날치알쌈

일본 요리

돌핀
Dolphin

말이 필요 없는 사이판 최고 전망의 레스토랑. 깔끔한 인테리어가 돋보이며 창가 자리에서 끝없이 펼쳐진 푸른 바다를 내려다보며 식사를 즐길 수 있다. 회, 우동, 라멘, 카레, 햄버그스테이크 등 일식을 기본으로 하고, 밥, 미소 수프, 샐러드, 디저트 등을 포함한 세트 구성으로 가성비 역시 훌륭하다. 이외에 블랙앵거스 비프스테이크, 등심 & 새우구이, 피자, 파스타 등의 메뉴도 있다. 점심에는 요일별로 각기 다른 메뉴가 등장하는 스페셜 런치, 저녁은 푸짐한 샤부샤부를 추천한다.

MAP p.84-E
찾아가기 가라판 그랜드브리오 리조트 사이판 크리스탈 타워 10층
전화 +1 670-234-6495
영업 11:30~14:00, 17:30~21:00
예산 메인 메뉴 $9~45, 음료 · 주류 $3.50~11

후루사토
Furusato

붉은 홍등 장식이 인상적인 일식 레스토랑 겸 이자카야. 후루사토는 '고향'이라는 뜻으로 늘 같은 자리, 같은 맛을 전하는 공간이길 바라는 마음을 이름에 담았다. 내부는 테이블석과 다다미 공간으로 나뉘어 있고, 일본 전통 소품으로 꾸며 실제 일본 식당에 온 듯한 분위기를 풍긴다. 구이, 튀김, 회, 초밥, 볶음, 덮밥, 면, 전골, 스테이크 등 메뉴가 다양하고 랍스터와 스테이크, 특선 요리를 제외하면 대부분 $15 이하로 저렴하다. 점심에는 간단한 식사 요리를, 저녁에는 맥주 혹은 사케에 곁들여 먹기 좋은 구이나 회 등의 술안주 요리를 추천한다.

MAP p.86-E
찾아가기 가라판 지역, Paseo de Marianas에 위치
전화 +1 670-233-3333
영업 11:30~14:00, 17:00~21:00
휴무 일요일
예산 메인 메뉴 $6~32, 음료 · 주류 $3.50~7

가츠동

우미보즈
Umibouzu

일본 전설에 나오는 바다 요괴 우미보즈를 이름으로 내건 레스토랑. 일본 선술집을 연상시키는 인테리어에 오픈형 키친, 셰프를 마주 보고 앉는 카운터석과 테이블, 다다미 공간까지 제대로 갖췄다. 일본인 셰프가 직접 만드는 요리는 돈부리, 소바, 라멘, 회, 초밥 롤, 카레, 치킨 데리야키, 튀김 등 종류도 가지가지. 대부분의 메뉴가 $16 이하로 저렴하다. 늦은 시간까지 오픈하기 때문에 술 한잔하기에도 안성맞춤. 아사히 맥주 4종류와 무기(보리), 이모(고구마) 등 일본 소주도 다양하게 갖추고 있다.

MAP p.86-B
찾아가기 가라판 지역, Paseo de Marianas에 위치
전화 +1 670-234-5529
영업 18:00~21:00
휴무 일~월요일
예산 메인 메뉴 $7~28

사시미와 크리스피 시푸드 야키소바

타쿠미
TAKUMI

사이판 유수의 호텔에서 총주방장으로 일했던 셰프 스즈키 다케시가 2023년에 오픈한 레스토랑. 규모는 그리 크지 않지만 깔끔하게 정돈되어 있고 최대 25명까지 프라이빗 파티가 가능하다. 일본 요리에 프랑스와 이탈리아의 맛을 가미한 퓨전 음식을 선보이며 점심과 저녁 메뉴가 다른 것이 특징. 점심은 타쿠미의 대표 메뉴인 커리와 치킨, 해산물 튀김, 햄버그스테이크 등이 있고, 모든 요리는 샐러드와 수프, 밥이 함께 제공된다. 도시락 메뉴도 가능하다. 저녁에는 포키, 치킨, 돈가스, 두부 나베, 해산물 튀김, 햄버그스테이크 등을 맛볼 수 있다.

새우튀김과 포키

MAP p.86-E
찾아가기 가라판 지역, Coffee Tree Mall에 위치
전화 +1 670-233-8564
영업 월요일 11:00~14:00, 화~토요일 11:00~20:30
휴무 일요일
예산 메인 메뉴 $8~30, 음료 · 주류 $3~9

두부 나베

킨파치
Kinpachi

가라판 한복판에 자리 잡은 명물 레스토랑. 일식당을 찾아보기 힘들었던 1980년에 오픈했으니 무려 35년 이상 같은 자리를 지켜온 터줏대감이다. 깔끔하게 정리된 내부, 오픈형 키친에 테이블석, 다다미 공간이 마련돼 있고 독특하게도 한쪽 벽면에 수많은 일본 만화책이 꽂혀 있다. 초밥, 회, 돈부리, 소바, 우동, 라멘 등의 메뉴가 있으며 생선구이 세트, 데리야키 스테이크 세트 등 밥과 국이 포함된 정식과 바비큐 메뉴도 다양하다. 길 모퉁이에는 야외 테이블이 놓여 있어 야키토리, 새우, 오징어, 굴 등을 즉석에서 구워 먹는데 맥주와 일본 소주, 사케 등을 곁들이면 좋다.

MAP p.86-B
찾아가기 가라판 지역, 크라운 플라자 리조트 맞은편의 Coral Tree Ave에 위치

데리야키 치킨 세트

전화 +1 670-234-6900
영업 화~일요일 11:30~14:00, 17:30~21:00
휴무 월요일
예산 메인 메뉴 $7~48

히마와리
Himawari

호텔, 슈퍼마켓, 베이커리 등이 모여 있는 히마와리 건물 내에 자리한 레스토랑. 일본인 관광객을 타깃으로 오픈했는데 입소문이 나면서 찾는 이가 많아졌다. 셰프의 손놀림을 볼 수 있는 오픈형 키친에 카운터석, 테이블, 프라이빗룸을 갖추고 있다. 초밥, 회, 돈부리, 조림, 튀김, 소바, 라멘 등 다양한 일본 메뉴를 선보인다. 저녁에만 맛볼 수 있는 스페셜 메뉴로는 아귀 간, 돼지곱창조림, 생선머리조림 등이 있다. 앵거스 비프를 사용한 스테이크, 초밥, 샤부샤부, 스키야키도 특별하다.

MAP p.85-L
찾아가기 가라판 비치로드와 미들로드 사이의 Filooris Ave, 히마와리 슈퍼마켓 내
전화 +1 670-233-1530
영업 11:00~14:00, 17:00~21:00
예산 메인 메뉴 $5~29, 스페셜 디너 세트 $50

초밥 세트와 은대구조림

중국 요리

마제스티
Majesty

2013년에 처음 장사를 시작해 2023 테이스트 오브 마리아나에서 '최고의 중식 레스토랑'으로 선정된 마제스티. 중국 부호의 저택에 들어온 듯 화려하고 고급스러운 인테리어에 일반석, 단체석, 프라이빗룸 등이 마련되어 있다. 광둥 출신의 셰프가 전통의 맛과 재료를 고집하며 담백한 광둥 요리를 선보인다. 다양한 종류의 딤섬을 비롯해 야채, 생선, 육류를 이용한 볶음, 찜 요리의 인기가 높다. 껍질은 바삭하고 속살은 촉촉해 중국 황제가 즐겨 먹었다는 베이징의 전통 요리 북경오리와 오리구이 등의 메뉴도 맛볼 수 있다.

MAP p.85-H
찾아가기 비치로드, 클럽88 옆에 위치
전화 +1 670-233-2088
영업 월~금요일 10:30~14:00, 17:00~21:30, 토~일요일 07:00~14:00, 17:00~21:30
예산 메인 메뉴 $5.50~28, 북경오리 $28~69, 음료 · 주류 $2~5

무 튀김

딤섬

칸톤
Canton

1984년 8월에 오픈해 40년 가까이 같은 자리를 지키고 있는 광둥 요리 전문점. 붉은 등과 청기와로 장식된 문을 통과하면 연회장 부럽지 않은 다이닝 홀과 프라이빗 공간이 등장한다. 온 가족이 함께 레스토랑을 운영하고, 무엇보다 좋은 음식과 서비스, 가격을 기본 원칙으로 지킨다. 월요일부터 토요일까지 다양한 중국 요리를 맛볼 수 있는 런치 뷔페가 $12이고, 생선, 새우, 치킨 등의 메인 요리와 밥을 포함한 디너 세트 구성도 알차다. 저녁에는 3~10명 등 각각 구성원 수에 따라 음식을 다양하게 차려내는 스페셜 코스도 있다.

MAP p.85-G
찾아가기 가라판 중심에서 가라판 교회 쪽으로 내려가다 왼편 전화 +1 670-234-7236
영업 10:00~14:00, 17:00~21:00
예산 $10~35

탕수육과 오징어볶음

광저우 레스토랑
Guangzhou Restaurant

중국 요리, 그 맛을 아는 사람만 찾아간다는 가라판 골목 안의 숨은 맛집. 이곳의 장점은 뭐니 뭐니 해도 맛과 저렴한 가격. 딤섬과 만두가 $2~3, 중국식 누들과 볶음밥은 $4~7, 카레 치킨, 바비큐 포크, 스파이시 비프 등의 메인 요리에 밥을 더한 스페셜 메뉴도 단돈 $40이다. 이외에 셀 수 없이 많은 일품요리와 북경오리, 전복, 샥스핀 등 흔히 맛볼 수 없는 고급 요리도 선보인다. 베이징, 쓰촨, 광저우 등 중국 각 지역에서 공수한 주류도 다양하다.

MAP p.86-B
찾아가기 가라판 지역, 크라운 플라자 리조트 맞은편의 Coral Tree Ave에 위치
전화 +1 670-233-8368 영업 11:00~04:00
예산 메인 메뉴 $4~15, 고급 요리 $28~68

새우채소볶음과
마파두부 & 볶음밥

무라이치반
Mura Ichiban

TV 프로그램 〈식신로드〉 사이판 편에 등장해 한국인들에게 인기를 끈 레스토랑. 한국어로 깨알 같이 적어 내려간 메뉴판에 죽, 밥, 면, 찜, 해물, 고기류 등으로 세분화된 메뉴가 무려 200여 가지에 이른다. 파인애플 탕수육, 닭고기 카레, 마파두부 등의 메인 요리와 밥이 함께 나오는 식사 메뉴는 모두 $5, 생선과 고기 등을 이용한 중국 일품요리도 $15를 넘지 않는다. 가장 인기 있는 메뉴로는 매운 조개볶음, 춘장에 볶은 돼지고기를 파채와 함께 밀전병에 싸 먹는 진장로스가 있다.

MAP p.86-B
찾아가기 가라판 지역, 크라운 플라자 리조트 맞은편의 Coral Tree Ave에 위치
전화 +1 670-233-1588
영업 11:00~14:00, 17:00~21:00
예산 북경오리 $45, 음료 · 주류 $2~18

진장로스와
매운 조개볶음

바 · 라운지

갓 파더스 바
God Father's Bar

2005년에 오픈해 사이판의 밤 문화를 대표하는 공간으로 자리 잡았다. 배우 말런 브랜도와 알 파치노가 출연한 영화 〈대부〉를 테마로 건물 외관과 내부를 꾸몄고, 이탈리아 역대 마피아 보스의 실제 사진, 신문기사 등으로 꾸몄다. 바텐더의 현란한 쇼를 볼 수 있는 카운터석과 라이브 무대를 중심으로 각기 다른 스타일의 테이블이 자리한다. 세계 각국의 맥주를 비롯해 보드카, 데킬라, 위스키, 코냑, 진, 브랜디 등 다양한 주류를 갖췄다. 나초, 소시지, 부리토, 피자 등 간단히 먹을 수 있는 음식도 마련되어 있다. 매일 저녁 9시부터는 제리, 레볼루션, 버본티스, 빅 비츠 등 사이판을 대표하는 밴드의 라이브 공연이 펼쳐진다. 최근에는 점심 장사를 시작해 핫도그와 샌드위치 등을 맛볼 수 있다.

MAP p.86-E
찾아가기 가라판 비치로드, 조니스 바 & 그릴 옆
전화 +1 670-235-2333
영업 11:30~13:30, 16:00~01:00
예산 주류 $4~10, 안주류 $3.50~30

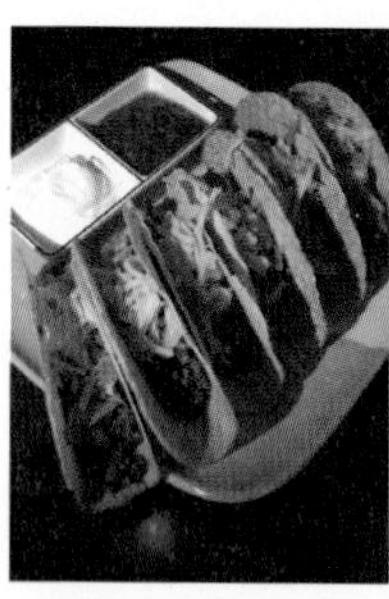

지아이지
GIG

가라판 시내 중심에 자리한 사이판 유일의 나이트클럽. 이집트 피라미드를 콘셉트로 한 인테리어에 메인 입구부터 거대한 스핑크스가 버티고 있다. 실내는 사각형 모양의 댄스 플로어를 중심으로 DJ 박스와 테이블, 소지품을 보관할 수 있는 로커 등을 갖췄다. 코로나19 이후로 금요일과 토요일만 오픈하고, 새벽 1시부터 2시 사이가 가장 사람들로 붐비는 '핫'한 시간대다. 21세 이상만 입장이 가능하니 신분증 지참 필수!

MAP p.86-D
찾아가기 가라판 지역, Coconut St에 위치
전화 +1 670-233-3132
영업 금~토요일 18:00~04:00
휴무 일~목요일 예산 입장료 $15(주류 메뉴 1개 포함)

세이프 하우스
Safe House

사이판 젊은이들이 성지처럼 여기는 '신상' 바. 2017년 새로운 모습으로 재오픈해 현재 사이판에서 가장 '핫'하고 가장 '프레시'하다. 감각적인 음악과 캐주얼한 분위기, 세이프 하우스만의 독특한 프로그램과 주류 메뉴를 갖춘 것이 특징. 맥주, 샷, 슈터, 와인, 보드카 등은 기본이고, 자체 개발한 칵테일 메뉴도 다양하다. 1+1 와인 서비스, 테킬라 데이, 라이브 공연, 15~25% 할인 행사 등 요일별로 다양한 이벤트를 진행하고, 크리스마스와 핼러윈 등 특별한 날에는 DJ 파티를 열어 클럽 못지않은 열기를 느낄 수 있다.

MAP p.86-F
찾아가기 가라판 갓 파더스 바 맞은편
전화 +1 670-483-9612
영업 화 · 금~토요일 18:00~02:00,
월 · 수 · 목 · 일요일 21:00~02:00
예산 주류 $5~10

조니스 바 & 그릴
Jonny's Bar & Grill

갓 파더스 바가 중후하고 묵직하다면, 조니스 바 & 그릴은 젊고 캐주얼하다. 2000년에 오픈했으며, 주크박스, 다트 머신, 라이브 무대 등을 마련해 엔터테인먼트적인 재미를 더했다. 총 80석 규모, 해변에 앉아 있는 것처럼 야외와 연결되는 카운터석과 실내 및 야외 테이블이 있다. 맥주와 칵테일, 데킬라, 슈터, 와인, 샴페인 등 다양한 주류가 있는데, 특히 버블검 보이, 아메리칸 플래그, 핫애플파이 등 독특한 베리에이션의 슈터 칵테일 종류가 많다. 타코, 부리토, 파스타는 물론 스테이크, 그릴 메뉴도 갖췄다.

MAP p.87-H
찾아가기 가라판 비치로드, 소방서 부근
전화 +1 670-233-9019
영업 15:00~02:00
예산 주류 $4~10, 안주류 $5~15

탭드 아웃
Tapped Out

2023년 3월에 오픈한 사이판 유일의 수제 맥주 전문점. 사이판 현지 양조회사 나푸 브루잉(Napu Brewing)의 탭룸으로 사이판 스매시 시 IPA, 마나가하 서머 블론드, 티니안 아토믹 스톤 라거, 로타 릴렉스 듀드 필스너 등 총 여덟 종류의 맥주를 선보인다. 사이판 수제 맥주의 맛이 궁금하다면 이 맥주를 모두 맛볼 수 있는 샘플러 메뉴를 추천한다. 이외에도 괌과 타 지역 수제 맥주, 와인, 위스키, 코냑, 데킬라, 칵테일 등의 주류를 갖췄고, 감자튀김과 치킨 윙스, 샌드위치, 피자 등의 음식은 모두 앵그리 펜네에서 공급한다.

비프 칼라구엔

수제 맥주 샘플러

MAP P.86-F
찾아가기 가라판 지역, 아메리칸 메모리얼 파크 입구
전화 +1 670-488-2739
영업 화~목요일 17:30~22:00, 금~토요일 17:30~23:00, 일요일 16:00~20:00
휴무 월요일
예산 주류 $5~16, 안주류 $10~42

네이키드 피시 바 & 그릴
Naked Fish Bar & Grill

갈릭 오토퍼스

사이판 현지 젊은이들에게 사랑받는 공간. 2004년에 오픈한 곳으로 '좋은 음식, 좋은 친구, 좋은 시간'을 모토로 하며, 최근 킬릴리 비치에 있던 매장을 가라판으로 옮겼다. 깔끔하고 현대적인 인테리어 속 작은 무대가 있어 이곳에서 젊은 아티스트들의 라이브 공연도 펼쳐진다. 맥주, 칵테일, 위스키, 데킬라, 보드카 등의 주류와 샌드위치, 파스타, 포키 등의 음식을 낸다. 특히 생선 살을 튀긴 네이키드 갈릭 피시, 마늘과 문어를 조린 갈릭 옥토퍼스가 인기 메뉴. 해피아워는 오후 5시 30분~6시 30분이며, 주류를 50% 할인된 가격에 제공한다.

MAP p.86-F
찾아가기 가라판 지역, 아메리칸 메모리얼 파크 입구
전화 +1 670-233-3474
영업 월~목요일 17:00~22:00, 금~토요일 17:00~00:00 휴무 일요일
예산 메인 메뉴 $6~20, 음료 · 주류 $3~10

버번 스트리트 바 & 카페
Bourbon Street Bar & Cafe

화려한 조명과 음악, 엔터테인먼트, 술, 파티 등으로 유명한 미국 뉴올리언스의 버번 스트리트에서 영감을 얻어 2022년에 오픈한 공간. 메인 홀과 바, 프라이빗룸, 가라오케 등의 공간이 있다. 점심과 저녁은 레스토랑으로, 오후 9시부터 새벽까지는 흥겨운 바로 운영된다. 맥주와 와인, 칵테일, 슈터스, 위스키, 코냑, 보드카 등의 주류를 갖췄고, 포키, 나초, 새우튀김 등 안주도 다양하게 구성했다. 레스토랑을 겸하고 있어 버거, 파스타, 스테이크 등의 식사도 얼마든지 가능하다. 목요일부터 주말까지는 다양한 테마의 라이브 공연이 펼쳐진다.

MAP p.85-I
찾아가기 가라판 비치로드 , 브라보 키친 & 바 옆
전화 +1 670-233-0415
영업 월~목요일 11:00~02:00, 금~일요일 11:00~04:00
예산 음료 · 주류 $2.50~10, 안주류 $8.99~14.50, 식사류 $12.99~34

타타키

스피 파타

올레아이 비치 바 & 그릴
Oleai Beach Bar & Grill

푸른 바다 바로 앞에 자리해 '노을 맛집'으로 통하는 올레아이 비치 바 & 그릴. 한때 경제적인 어려움으로 잠시 문을 닫았다가 2013년에 재오픈했다. 다양한 종류의 맥주와 칵테일, 와인, 샷 등의 주류를 갖췄고, 그중에서 허리케인, 포스모폴리탄, 시 브리즈, 블루 헤븐, 에이프릴스 바이올렛 등 칵테일 라인이 다채롭다. 가볍게 안주로 먹을 수 있는 멕시코 음식을 비롯해 버거, 샌드위치, 치킨, 파스타, 스테이크 등의 메뉴를 갖춰 레스토랑으로도 손색없다. 해 질 무렵에는 야외 테라스에 앉아 노을을 바라보며 칵테일을 마시기 좋다.

MAP p.89-H
찾아가기 가라판 비치로드, 올레아이 비치 바로 앞
전화 +1 670-234-0228
영업 일~수요일 11:00~22:00, 목~토요일 11:00~23:00
예산 주류 $5~7.50, 안주류 $6~17, 식사류 $10~98

라스트 샷 바
Last Shot Bar

어린 시절부터 한적한 해변에 자신만의 바를 차리겠다는 꿈을 가졌던 트래비스 존스가 2021년에 오픈했다. 술을 마시며 즐길 수 있는 공간이 부족한 찰란카노아 지역에 라스트 샷 바가 등장하자 열렬히 환영받았고 곧 핫 플레이스로 등극했다. 최대 200명까지 수용 가능한 널찍한 공간에 4개의 당구대와 2대의 다트 머신, 대형 젠가 등 다양한 즐길 거리를 갖춰 지루할 틈이 없다. 주류 컬렉션도 다채롭다. 맥주와 칵테일, 보드카, 위스키 등 고객의 취향에 맞춰 제공한다. 음식은 B.Y.O(Bring your own) 콘셉트로 원하는 음식을 직접 가져와야 한다.

MAP p.88-F
찾아가기 비치로드 서프라이더 호텔 옆에 위치
전화 +1 670-588-7468
영업 화~목요일 18:00~02:00, 금~토요일 17:00~02:00 휴무 일·월요일
예산 주류 $4.75~12

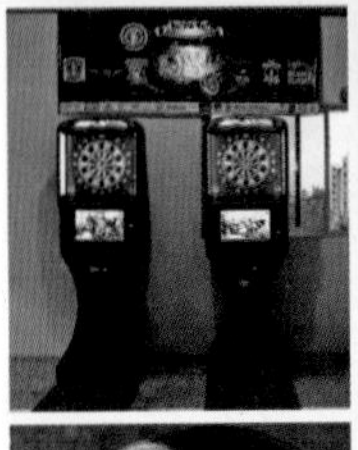

시사이드 그릴
Seaside Grill

사이판의 해피아워를 가장 행복하게 즐길 수 있는 공간. 실내는 전형적인 고급 레스토랑 분위기로 스테이크와 해산물 등의 요리를 맛보기에 좋고, 해변에 마련된 테이블은 붉은 석양과 에메랄드빛 바다를 바라보며 가볍게 술을 마시기에 좋다. 해피아워는 오후 5~7시로 모든 주류를 50% 할인된 가격에 제공하고, 치킨 & 생선 켈라구엔, 슈림프 팝콘, 갈릭 베이비 옥토퍼스 등의 캐주얼한 메뉴를 저렴하게 판매한다. 서비스로 제공되는 매콤한 감자껍질튀김의 맛도 훌륭하다.

MAP p.88-E
찾아가기 수수페 지역, 퍼시픽 아일랜드 클럽 내
전화 +1 670-234-7976
영업 일~수요일 17:30~21:00, 목~토요일 17:00~21:00
예산 주류 $6~17, 안주 $11~17

아이스크림

치넨 아이스 캔디 스토어
Chinen Ice Candy Store

사이판 최초의 아이스크림 가게. 1972년 오키나와 출신의 치넨 도시노리가 오픈한 곳이다. 지금은 고인이 된 치넨이 작은 카트에 아이스케이크를 담아 학교 앞에서 장사해 '아이스케이크 맨'이라는 별명이 붙기도 했다. 당시에는 아이들의 파티에 빠지지 않는 메뉴였고 괌이나 팔라우, 미크로네시아 등 근처 섬을 방문할 때 선물용으로도 인기가 대단했다고 한다. 요즘은 추억의 맛을 찾는 사람들이 대부분. 메뉴는 쭈쭈바 모양의 아이스케이크와 아이스 캔디인 팝시클 2종류로 알록달록한 예쁜 컬러에 팥 · 소다 · 멜론 · 파인애플 · 오렌지 · 딸기 · 포도 맛이 있다.

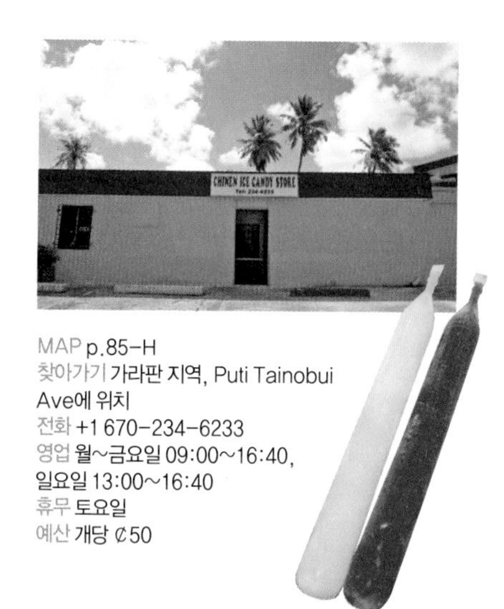

MAP p.85-H
찾아가기 가라판 지역, Puti Tainobui Ave에 위치
전화 +1 670-234-6233
영업 월~금요일 09:00~16:40, 일요일 13:00~16:40
휴무 토요일
예산 개당 ¢50

포어모스트 스쿱스
Foremost Scoops

괌에 본사가 있는 아이스크림 매장으로 2009년에 오픈했다. 초콜릿, 피스타치오, 스트로베리, 바닐라, 블랙 월넛 등의 아이스크림은 모두 괌에서 수입하고, 아이스크림을 감싸는 바삭한 와플 콘과 볼은 매일 아침 이곳에서 직접 만든다. 아이스크림 외에 밀크셰이크와 플로트가 있다.

MAP p.82-D
찾아가기 가라판 미들로드, 서브웨이 매장 내
전화 +1 670-235-3355
영업 07:00~24:00
예산 아이스크림 · 음료 $4~7

판다 하우스 와플
Panda House Waffles

노란색 간판이 인상적인 아이스크림 가게. 인기 메뉴는 각자의 취향대로 만드는 와플 아이스크림. 바닐라, 초콜릿, 딸기, 말차 중에서 와플을 고르고 그 위에 아이스크림과 갖가지 토핑을 올릴 수 있다. 이외에도 쿠키 & 크림, 초콜릿, 딸기 등 9가지 맛의 아이스크림과 밀크티, 스무디 등을 판매한다.

MAP p.85-I
찾아가기 가라판 비치로드, 아이 러브 사이판 옆
전화 +1 670-233-5527 영업 11:00~21:00
예산 아이스크림 · 음료 $4~12

차 카페 & 비스트로
Cha Cafe & Bistro

사이판을 대표하는 카페. 총 2층 규모에 모던한 인테리어, 캐주얼한 분위기로 가라판의 편안한 쉼터다. 에스프레소, 프라페, 차, 스무디 등 다양한 음료가 있는데, 그중에서 유러피언 스타일의 시 솔트 커피가 인기 있다. 특수 커피 머신으로 뽑아내는 시 솔트 커피는 은은하게 올라오는 소금의 맛이 독특하고, 마카다미아, 헤이즐넛, 캐러멜, 바닐라, 아몬드 로카 등 총 6가지가 있다. 크루아상, 머핀, 번 등 매일 아침 구워낸 빵과 디저트도 수준급! 특별한 행사를 위한 맞춤 케이크도 제작한다.

MAP p.87-G
찾아가기 가라판 비치로드와 Coral Tree Ave가 만나는 지점 전화 +1 670-233-2421
영업 07:00~21:00
예산 음료 $3~7, 디저트 $2.50~8

파리 크루아상
Paris Croissant

동명의 한국 베이커리와는 전혀 상관없는 베이커리. 1992년 문을 열었으며 2015년에 새로운 주인을 만나면서 깔끔하게 새 단장했다. 곰보빵, 단팥빵, 카스텔라 등 그동안 사랑받아 온 빵은 기본이고 커피와 차, 스무디, 셰이크, 과일 주스 등 다양한 음료 메뉴를 추가했다. 특히 사이판에서는 유일하게 눈꽃 빙수를 판매하는데 100% 우유에 망고, 키위, 멜론, 인절미 등의 토핑을 사용해 인기가 높다. 이외에 베이글과 샌드위치, 매콤달콤한 떡볶이도 판매한다.

MAP p.87-H
찾아가기 가라판 비치로드와 Paseo de Marianas가 만나는 지점
전화 +1 670-233-9292
영업 07:00~22:00
예산 빵 $1.25~5.99, 음료 $3.25~6.95

스위트 레인
Sweet Lane

달콤한 이름처럼 달콤한 가게. 여기가 혹시 연남동 감성 골목인가 싶을 정도로 예쁘게 꾸며진 내부에는 크고 작은 테이블들이 감각적으로 놓여 있다. 그도 그럴 것이 한국의 5성급 호텔에서 페이스트리 셰프로 일했던 주인장이 공간도 직접 꾸민 덕이다. 커피와 차, 초콜릿, 과일 에이드 등 음료와 다양한 맛의 마카롱, 마들렌, 티라미수, 카스텔라, 케이크를 선보이는데, 모든 메뉴는 모두 처음부터 끝까지 그녀의 손을 거친다. 실력과 정성으로 만든 디저트, 고급 호텔 부럽지 않은 달콤함에 빠질 것이다.

MAP P.86-F
찾아가기 가라판 지역, 아메리칸 메모리얼 파크 입구
전화 +1 670-788-0131
영업 11:00~17:30
예산 음료 $4.50~12, 디저트 $3~8.50

하파빈
Hafa Bean

2022년에 문을 연 카페. 그리 크지 않은 공간이지만 트로피컬 감성을 가득 담았다. 인기 메뉴는 커피와 에너지 드링크. 아메리카노, 라테, 모카, 콜드브루 등의 커피는 미국 포틀랜드 코아바 로스터 원두를 사용하고 하이퍼베리, 퍼플 피즈, 샤크 바이트 등의 에너지 드링크는 풍부한 과일 향을 넣어 칵테일을 마시는 느낌이다.

MAP p.85-L
찾아가기 미들로드 센추리 호텔과 99센트 슈퍼마켓 사이
영업 월~토요일 06:00~16:00
휴무 일요일
예산 음료 $2.25~6.75

T 바
T Bar

2020년에 즐거운 티타임을 위해 'T'라는 이름으로 오픈한 카페. 밀크티와 복숭아, 패션프루트, 리치로 향을 낸 과일 차, 베트남 아이스커피 등을 판매한다. 이곳은 타피오카, 바질 시드, 트로피컬 코코 젤리 등의 토핑을 모든 음료에 추가할 수 있는 것이 특징. 테이크아웃을 기본으로 하지만 바 테이블이 마련되어 잠시 쉬어갈 수 있다.

MAP p.85-H
찾아가기 비치로드 마제스티 옆에 위치
전화 +1 670-287-8277
영업 월~토요일 11:00~20:00, 일요일 12:00~18:00
예산 음료 $4~6.50

카페 670
Cafe 670

현지인들에게 사랑받는 카페. 커피와 차, 과일 스무디, 스파클링 에이드는 물론 시금치와 바나나, 사과, 꿀 등을 넣어 만든 스피나나, 바나애플 등 슈퍼 부스터 드링크 메뉴도 있다. 특히 코코넛 커피 스무디는 카페 670에서 가장 사랑받는 메뉴. 원조인 베트남보다 더 맛있다고 자부할 정도다. 1~6월 사이에는 티니안에서 자란 수박으로 만든 100% 수박주스를 내놓는다. 직접 만든 마카롱과 스콘을 맛보려면 이른 아침에 방문할 것! 워낙 소량이라 일찍 와야 살 수 있다. 가라판 교회 옆에 위치해 주차가 편리하고, 축제나 야시장이 열리는 피싱 베이스 근처라 접근성도 좋은 편.

MAP P.85-J
찾아가기 가라판 교회 & 종탑 옆
전화 +1 670-233-6700
영업 월~토요일 07:00~21:00, 일요일 07:00~18:00
예산 음료 $3~6.50

자바 조스
Java Joe's

2005년 단단 지역에 오픈해 20년 가까이 같은 자리를 지킨 카페. 전형적인 미국 컨트리 스타일의 내부 공간, 곳곳에 위치한 주크박스와 인형뽑기 머신 등이 제대로 빈티지 감성을 돋운다. 에스프레소, 카푸치노, 라테, 모카 등의 커피와 무려 37가지 맛의 버블티, 달콤한 과일 스무디, 셰이크, 아이스티 등이 마련되어 있다. 카페지만 여느 레스토랑 못지않은 다양한 메뉴를 갖췄다. 간단한 아침 식사부터 버거, 샌드위치, 커리, 로코모코, 치킨, 피자 등 없는 게 없을 정도다.

MAP p.83-H
찾아가기 단단 지역, Chalan Monsignor Guerrero를 따라 이동
전화 +1 670-235-5098
영업 07:00~21:00
예산 음료 $3.50~6
식사류 $5~24

서머 스노
Summer Snow

서머 스노라는 이름에서부터 '시원함'이 느껴지는 카페. 가라판에 위치한 파리 크루아상과 연계해 2017년에 오픈한 곳으로 시원한 음료와 스노 아이스 빙수, 요거트 아이스크림을 메인 메뉴로 내놓는다. 특히 망고, 딸기, 블루베리, 키위 등을 푸짐하게 올린 눈꽃 빙수가 인기 만점. 음료 외에도 다양한 베이커리 제품과 버거, 샌드위치, 떡볶이 등의 든든한 식사 메뉴를 제공한다. 메인 공간 옆에는 키즈 카페가 별도로 마련되어 있어 온 가족이 함께 즐기기에 좋다.

MAP p.89-G
찾아가기 수수페 지역, (구)카노아 리조트 맞은편에 위치 전화 +1 670-234-7669
영업 월~금요일 13:00~20:00, 토~일요일 11:00~21:00
예산 메인 메뉴 $3.25~5.50, 빙수 $6.95~12

허먼스 모던 베이커리
Herman's Modern Bakery

사이판에서 가장 크고 오래된 베이커리. 제2차 세계대전 당시인 1944년에 처음 문을 열어 70년 이상 영업해왔으며 현재는 사이판 전 지역에 빵을 유통하는 역사적인 매장이다. 식빵부터 도넛, 머핀, 쿠키, 알록달록 예쁜 컵케이크, 맞춤 케이크 등 저렴한 가격에 다양한 메뉴를 갖췄다. 코코넛 발효주인 투바를 넣은 팬 투바 빵이나 차모로 지역 쿠키는 한번쯤 먹어볼 것. 요일별로 스테이크, 치킨 등의 메인 요리에 샐러드, 수프, 밥이 포함된 런치 스페셜 메뉴를 판매한다. 가라판 센추리 호텔 옆에도 작은 지점이 있다.

MAP p.83-H
찾아가기 단단 지역, Tun Herman Pan Rd에 위치
전화 +1 670-234-1726
영업 월~토요일 07:00~18:00
휴무 일요일
예산 메인 메뉴 $1.75~6, 런치 스페셜 $7.50

패스트푸드

맥도날드
McDonald's

두툼하고 육즙 가득한 패티가 들어 있는 버거와 랩, 맥너겟, 샐러드, 해피밀 세트 등을 갖춘 햄버거 전문점. 미들로드와 비치로드에 각각 체인점이 있으며 드라이브 스루 서비스가 가능하다.

MAP p.83-G
찾아가기 가라판 미들로드, 사이판 컨트리클럽 초입
전화 +1 670-233-8577
영업 06:00~22:00
예산 메인 메뉴 $3.50~12

서브웨이
Subway

취향에 따라 원하는 빵과 재료, 소스를 선택하는 샌드위치 전문점. 샐러드와 간단한 아침 메뉴를 갖췄다. 가라판 외에도 미들로드와 찰란피아오(Chalan Piao) 등에 지점이 있다.

MAP p.86-E
찾아가기 가라판 지역, Paseo de Marianas에 위치
전화 +1 670-235-2257
영업 09:00~21:00
예산 메인 메뉴 $4.50~10

윈첼스
Winchell's

미국 캘리포니아에 본사를 둔 도넛 전문점. 도넛과 햄버거, 미니 샌드위치, 수프, 그리고 간단하게 먹기 좋은 스팸·베이컨·소시지 벤토 박스 등을 판매한다. 아침 식사 대용으로 도넛 1개와 커피가 포함된 콤보 세트를 추천한다. 가격은 $2.50.

MAP p.89-G
찾아가기 수수페 지역, (구)카노아 리조트 맞은편
전화 +1 670-235-0247 영업 06:00~22:00
예산 메인 메뉴 $1~4, 햄버거 $5.30~7.95, 벤토 박스 $4.15

KFC & 타코 벨
KFC & Taco bell

프라이드치킨 전문점 KFC와 멕시코 패스트푸드 타코 벨이 같은 공간에 자리해 있다. 팝콘 치킨부터 조각 치킨까지 다양한 치킨 메뉴와 샐러드, 타코, 부리토, 퀘사디아 등 멕시코 음식을 동시에 맛볼 수 있다.

MAP p.89-G
찾아가기 찰란카노아 지역, 아쿠아리우스 비치 타워 옆
전화 +1 670-234-6523
영업 08:00~21:00
예산 메인 메뉴 KFC $3.29~11.59, 타코 벨 $1.79~13.19

사이판
쇼핑
Shopping

DFS T 갤러리아
DFS T Galleria

사이판을 대표하는 최대 규모의 면세점. 세계적인 명품 브랜드부터 사이판 현지 특산품까지 다양하게 구비하고 있다. 심플한 단층 건물 안의 널찍한 매장은 크게 패션 아이템, 시계, 주얼리, 향수, 화장품 등을 갖춘 코즈메틱 & 패션 섹션과 명품 부티크 섹션, 그리고 주류와 초콜릿, 현지 기념품 등을 판매하는 기프트 섹션으로 나뉜다. 특히 부티크 섹션에는 샤넬, 에르메스, 불가리, 까르띠에, 살바토레 페라가모, 루이 비통, 프라다, 구찌, 티파니, 로에베, 크리스찬 디올 등의 명품 브랜드가 한자리에 모여 있어 쇼핑하기 편리하다. 면세점 내에는 한국인 직원이 상주하며 환전과 유모차 대여 서비스도 받을 수 있다. 사이판의 메인 호텔과 연결하는 무료 셔틀버스와 택시 서비스도 가능하니 이용해 볼 것!

MAP p.85-H · I
찾아가기 가라판 비치로드 중심
전화 +1 670-233-6602
영업 13:00~19:00
홈페이지 www.dfs.com

* 전 세계 DFS 매장에서 $5,000 이상 구매하면 VIP 고객으로 등록되고 플래티넘 서비스 클럽(PSC)을 이용할 수 있다. 사이판에서는 전용 라운지 이용은 물론 리무진, 퍼스널 쇼퍼 서비스 등을 제공한다.
* DFS T 갤러리아 사이판에서 판매하는 모든 제품은 품질 보증제를 실시하며 교환, 수리, 반품, 환불을 원할 때는 서울 사무소를 통해 가능하다.
전화 02-732-0799

ARC

2017년 가라판 중심에 오픈한 명품 쇼핑몰. 심플하고 도시적인 외관, 330㎡ 규모의 3층짜리 건물에는 발렌시아가, 지방시, 보테가 베네타, 끌로에 등 사이판 독점 브랜드가 입점해 있다. 면세가 적용은 기본이고, 각 매장별로 특별 프로모션을 통해 시중 판매가보다 훨씬 저렴한 가격에 제품 구입이 가능하다.

MAP p.85-I
찾아가기 가라판, 아이 러브 사이판과 DFS T 갤러리아 사이에 위치
전화 +1 670-233-7145~7
영업 11:00~20:00

카로넬
Caronel

럭셔리 명품 브랜드 시계가 다 모였다. 카로넬은 사이판에서 유일하게 융한스, 칼 F 부케러, 스와로브스키, 튜더 워치를 정식으로 위탁받아 판매하는 리테일러 숍이다. 제품 판매는 물론 구매 후 관리 서비스도 제공한다. 엠포리오 아르마니, 카시오, 디젤, 오리스, 지샥 등 합리적인 가격의 패션 시계, 레이벤, 오클리와 같은 캐주얼한 브랜드의 의류 및 선글라스 제품도 만날 수 있다.

MAP p.85-I
찾아가기 가라판 비치로드 전화 +1 670-233-4422
영업 11:00~19:00
홈페이지 www.guamwatches.com

기념품

아이 러브 사이판
I Love Saipan

사이판 최고의 기념품 숍. '아이 러브 사이판' 로고가 박힌 티셔츠와 인형, 열쇠고리 등 자체 제작 상품은 물론 다양한 수공예품, 기념품 등을 판매한다. 이외에도 비키니, 비치 타월, 스노클링 마스크 등 비치용품과 하와이안 티셔츠, 튜브톱 원피스 등 의류 그리고 액세서리, 주류, 초콜릿, 화장품까지 고루 갖췄다. 덕분에 사이판 여행의 마무리는 이곳에서 한다는 말이 나올 정도. 매장에서 구입한 물건은 호텔까지 배달이 가능하고 엽서나 소포 등의 국제 배송 서비스도 제공한다. 매장 내에는 여행 상담을 해주는 투어 데스크와 간단한 음료를 마실 수 있는 스낵바도 있으며 저녁에는 흥겨운 원주민 공연도 펼쳐진다. 가라판 비치로드, 파세오 드 마리아나스 거리, 그리고 마나가하 아일랜드 내에 매장이 있다.

MAP p.85-I
찾아가기 가라판 비치로드, DFS T 갤러리아 옆
전화 +1 670-233-3535
영업 10:00~22:00
홈페이지 www.starsandsplaza.com

마마 스토어
Mama Store

아이 러브 사이판, ABC 스토어에 비해 규모가 작지만 갖출 건 다 갖춘 마트. 사이판 현지 기념품은 물론 패션 잡화, 비치용품, 인형, 학용품, 지포 라이터 등 여러 종류의 상품이 가득하다. 특히 마카다미아, 타바스코, 딸기, 화이트, 크런키 등 초콜릿 제품을 다양하게 갖췄으며 선물용 박스 구성도 실속 있다. 가격도 다른 곳에 비해 상당히 저렴한 편. 한국인이 운영해서인지 조금씩 덤을 얹어주는 재미도 느낄 수 있다.

MAP p.87-G
찾아가기 가라판 비치로드, 가라판 초등학교 맞은편
전화 +1 670-234-7794
영업 10:30~21:00 휴무 일요일

ABC 스토어
ABC Store

라스베이거스, 하와이, 괌, 사이판 등 여러 지역에 매장을 둔 마트. 우리나라 편의점처럼 기본적인 생활 필수품을 골고루 갖추고 있다. 슈퍼마켓 체인점이긴 하지만 다양한 비치웨어와 잡화, 현지 수공예품, 기념품, 주류, 초콜릿, 과자 등을 저렴하게 판매해 여행자를 위한 쇼핑센터로 더욱 인기가 높다. 매장은 가라판 비치로드와 파세오 드 마리아나스 거리 중심에 있고, 주류는 밤 10시까지만 판매한다.

MAP p.85-I
찾아가기 가라판 비치로드, DFS T 갤러리아 맞은편
전화 +1 670-233-8921
영업 08:00~22:00
홈페이지 www.abcstores.com

마리아나스 크리에이션스
Marianas Creations

사이판과 티니안, 로타에서 활동하는 로컬 아티스트의 작품을 소개하고 판매하는 공간. 주인장이 직접 발품을 팔아 찾아낸 작가의 그림과 조각, 공예품, 액세서리는 물론 코코넛, 노니, 고추 등을 이용해 만든 로컬 상품도 선보인다. 현지 작가를 지원하고 지역 상권을 활성화한 덕분에 2022년 스몰 비즈니스 부문에서 상을 받기도 했다. 쇼핑 외에도 칵테일 바와 레스토랑을 겸한다. 집안 대대로 내려오는 홈 레시피로 탄생시킨 생강과 오이 소다, 다양한 종류의 주류와 계절 칵테일이 있다. 매주 목요일 오후 7시부터 9시까지는 신나는 트리비아 나이트도 진행한다.

MAP P.87-L
찾아가기 가라판 미들로드에서 Micro Beach Rd로 회전
전화 +1 670-783-1924
영업 11:00~21:00 휴무 일요일

부티크 · 전문 상점

아쿠아 커넥션스
Aqua Connections

사이판 최대 규모의 PADI 공인 다이빙 전문 숍. 기본적인 장비인 마스크와 스노클, 핀부터 래시가드, 보디슈트, 수중 카메라, 하우징 등 스쿠버 다이빙과 스노클링에 관련한 다양한 제품을 갖추고 있다. 세계적인 다이빙 브랜드 제품도 만날 수 있는데 대표적인 브랜드가 일본의 걸(Gull)과 이탈리아의 마레스(Mares). 이외에도 물속 세상에서 필요한 무궁무진한 아이템이 구비되어 있다. 자체적으로 다이빙 관련 투어 프로그램도 진행하는데 사이판에서 활동하는 PADI 공인 스쿠버 다이버와 함께 방문하면 약간의 할인을 받을 수 있다.

MAP p.87-H
찾아가기 가라판 비치로드
전화 +1 670-233-3304
영업 11:00~18:00
홈페이지 www.saipan-aquaconnections.com

롤리팝스
Lollipops

어린이 선물을 찾고 있다면 롤리팝스가 정답이다. 한마디로 아이들을 위한 장난감 천국. 갓 태어난 유아부터 어린이까지 다양한 연령대를 만족시키는 장난감과 인형, 유아용품, 아동복, 신발, 동화책, 액세서리 등을 종합적으로 판매한다. 디즈니와 마블, 픽사 등에서 내놓은 피규어나 바비 인형 등 캐릭터 상품이 다양해 키덜트도 사랑하는 곳이다. 연말에는 대대적인 할인을 진행하니 놓치지 말 것!

MAP P.85-G
찾아가기 가라판 비치로드, 맥도널드 옆
전화 +1 670-234-8040
영업 월~토요일 09:00~19:00, 일요일 10:00~16:00

보더라인
Boarderline

캐주얼한 도시 패션을 리드하는 것을 목표로 독특한 디자인과 스타일, 세련된 컬러의 의상을 판매하는 매장. 보더라인은 '스케이트보드'와 '서핑보드'에서 따온 이름이며, 패션 브랜드 록시, 빌라봉, 퀵실버, 반스, 핑크 돌핀 등의 제품을 선별해 판매한다. 트로피컬 감성의 의류, 액세서리, 신발, 모자, 수영복 등을 갖추고 있고, 로열티 프로그램을 통해 상시 할인도 진행한다.

MAP P.85-I
찾아가기 가라판, 하파다이 쇼핑센터 내
전화 +1 670-233-7588
영업 10:00~20:00

디 애슬리츠 풋
TAF : The Athlete's Foot

나이키, 아디다스, 푸마 등 여러 브랜드의 신발이 한자리에 모였다. 트레킹, 러닝, 피트니스 등 다양한 액티비티가 가능한 스포츠웨어부터 일상에서 기능적으로 입을 수 있는 애슬리트룩, 모자, 액세서리 등도 함께 판매한다.

MAP P.85-I
찾아가기 가라판, 하파다이 쇼핑센터 내
전화 +1 670-234-1236
영업 10:00~20:00

올 스타
All Star

야구, 농구, 테니스, 복싱 등 다양한 스포츠용품과 운동 기구, 의류 등을 판매하는 매장. 특히 아이스박스, 텀블러, 캠핑용 의자 등을 생산하는 아웃도어용품 전문 브랜드 예티(YETI) 제품을 다수 보유하고 있다.

MAP P.85-I
찾아가기 가라판, 하파다이 쇼핑센터 내
전화 +1 670-233-4653
영업 10:00~20:00

메이드 인 사이판
Made in Saipan

사이판 최초의 유기농 노니 브랜드 킹피셔스 노니(Kingfisher's Noni) 전문점. 한국인 주인장이 오랜 연구 끝에 탄생시킨 브랜드로 킹피셔스 노니가 제품의 우수성을 인정받아 인기를 얻자 뒤이어 수많은 노니 제품이 우후죽순 생겼을 만큼 사이판의 노니 시장을 이끌고 있다. 최근에는 사이판에 이어 괌에도 전문점을 오픈했다. 사이판에서 나고 자란 노니로 만든 주스, 차, 비누, 오일, 샴푸, 화장품 등 다양한 제품을 구비하고 있다. 제품에 들어간 모든 성분은 코코넛, 모링가, 레몬그라스, 시어버터 등 자연에서 얻은 추출물로 합성 원료는 들어가지 않는다. 킹피셔스 노니 제품은 사이판의 주요 매장에서 판매되고 있지만 메이드 인 사이판이 메인 매장이기 때문에 할인율도 가장 크다. 유통기한이 얼마 남지 않은 제품의 경우, 최대 80%까지 할인해 판매하므로, 노니 제품을 체험하기에도 좋다. '메이드 인 사이판'이라는 가게 이름에 걸맞게 사이판에서 제작한 기념품과 이국적인 장식품도 함께 판매한다.

MAP p.85-H
찾아가기 가라판 비치로드, DFS T 갤러리아 뒤편
전화 +1 670-233-6233
영업 월~금요일 11:00~18:00, 토요일 11:00~16:00
휴무 일요일
홈페이지 www.kingfishernoni.com

타운 하우스 쇼핑센터

사이판 남부 찰란카노아 지역에 위치한 사이판 유일의 복합 쇼핑몰. 규모는 그리 크지 않지만 은은한 핑크, 블루, 옐로 등 파스텔톤으로 꾸민 건물 안에 옷가게, 잡화점, 사진관, 카페 등 다양한 숍이 아기자기 모여 있다. 소녀 감성을 자극하는 걸톡(Girl Talk)을 비롯해 신발과 가방, 액세서리 등을 판매하는 패션숍 망고 솔(Mango Sole), 즉석사진, 기념사진, 가족사진 등을 찍을 수 있는 굿 포토숍(Good Photo Shop), 카페 디카프리(DE'CAFREE) 등이 있고, 어린 아이들을 위한 교육 & 놀이 프로그램을 갖춘 키즈룸도 자리한다. 타운 하우스 쇼핑센터는 KFC와 타코 벨, 대형마트 페이리스 슈퍼프레시 & 트럭로드 스토어(Payless Superfresh & Truckload Store) 등과 연결되고, 쇼핑센터를 빠져 나가면 아름다운 슈거독 비치로 이어진다.

MAP p.89-G
찾아가기 찰란카노아 지역, 아쿠아리우스 비치 타워 옆

슈퍼마켓

조텐
Joeten

이마트나 홈플러스 수준의 대형 마트. 식료품, 주류, 음료, 약품, 의류 등 생활에 필요한 물건이 모두 있다. 여행자를 위한 기념품도 저렴하게 판매한다. 가라판, 수수페, 단단, 카그만 등 매장이 있으며 가라판 하파다이 쇼핑센터 내에 있는 매장과 가장 규모가 큰 조텐 슈퍼스토어가 대표적이다.

MAP p.84-E
찾아가기 가라판, 하파다이 쇼핑센터 내
전화 +1 670-234-7596
영업 08:00~21:00

99센트 슈퍼마켓
99 Cents Super Market

센추리 호텔 옆 가라판과 미들로드가 만나는 지점에 자리해 있다. 사이판 현지인들이 즐겨 찾는 곳으로 식료품, 주류, 음료, 생활용품을 저렴하게 판매한다. 특히 주류가 다른 매장에 비해 싼 편이다. 과자와 음료, 라면 등 한국에서 수입한 식품도 많다.

MAP p.85-L
찾아가기 가라판 미들로드, 센추리 호텔 옆
전화 +1 670-233-0099
영업 24시간

엘제이스 스토어
LJ's Store

신선한 식료품은 물론 생활에 필요한 다양한 제품을 판매하는 200평 규모의 마트. 좋은 물건을 저렴하게 판매하는 합리적인 가격을 제시하고, 페이스북을 통해 그날그날의 할인 상품도 체크할 수 있다.

MAP p.83-G
찾아가기 가라판 미들로드, 뉴 엑스오 마켓 옆
전화 +1 670-234-3813
영업 06:30~22:00

페이리스 슈퍼프레시 & 트럭로드 스토어
Payless Superfresh & Truckload Store

사이판 남부, 타운 하우스 쇼핑센터에 위치한 대형 마트로 생활용품, 식료품, 정육점 등이 있다. 특히 오픈형 정육점에는 신선한 육류 제품이 부위별로 진열되어 있어 토마호크, 티본, 립아이 등 스테이크용 생고기를 저렴하게 구매할 수 있다.

MAP p.89-G
찾아가기 찰란카노아 지역, 타운 하우스 쇼핑센터 옆
전화 +1 670-234-1444
영업 07:00~21:00

사이판 숙소

Hotel

크라운 플라자 리조트
Crowne Plaza Resort

오랜 세월 사랑받았던 피에스타 리조트 & 스파가 역사 속으로 사라지고 2022년 10월, 사이판의 새로운 럭셔리 호텔로 크라운 플라자 리조트가 등장했다. 세계적인 호텔 기업 IHG 호텔 & 리조트가 마이크로네시아 지역에 처음 오픈한 4성급 리조트로, 아름다운 마이크로 비치와 사이판의 중심인 가라판을 끼고 있다. 마운틴 뷰, 가든 뷰, 오션 뷰, 오션 프런트, 패밀리, 원 베드 오션 프런트 스위트, 휠체어 엑세서블 등 현대적이고 심플한 디자인으로 꾸민 객실 422개를 갖췄고, 각 객실에는 TV, 에어컨, 냉장고, 전기포트, 욕실용품, 무료 와이파이 등이 마련되어 편리하다. 크라운 플라자 리조트는 트로피컬 감성의 뷔페 레스토랑 더 테라스를 비롯해 갓 구운 빵과 음료, 젤라토 등을 제공하는 마켓 플레이스, 칵테일이나 샴페인을 즐기기 좋은 마리 바, 마이 테판야키, 아타아리 디너쇼 등 5가지 테마의 다이닝 공간을 갖춰 세계 각국의 다양한 음식을 맛볼 수 있다. 특히 아타아리 디너쇼는 사이판에서 가장 규모가 큰 원주민 디너쇼로 붉은 노을을 바라보며 역동적인 차모로족 전통 춤과 음악, 퍼포먼스, 뷔페 등

을 다채롭게 즐기기 좋다. 부대시설로는 사우스 풀, 노스 풀, 키즈 풀 등 3개의 수영장과 테니스 코트, 24시간 이용 가능한 피트니스 센터, 키즈 클럽, 기념품 숍 등이 있다. 또한 화려한 조명과 음향 시스템을 갖춘 연회장이 마련되어 웨딩이나 파티, 컨퍼런스 등의 이벤트도 얼마든지 진행 가능하다. 크라운 플라자 리조트 바로 앞으로 펼쳐지는 마이크로 비치에서는 스노클링, 패들보드, 카약 등 다양한 해양 스포츠 체험을 즐길 수 있고, 해 질 무렵에는 사이판 최고의 일몰을 전용 비치 혹은 객실에 앉아 여유롭게 감상하기 좋다.

MAP p.86-A · B
찾아가기 가라판 Coral Tree Ave 위치
전화 +1 670-234-6412
요금 마운틴 뷰 $220, 오션 뷰 $280, 오션 프런트 $320, 스위트 $570, 세금 15% 별도
체크인/아웃 15:00/12:00
이메일 info.cprsaipan@ihg.com
홈페이지 saipan.crowneplaza.com

하얏트 리젠시 사이판
Hyatt Regency Saipan

마이크로 비치가 시작되는 지점에 안락하게 자리 잡은 4성급 리조트. 열대 식물원이 떠오르는 거대한 정원과 연못을 중심으로 총 317개의 객실을 보유하고 있다. 객실 타입은 게스트, 그랜드, 리젠시, 스위트 등으로 나뉘고, 각각 전용 발코니는 물론 TV, 에어컨, 미니바, 오디오, 욕실용품 등을 갖췄다. 리조트 내에는 지오바니스, 미야코, 킬리 카페 & 테라스 등 수준급 셰프의 요리를 맛볼 수 있는 레스토랑과 바가 자리한다. 부대시설로는 수영장과 테니스장, 피트니스 센터 클럽 앨란 등이 있고, 특별한 날 로맨틱한 웨딩 채플 서비스도 제공한다. 마이크로 비치 쪽으로 마린 스포츠 클럽이 위치해 윈드서핑, 제트 스키, 스노클링, 카약 등 해양 스포츠 체험을 쉽게 할 수 있고, 해 질 무렵 스키퍼스 비치 바에 앉아 커스텀 메이드 칵테일을 마시며 아름다운 노을을 감상하기 좋다.

MAP p.86-C
찾아가기 가라판 지역, Coral Tree Ave에 위치
전화 +1 670-234-1234
요금 게스트 $220~435, 그랜드 $280~490, 리젠시 $335~540, 스위트 $455~850
체크인/아웃 15:00/12:00
이메일 saipan.regency@hyatt.com
홈페이지 saipan.regency.hyatt.com

그랜드브리오 리조트 사이판
Grandvrio Resort Saipan

멀리서도 한눈에 들어오는 압도적인 높이와 가라판 중심에 위치한 19층 규모의 리조트. 타가 타워, 크리스탈 타워, 메인 윙 총 3개의 빌딩으로 이루어졌고 스탠더드, 슈피리어 등 총 425개의 객실을 갖췄다. 각 객실에는 TV, 에어컨, 미니바, 전기포트, 욕실 용품 등을 구비하고 무료 와이파이도 가능하다. 조식은 메인 윙 로비에 위치한 아이리 커피 라운지에서 제공되고, 크리스털 타워 10층과 타가 타워 19층에 각각 위치한 레스토랑 돌핀과 스카이 라운지 마가하리에서는 드넓게 펼쳐지는 마이크로 비치를 내려다보며 로맨틱한 식사를 즐길 수 있다. 부대시설로는 야외 수영장과 피트니스 센터, 연회장 등이 있고, 웨딩 채플 서비스도 제공한다. 마이크로 비치와 바로 연결되는 구조이기 때문에 스노클링, 카약, 패들 보드 등 다양한 해양 스포츠로 쉽게 이용할 수 있다.

MAP p.84-E
찾아가기 가라판 지역, DFS T 갤러리아 맞은편
전화 +1 670-234-6495 요금 메인 윙 $170~290, 크리스털 타워 $230~450, 타가 타워 $295~415, 타가 스위트 $800 ※성수기 요금 인상
체크인/아웃 15:00/12:00
이메일 park@grandvrio-saipan.com
홈페이지 grandvrio-saipan.com

하나미츠 호텔 & 스파
Hanamitsu Hotel & Spa

가라판의 중심 거리 파세오 드 마리아나스에 위치한 호텔. 총 3층짜리 건물로 1층은 로비를 비롯해 스파, 마사지, 네일 살롱 등이 있고, 2~3층은 객실이다. 총 20개의 객실은 더블, 트윈, 트리플, 패밀리룸으로 나뉘고, 각각 TV, 에어컨, 미니바, 전기포트, 욕실용품, 무료 와이파이 등이 갖춰져 있다. 객실과 스파, 마사지를 결합한 스페셜 패키지 상품, 1주일 이상 머물 경우 제공되는 10% 할인 프로모션 등 다양한 혜택도 이용할 수 있다.

MAP p.86-B
찾아가기 가라판 지역, Paseo de Marianas에 위치
전화 +1 670-233-1818
요금 더블 · 트윈 $90~100, 트리플 · 패밀리 $110~120
체크인/아웃 14:00/12:00
이메일 hanamitsuhotel@gmail.com
홈페이지 www.saipanhanamitsu.com

하와이 호텔
Hawaii Hotel

사이판 속 하와이를 꿈꾸는 미국 가정집 분위기의 작고 아담한 호텔. 총 16개의 객실은 약 9~10평 규모이며 스탠더드, 더블, 패밀리, 스위트 등으로 나뉘고, 모든 객실에 에어컨, 미니바, 전기포트, 간단한 욕실용품, 무료 와이파이 서비스 등을 갖췄다. 블루, 옐로, 그린 등 강렬한 원색 인테리어에 객실마다 뽀빠이와 올리브, 아이언맨, 니모 등 각기 다른 콘셉트의 캐릭터 일러스트가 그려져 있는 것이 특징이다.

MAP p.86-A
찾아가기 크라운 플라자 리조트 맞은편
전화 +1 670-233-5259
요금 스탠더드 $130~150, 더블 $110~130, 패밀리 $160~180, 스위트 $190~230
체크인/아웃 15:00/12:00
이메일 845854065@qq.com
홈페이지 www.51hawaiihotel.com

세렌티 호텔
Serenti Hotel

2016년 5월, 가라판 중심에 오픈한 호텔. 총 46개의 깔끔한 객실을 갖췄고, 퀸 베드 혹은 더블 베드 중에서 선택 가능하다. 객실마다 TV와 냉장고, 에어컨, 전기포트, 욕실용품 등을 구비하고 있고, 무료 와이파이도 제공한다. 객실 계단에는 24시간 이용 가능한 전자레인지를 비롯해 시원한 얼음 서비스가 상시 대기 중이고, 오전 6시부터 오후 10시까지 4층에 위치한 루프톱 가든이 개방되어 여유롭게 햇살을 즐길 수 있다.

MAP p.85-I
찾아가기 가라판 비치로드
전화 +1 670-233-5201
요금 스탠더드 퀸 · 더블 $125
체크인/아웃 15:00/12:00
이메일 serentihotel@pticom.com
홈페이지 www.serentisaipan.com

호텔 아메리카노
Hotel Americano

전형적인 미국 스타일 호텔로 디자인했다. 3층 건물에 디럭스, 스탠더드, 커넥팅룸 등 총 26개의 객실이 있고, 각각 TV, 에어컨, 냉장고, 욕실용품, 무료 와이파이 등이 갖춰져 있다. 1층 조식 공간에서 매일 간단한 식사와 함께 토스트와 커피, 주스 등을 제공하고, 오후 6시부터 10시까지 루프톱을 개방해 BBQ 혹은 프라이빗 파티를 즐길 수 있다.

MAP p.86-D
찾아가기 가라판 Ginger Ave 위치
전화 +1 670-233-6074
요금 $109~117
체크인/아웃 15:00/12:00
이메일 mdondonilla@tdisaipan.net

센추리 호텔
Century Hotel

가라판 미들로드에 위치한 캐주얼하고 모던한 분위기의 호텔. 스탠더드 트윈, 스탠더드 퀸, 스탠더드 킹 등 총 33개의 객실이 있고, 객실마다 TV, 에어컨, 미니바, 욕실용품, 무료 와이파이 등을 갖췄다. 1층에는 리셉션과 셜리스 커피숍, 트라이브스 바, 편의점 등이 마련되어 있다. 특히 24시간 오픈하는 셜리스 커피숍은 현지인에게 인기 높은 로컬 레스토랑으로 다양한 현지 음식을 제공한다.

MAP p.85-L
찾아가기 가라판 미들로드
전화 +1 670-233-1420
요금 비수기 $100, 성수기 $110~140
체크인/아웃 14:00/12:00
이메일 reservation@centuryhotel-spn.com
홈페이지 www.centuryhotel-spn.com

홀리데이 사이판 리조트
Holiday Saipan Resort

가라판 지역의 호텔 갤러리아 뒤편에 위치한 작은 호텔. 객실은 총 30개로 디럭스와 슈퍼 디럭스룸으로 나뉘고, 각각 TV, 에어컨, 미니바, 욕실용품, 무료 와이파이 등을 갖췄다. 스쿠버 다이빙 교육이 가능할 정도로 수심 깊은 수영장이 딸려 있는 게 특징. 1층에는 힐링 스톤 마사지 숍이 운영 중인데, 호텔 투숙객에 한해 할인 서비스를 제공한다. 여행자를 위해 작은 마트와 자전거 무료 대여 서비스를 준비 중이다.

MAP p.85-I
찾아가기 가라판 지역, 호텔 갤러리아 뒤편
전화 +1 670-483-7357
요금 디럭스 $90, 슈퍼 디럭스 $110
체크인/아웃 14:00/12:00
이메일 master@holidaysaipan.com

센터마크 인
Centermark Inn

깨끗하고 편안한 분위기의 가라판 숙소. 더블 베드와 1개의 싱글 베드가 놓인 스탠더드룸 12개, 더블 베드와 2개의 싱글 베드가 놓인 디럭스룸 4개 로 총 16개의 객실을 갖췄다. 에어컨과 냉장고, 욕실용품 등이 구비되어 있고, 투숙객만 이용할 수 있는 널찍한 마당과 BBQ 공간이 마련되어 여행자들끼리 파티를 즐기기에 안성맞춤이다. 전자레인지와 세탁기도 언제든지 사용 가능! 현지인들에게는 송송 게스트 하우스로도 불린다.

MAP p.87-I
찾아가기 가라판 Kalachucha Ave에 위치
전화 +1 670-285-7664
요금 스탠더드 $59, 디럭스 $69
체크인/아웃 15:00/12:00
이메일 x_ebox@hotmail.com

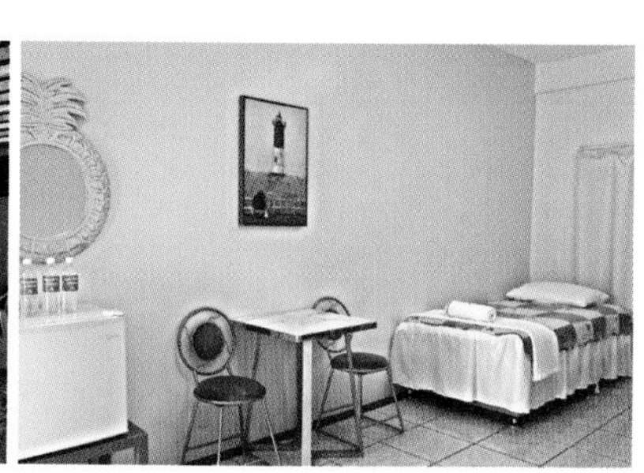

애비뉴 게스트 하우스
Avenue Guest House

일본인 부부가 운영하는 작고 아담한 게스트하우스. 여행자들이 모여 휴식을 취할 수 있는 휴게 공간을 중심으로 발리, 마린, 로즈, 가든 등 총 4개의 객실을 갖췄다. 트윈과 트리플룸으로 나뉘고, 객실 이름에 따라 각기 다른 인테리어로 꾸며졌다. TV는 없지만 에어컨과 냉장고, 욕실용품이 마련되어 있다. 매일 아침 홈메이드 식사를 제공하는 것이 특징. 메뉴 또한 그날그날 다르다. 숙박은 2일 이상부터 가능하다.

MAP p.87-I
찾아가기 가라판 로코 & 타코 뒤편, Botones Ave에 위치
전화 +1 670-285-7393 (카카오톡 ID) seijisato
요금 싱글 $80, 트윈 $85, 트리플 $120
체크인/아웃 14:00/12:00
이메일 avenue-saipan@hotmail.com

다오라 게스트 하우스
Daora Guest House

가라판 중심에 자리해 뚜벅이 여행자들에게 환영받는 게스트 하우스. 원룸, 패밀리 원룸, 패밀리 투룸 등 총 9개의 객실에는 각각 에어컨과 화장실을 갖췄고, 거실 겸 주방인 공용 공간에는 매일 아침 토스트와 커피가 제공된다. 친절하고 깔끔한 주인장의 성격 덕분에 객실 상태가 무척 깨끗하고, 여유가 있을 때에는 이모표 특별 샌드위치가 나오기도 한다. 자체적으로 투어 및 렌털 서비스도 제공하고, 다오라 마켓과 바로 연결되어 있어 물건 구입 또한 편리하다.

MAP p.86-F
찾아가기 가라판 Palm St와 Royal Palm Ave가 만나는 지점에 위치
전화 +1 670-233-1828
(인터넷 전화) 1666-8267, (카카오톡 ID) daora
요금 원룸 $65, 패밀리 원룸 $75, 패밀리 투룸 $155
체크인/아웃 15:00/12:00
이메일 garapan233@naver.com
홈페이지 daoraguesthouse.modoo.at

오 마이 하우스
Oh My House

2018년 3월에 오픈한 게스트 하우스. 자유롭게 앉아 시간을 보낼 수 있는 마당을 중심으로 스탠더드 더블룸 & 트윈룸, 디럭스룸 등 총 12개의 객실을 갖췄다. 객실에는 단출하게 침대, 에어컨, 작은 테이블과 의자 등이 있고, 세면도구를 갖춘 화장실도 딸렸다. 공용 주방이 별도로 마련되어 밥솥, 전자레인지, 토스터 등은 언제든지 사용 가능하고, 특별한 날에는 BBQ도 진행한다. 주인장이 '해저2만리' 다이빙 숍도 함께 운영하니 다이빙 투어도 문의해 보시길!

MAP p.85-H
찾아가기 가라판 비치로드에서 Flores Rosa St로 좌회전
전화 +1 670-233-7808
(카카오톡 ID) H2Msaipan
요금 $74~99 체크인/아웃 15:00/12:00
이메일 aunga@naver.com

딥 블루
Deep Blue

사이판 다이빙에서 자체적으로 운영하는 다이버 전용 게스트 하우스. DFS T 갤러리아 뒤편에 위치해 가라판과의 접근성이 뛰어나다. 남녀로 구분된 4인용 도미토리 2개, 2인실 4개, 4인실 3개를 갖췄다. 각 룸에 에어컨이 시원하게 가동되며 무료 와이파이도 가능하다. 거실과 주방, 욕실은 모두 공용이고, 최소 2일 이상 숙박해야 예약이 가능하다. 기본적으로 다이버 전용이지만 상황이 되면 자유 여행자도 머물 수 있으니 미리 체크할 것.

MAP p.85-I
찾아가기 가라판 지역, 홀리데이 사이판 리조트 옆
전화 +1 670-989-1100
(인터넷 전화) 070-8263-2002
(카카오톡 ID) shkwak77
요금 도미토리 $30, 4인실 $120
체크인/아웃 15:00/12:00
이메일 shkwak000@naver.com
홈페이지 www.saipandiving.co.kr

더 서밋 콘도미니엄 & 호텔
The Summit Condominium & Hotel

근사한 바다 전망의 콘도미니엄 & 호텔로 가라판에서 5분 거리에 위치한다. 총 25개의 객실은 2인 기준의 디럭스 스위트와 4인 기준의 투 베드룸 스위트로 나뉘고, 모든 객실에 최신형 오븐과 전기밥솥, 전자레인지, 냉장고 등을 갖춰 가족 단위의 여행객에게 안성맞춤이다. 욕실에는 더 서밋만의 맞춤형 어메니티가 마련되어 있으며 독립형 욕조에서 아름다운 창밖 풍경을 바라보며 프라이빗한 시간을 가질 수 있다. 무료 와이파이를 제공하고, 저렴한 가격의 투어 프로그램도 신청 가능하다.

MAP p.82-E
찾아가기 네이비힐 지역, Fitme Place 끝에 위치
전화 +1 670-286-2420
요금 디럭스 스위트 $149, 투 베드룸 스위트 $199
※1인 추가 시 $25
체크인/아웃 13:00/12:00
이메일 summitcondominiumhotel@gmail.com
홈페이지 www.summitcondohotel.com

라오라오 베이 골프 & 리조트
Lao Lao Bay Golf & Resort

북마리아나 제도에서 가장 큰 골프장을 갖춘 리조트. 호주 출신 골퍼 그레그 노먼이 디자인한 38홀의 골프 코스와 아름다운 라오라오 베이를 동시에 즐길 수 있다. 총 54개의 객실은 모두 탁 트인 바다 전망으로 오픈형 원룸 공간인 더블과 트윈, 2개의 침실이 있는 스위트로 나뉜다. 모던한 디자인, 스타일리시한 공간 배치, 소녀 감성을 자극하는 노랑·파랑·보라색 등 상큼한 파스텔톤 인테리어로 자타 공인 최고의 객실 수준을 자랑한다. 객실마다 TV와 에어컨, 냉장고, 전기포트, 욕실용품 등을 갖췄다. 무료 와이파이를 제공하며 새벽 3시까지 야간 메뉴 룸서비스도 가능하다. 골프장 외에도 넓은 수영장과 최첨단 음향 시설의 노래방, 마사지 시설, 사우나, 카페, 더 그릴 레스토랑(The Grill Restaurant), 사전 예약제로 운영하는 바비큐 파티 공간 등이 있다.

MAP p.83-H
찾아가기 Isa Dr에서 모빌 카그만 주유소 안쪽으로 이동한 후 Rte 34 도로를 따라 이동
전화 +1 670-236-8888
요금 비수기 더블·트윈 $160, 스위트 $320 / 성수기 더블·트윈 $200~250, 스위트 $400~500
체크인/아웃 14:00/12:00
이메일 rsrvn@laolaobay.com
홈페이지 laolaobay.daewooenc.com

시크릿 가든
Secret Garden

일본의 유명 건축가 에드워드 스즈키가 직접 디자인한 개인 소유의 별장을 리모델링해 2019년 6월에 오픈한 숙소. 라오라오 베이가 한눈에 내려다보이는 산비센테 지역에 위치하며, 싱글, 더블, 비즈니스, 디럭스 등 총 6개 객실을 갖췄다. 전 객실 오션 뷰 전망에 침대, 에어컨, 냉장고 등이 마련되었고, 객실마다 사우나 시설 혹은 로맨틱한 욕조가 놓여 창밖을 바라보며 여유로운 시간도 보낼 수 있다. 1층은 공용 휴식 공간으로 여유롭게 책을 읽거나 포켓볼 게임을 즐길 수 있고, 아침 식사도 무료로 제공한다.

MAP p.83-H
찾아가기 산비센테 지역, Isa Dr에서 우체국 근처의 Railroad Dr을 따라 이동
전화 +1 670-588-8520
요금 $108~138
체크인/아웃 14:00/12:00
이메일 zdl2030@163.com

스테이힐
Stay Hill

사이판 현지인이 거주하던 유럽식 대저택을 리모델링해 숙소로 꾸몄다. 2~6인실, 대가족이나 단체 여행객을 위한 객실, 커넥팅룸 등 13개의 객실이 각각 다른 구조와 스타일로 꾸며졌다. 이외에도 스쿨버스를 개조한 객실이 별로로 마련되어 이색적인 하룻밤을 보낼 수 있다. 숙소 중심에는 최대 수심 2.8m의 수영장이 있어, 저녁에는 바비큐를 즐기며 물놀이가 가능하다. 공용 주방이 있어 언제든지 취사를 할 수 있고, 조식을 별도로 주문할 경우 1인 $9이다.

MAP p.83-H
찾아가기 산비센테 지역, Isa Dr에서 Pengua Place와 Palm Tree Place 사이에 위치
전화 +1 670-483-9900
요금 2인실 $70, 3인실 $100, 4인실 $120, 6인실 $150, 8인실 $220
체크인/아웃 14:00/12:00
이메일 spn5533@hanmail.net

사이판 북부

켄싱턴 호텔 사이판
Kensington Hotel Saipan

사이판 북부, 아름다운 파우파우 비치를 끼고 있는 켄싱턴 호텔은 2016년 7월에 정식 오픈했다. 연면적 38,801㎡ 규모의 5성급 리조트로 로열 디럭스, 로열 제스티, 켄싱턴 키즈, 프리미어 디럭스, 이그제큐티브 프리미어, 프레스티지 스위트, 켄싱턴 스위트 등 총 313개의 객실을 갖췄다. 전 객실 모두 오션 뷰 전망에 TV와 에어컨, 맥주와 스낵 등을 채운 무료 미니바, 전기포트, 욕실용품, 무료 와이파이 등이 마련되어 있다. 특히 켄싱턴 키즈룸은 객실 전체를 인기 애니메이션 캐릭터 '코코몽'으로 꾸민 어린이 맞춤형 객실로 침실과 놀이방, 욕실 등으로 구성되었다. 또한 키즈 전용 목욕 가운과 키즈 슬리퍼, 어메니티 등을 갖춰 아이들의 호기심을 자극한다.

켄싱턴 호텔은 프리미엄 올 인클루시브 시스템으로 객실과 하루 세끼 식사, 액티비티 프로그램, 부대시설 이용이 모두 포함되어 있다. 체크인 시 인터내셔널 뷔페 레스토랑 로리아를 비롯해 중식당 이스트문, 일식당 메이쇼, 선셋과 함께 즐기는 바베큐 오션 그릴 등에서 사용 가능한 켄싱턴 패스포트를 지급한다. 이외에도 다양한 베이커리와 초콜릿, 칵테일 등을 즐길 수 있는 오하스 카페 & 바 라운지, 프라이빗한 이그제큐티

브 라운지, 인피니티 풀 바 등이 마련되어 있다. 이그제큐티브 프리미어 객실 고객은 이그제큐티브 라운지 액세스 혜택이 추가되는 것도 장점. 켄싱턴 호텔의 대표 즐길거리는 모든 연령대를 만족시키는 다양한 테마의 수영장이다. 키즈 풀과 패밀리 풀, 54m 길이의 워터 슬라이드와 키즈 슬라이드, 그리고 스플래시 풀 등을 갖췄다. 프리미어 디럭스 이상 고객 전용 인피니티 풀도 별로도 있으니 놓치지 말 것. 이외 해변에서 다양한 카약, 보트 세일링, 스노클링 등 해양 레포츠도 가능하다. 호텔 내에는 트램펄린, 실내 클라이밍, 포켓볼, 다트, 탁구, 테이블 풋볼, 에어하키 등의 액티비티가 가능한 케니 플레이 덱과 코코몽 키즈 캠프가 운영되어 어린이와 함께인 가족 단위의 여행객에게 인기가 높다.

MAP p.82-B
찾아가기 미들로드, 파우파우 비치
전화 +1 670-322-3311
요금 로열 디럭스 $420, 켄싱턴 키즈 $480, 프리미어 디럭스 $500, 이그제큐티브 프리미어 디럭스 $540, 프레스티지 스위트 $1,500, 켄싱턴 스위트 $4,000, 세금 15% 별도 ※ 성수기 가격 인상
체크인/아웃 15:00/12:00
이메일 info@kensingtonsaipan.com
홈페이지 www.kensingtonsaipan.com

아쿠아 리조트 클럽
Aqua Resort Club

사이판 북부, 산로케 지역의 아추가우 비치를 끼고 있는 이국적인 코티지 스타일의 리조트. 꽃과 나무가 우거진 아름다운 정원 사이에 2층 높이의 방갈로 건물이 자리하고, 총 91개의 객실은 디럭스 가든 뷰, 오션 뷰, 패밀리 가든 뷰, 오션 프런트, 스위트룸으로 나뉜다. 넓은 객실, 높은 천장, 여기에 발리에서 수입한 나무와 라탄 소재의 가구, 앤티크 소품을 배치한 인테리어는 고급스러우면서도 친환경적인 포인트를 놓치지 않았다. 객실마다 TV, 에어컨, 냉장고, 전기포트, 욕실용품, 무료 와이파이 등을 갖췄고, 1층 객실을 이용하면 바다나 정원으로 통하는 테라스도 이용 가능하다. 부대시설로는 바다를 바라보며 수영을 할 수 있는 수영장과 풀 사이드 바, 요일별로 스페셜 메뉴를 내놓는 코스타 테라스 레스토랑과 선셋 비치 바베큐, 피트니스 센터 등이 있다.

MAP p.82-B
찾아가기 미들로드, 아추가우 비치
전화 +1 670-322-1234
요금 디럭스 가든 뷰 $210~330, 디럭스 오션 뷰 $280~360, 디럭스 오션 프런트 $310~420, 스위트 $620~720
체크인/아웃 15:00/12:00
이메일 info@aquaresortsaipan.com
홈페이지 www.aquaresortsaipan.com

아이리스 풀 빌라
Iris Pool Villa

쿠팡플레이의 리얼리티 예능 <체인 리액션>의 촬영지로 화제를 모은 럭셔리 풀 빌라. 사이판에서 바다가 가장 가까운 풀 빌라로 한국인 주인장이 개인 별장으로 사용하기 위해 하나부터 열까지 직접 꾸며 공간 곳곳에서 세심함이 느껴진다. 고급 리조트 못지않은 탁 트인 바다 전망의 인피니티 풀을 중심으로 오션 뷰와 마운틴 뷰 객실이 총 13개 마련되어 있다. 객실에는 TV와 에어컨, 냉장고, 욕실용품 등이 갖춰져 있고, 1층 카페에서 간단한 식사도 가능해 여유롭고 편안한 하룻밤을 보장한다.

MAP p.82-B
찾아가기 미들로드, 그레고리오 T.카마초 초등학교 근처 위치
전화 +1 670-322-2020 (카카오톡 ID) CAVE1
요금 마운틴 뷰 $250, 오션 뷰 $500
체크인/아웃 14:00/12:00
이메일 nickyye1@gmail.com
홈페이지 www.saipanpoolvilla.com

마리아나 스위츠
Mariana Suites

2023년 여름, 파우파우 해변이 내려다보이는 위치에 오픈한 신상 숙소. 탁 트인 전망에 깔끔한 디자인으로 꾸민 총 20개의 객실은 마운틴 뷰 혹은 오션 뷰 스튜디오 스위트, 원 베드룸 스위트, 이그제큐티브 스위트 등 총 4가지 타입으로 나뉜다. 객실은 TV와 에어컨, 냉장고, 욕실용품, 무료 와이파이 등을 갖췄고, 주방이 있어 언제든지 취사가 가능하다. 해변까지 걸어서 5분 거리로 가깝고, 여행자의 편의를 위한 라운지와 작은 마트, 가라오케, 무료 셔틀버스를 운행할 예정이다.

MAP p.82-B·C
찾아가기 미들로드, 켄싱턴 호텔 사이판 지나 오른쪽 위치
전화 +1 670-287-4686
요금 스튜디오 스위트 $104.99~124.99, 이그제큐티브 스위트 $144.99
체크인/아웃 14:00/12:00
이메일 info@marianasuites.com
홈페이지 www.marianasuites.com

월드 리조트
World Resort

사이판 남부, 드넓은 킬릴리 비치 전망의 리조트. 스릴 만점 워터파크와 럭셔리 호텔을 결합한 레저형 리조트로 대대적인 리노베이션을 거쳐 2019년에 재오픈했다. 총 265개의 객실이 모두 남태평양을 바라보는 오션 뷰 구조로 되어 있다. 슈피리어, 디럭스, 로열 디럭스, 캐릭터, 스위트 등 5가지 타입으로 나뉘어 있고, 객실마다 TV와 에어컨, 미니바, 전기포트, 욕실용품, 무료 와이파이 등을 갖췄다. 생수와 맥주, 음료 등도 제공한다. 객실 전체가 인기 애니메이션 캐릭터 뽀로로를 테마로 꾸며진 침실과 놀이방, 욕실로 구성되어 있으며, 옷걸이, 의자, 발판, 물티슈, 비누 등 작은 소품 하나하나 뽀로로 캐릭터로 채워져 아이들의 만족도가 높다.

월드 리조트의 가장 큰 매력은 종일 시간을 보내도 지루할 틈이 없는 사이판 최대의 워터파크 웨이브 정글! 무려 200m 길이를 자랑하는 마스터 블라스트, 소용돌이치듯 빨려 들어가는 블랙홀, 보디 슬라이드, 튜브 슬라이드 등 짜릿한 슬라이드와 아마존 리버, 파도풀, 캐슬풀, 태닝풀, 키즈풀 등의 다양한 수영장을 갖췄다. 이외에도 스노클링, 카약, 윈드서핑, 트램펄린, 패들 보드 등 다양한 해양 레포츠를 즐길 수 있다.

레스토랑도 다채롭다. 인터내셔널 뷔페를 즐길 수 있는 더 뷔페 월드와 한식 전문 레스토랑 명가, 파인 다이닝 세트 메뉴가 있는 타포차우, 그리고 차모로 원주민 공연이 함께 펼쳐지는 바비큐 디너쇼가 있고, 가벼운 스낵과 음료도 제공하는 선셋 비치 바, 책을 읽고 보드게임을 즐기며 음료와 디저트를 즐길 수 있는 오아시스 라운지도 있다. 어린이와 함께 하는 여행이라면 월드 리조트에서 운영하는 다양한 키즈 프로그램에 참여해 볼 것. 키즈 레크레이션 공간인 키즈 칼리지와 뽀로로 파크, 플로리스 타누 코코넛 빌리지 체험장, 키즈 액티비트 센터 등이 있어 아이의 눈높이에 맞춘 프로그램을 선보인다.

MAP p.89-G
찾아가기 가라판 비치로드, 킬릴리 비치
전화 +1 670-234-5900
요금 비수기 슈피리어 $400, 디럭스 · 로열 디럭스 $420, 캐릭터 $450 / 성수기 슈피리어 $450, 디럭스 · 로열 디럭스 $470, 캐릭터 $500 (1일 3식 포함)
체크인/아웃 15:00/12:00
이메일 lena.lee@saipanworldresort.com
홈페이지 www.saipanworldresort.com

퍼시픽 아일랜드 클럽
Pacific Islands Club(PIC)

아름다운 산 안토니오 비치를 끼고 있는 퍼시픽 아일랜드 클럽. 호텔과 워터파크가 결합한 최고의 레저형 리조트로 티니안 윙, 로타 윙, 타시 윙으로 연결되는 3개의 건물에 총 308개의 객실이 자리한다. 슈피리어, 디럭스, 시헤키, 오션 프런트, 오션 프런트 자쿠지, 히비스커스 스위트, 플레임트리 스위트 등 7가지 타입의 객실이 있고, 각각 TV와 에어컨, 냉장고, 전기포트, 욕실용품, 무료 와이파이 등을 갖췄다. 다양한 요리를 맛볼 수 있는 마젤란, 시사이드 그릴 등의 레스토랑도 매력적이지만 최고 장점은 워터파크와 비치, 스포츠존에서 다양한 액티비티를 즐길 수 있다는 것! 스릴만점 워터슬라이드와 인공 파도타기에 도전할 수 있는 포인트 브레이크, 여유로운 레이지리버 등은 기본, 투숙객이라면 누구나 윈드서핑, 카약, 카누, 테니스, 양궁, 암벽 등반 등 40여 가지의 액티비티를 무료로 즐길 수 있다. 이외에도 신나는 클럽메이트 강습과 키즈 프로그램이 있어 액티비티를 좋아하는 활동적인 여행객, 어린이와 함께하는 여행객에게 적극 추천한다.

MAP p.88-E
찾아가기 가라판 비치로드, 산안토니오 비치
전화 +1 670-234-7976
요금 슈피리어 $360, 디럭스 $380, 오션 프런트 $400. 히비스커스 스위트 $900, 플레임트리 스위트 $1,200 ※세금이 포함된 가격으로 성수기에는 가격 변동 있음
체크인/아웃 15:00/12:00
이메일 reservations@picsaipan.com
홈페이지 www.picresorts.com

코럴 오션 리조트
Coral Ocean Resort

미국 PGA 프로 골퍼 래리 넬슨이 직접 디자인한 18홀의 골프 코스를 갖춘 럭셔리 골프 리조트. 코로나19 시기에 전면 리노베이션을 거쳐 2022년 1월에 새롭게 오픈했다. 디럭스 오션, 프리미어 오션, 프리미어 오션 코너, 투 베드룸 빌라 등 4가지 타입의 객실을 총 90개 보유하고 있다. 특히 독채로 이루어진 빌라는 푸른 바다와 골프 코스가 펼쳐지는 전망에 거실을 중심으로 침실 2개, 욕실 2개를 갖춰 6명까지 편안하게 이용 가능하다. 객실마다 넷플릭스와 유튜브 시청이 가능한 TV와 에어컨, 냉장고, 전기포트, 무료 와이파이 등을 갖췄다. 골프장 외에도 탁 트인 전망의 올레 레스토랑, 최대 수심 2m의 넓은 수영장, 비치 클럽, 클럽하우스, 컨퍼런스룸 등의 부대시설이 있고, 한국인 직원이 상시 대기하고 있어 불편함이 전혀 없다. 조용하고 아름다운 아긴간 비치를 따라 아침 산책을 하는 것도 리조트를 즐기는 좋은 방법!

MAP p.83-J
찾아가기 가라판 비치로드를 따라 사이판 남쪽 방향, Rte 304 As Gonno Rd를 따라 이동. 아긴간 비치
전화 +1 670-234-7000
요금 디럭스 오션 $330, 프리미어 오션 $350, 프리미어 오션 코너 $450, 투 베드룸 빌라 $1000, 세금 15% 별도
체크인/아웃 15:00/12:00
이메일 reservation@coraloceansaipan.com
홈페이지 www.coraloceansaipan.com/kr

아쿠아리우스 비치 타워 호텔
Aquarius Beach Tower Hotel

찰란카노아 비치와 산이시드로 비치가 한눈에 내려다보이는 12층 규모의 콘도형 호텔. 특급 리조트 못지않은 아름다운 전망과 깔끔한 객실로 인기가 높다. 스위트와 디럭스 스위트로 구성된 총 64개의 객실 모두 넓은 거실과 침실, 욕실, 주방을 갖췄다. 또 객실마다 TV, 에어컨, 냉장고, 전자레인지, 욕실용품 등이 구비되어 있으며 무료 와이파이가 가능하다. 마운틴 뷰 혹은 오션 뷰, 침실 수에 따라 요금이 달라진다. 옥상에는 바비큐 공간이 있어 바다를 바라보며 오붓한 식사를 즐길 수 있다.

MAP p.88-F
찾아가기 가라판 비치로드, 하와이 은행 옆
전화 +1 670-235-6025
요금 스위트 $120~175, 디럭스 스위트 $207~230
체크인/아웃 15:00/12:00
홈페이지 www.castleresorts.com

서프라이더 리조트 호텔
Surfrider Resort Hotel

사이판 남부, 비치로드에 위치해 접근성이 아주 좋은 4성급 호텔. 모던하고 깔끔하게 꾸며진 객실은 총 53개로 스탠더드, 디럭스, 이그제큐티브, 패밀리, 스위트 등으로 나뉜다. 객실마다 큼지막한 사이즈의 침대와 TV와 에어컨, 냉장고, 전기포트, 무료 와이파이 등을 마련했다. 특히 서프 클럽 2층에 자리한 거버너스 스위트룸은 탁 트인 바다와 마주보는 구조로 프라이빗 파티를 즐기기에도 안성맞춤. 조식과 다이닝은 그레이트 하베스트 베이커리와 서프 클럽이 책임진다.

MAP p.88-F
찾아가기 수수페 지역, 서프 클럽 맞은편에 위치
전화 +1 670-235-7873
요금 스탠더드 $138, 디럭스 $179, 이그제큐티브 $189, 스위트 $350, 거버너스 스위트 $720, 세금 15% 별도
체크인/아웃 15:00/12:00
이메일 reservation@saipansurfriderhotel.com
홈페이지 www.saipansurfriderhotel.com

퍼시픽 팜 리조트
Pacific Palm Resort

사이판 중심부에 위치한 콘도미니엄 스타일의 리조트. 현대적인 디자인의 단층 주택형 객실이 모두 35개로 스위트, 로열 스위트, 프리미엄 스위트룸으로 나뉜다. 각각 거실과 침실, 주방, 욕실 등을 갖췄고, TV와 에어컨, 냉장고, 전자레인지, 무료 와이파이 등이 마련되어 있다. 특히 프리미엄 스위트룸은 독립된 3개의 침실이 있어 가족 여행객이나 장기 투숙객에게 추천한다. 부대시설로는 레스토랑과 다이빙 전용 풀이 있는 수영장, 테니스장, 피트니스 센터, 바비큐 공간 등이 있다.

MAP p.83-G
찾아가기 찰란키자 지역, 가라판 미들로드와 Chalan Monsignor Guerrero가 만나는 지점, 주유소에서 Chalan Kiya Dr를 따라 왼쪽으로 이동
전화 +1 670-235-9981
요금 $140~350 체크인/아웃 15:00/12:00
이메일 ppr.reservaion@gmail.com

파라디소 리조트 & 스파
Paradiso Resort & Spa

2022년에 오픈한 리조트. 마리아나스 서던 에어웨이 항공사가 망고 리조트를 인수해 대대적인 리노베이션을 거쳐 슈피리어, 디럭스, 로열, 이그제큐티브 등 총 70개의 객실을 갖춘 리조트로 변신시켰다. 객실에는 TV와 에어컨, 냉장고, 전기포트, 욕실용품, 무료 와이파이 등이 마련되어 있고, 부대시설로 레스토랑과 스파, 해수를 사용한 2개의 수영장, 비치 발리볼 공간, 피트니스 센터를 갖췄다. 숙소와 가라판을 왕복하는 시내 셔틀 버스도 무료로 운영된다.

MAP p.83-J
찾아가기 Koblerville Rd에서 Figan Ln 안쪽에 위치
전화 +1 670-288-5555
요금 슈피리어 $140, 디럭스 $170, 로열 $200, 이그제큐티브 $250, 세금 15% 별도
체크인/아웃 15:00/12:00
이메일 help@tamkorea.co.kr
홈페이지 www.paradisosaipan.co.kr

카리스 풀 빌라
Karis Pool Villa

사이판 남부, 피나시수와 단단 지역 사이에 위치한 게스트 하우스. 번화가와 떨어져 있어 접근성이 좋진 않지만 넓고 깔끔한 객실과 다양한 부대시설이 이런 단점을 커버한다. 총 12의 객실은 모던, 프로방스, 내추럴 3가지 스타일이 있고, 방의 개수와 주방 유무에 따라 A, B, C 타입으로 나뉜다. 각각 TV, 에어컨, 냉장고, 전기포트, 욕실용품 등이 있으며, 무료 와이파이도 가능하다. 빌라 내에 수영장과 미니 놀이터, 레스토랑, 매점, 바비큐 공간을 갖췄고, 렌터카 운영과 옵션 관광도 자체적으로 진행한다.

MAP p.83-G
찾아가기 Koblerville Rd에서 Rte 37로 이동, 해피 마켓 지나서 위치
전화 +1 670-285-0741
(카카오톡 ID) hanfamily5
요금 2인실 $75~90, 4인실 $150
체크인/아웃 13:00/13:00
이메일 karissaipanusa@gmail.com

찰란카노아 비치 호텔
Chalan Kanoa Beach Hotel

찰란카노아 지역, 해변과 근접한 소규모 호텔. 수영장을 중심으로 총 28개의 객실이 자리하고, 가든 뷰, 가든 뷰 스위트, 풀 오션 뷰 스위트 등 3가지 타입으로 나뉜다. 거실, 침실, 욕실은 기본, 스위트룸의 경우에는 취사가 가능한 주방 시설이 있다. 각각 TV와 에어컨, 냉장고, 욕실용품 등을 갖췄고, 무료 와이파이가 가능하다. 이외 레스토랑 파이브-O와 테니스장 등의 부대시설이 있다.

MAP p.88-F
찾아가기 가라판 비치로드, 홉우드 중학교 근처
전화 +1 670-483-4305
요금 가든 뷰 $100, 가든 뷰 스위트 $120, 풀 오션 뷰 스위트 $140
체크인/아웃 14:00/12:00
이메일 ckbc1@pticom.com

위너스 레지던스
Winners Residence

장기 여행자 혹은 가족 단위 여행자에게 추천하는 레지던스 스타일의 숙소. 일반 객실은 물론 침실과 주방, 욕실, 베란다로 이루어진 아파트 구조의 객실 등 총 70개의 다양한 객실이 있다. TV와 에어컨, 냉장고, 전기포트, 욕실용품, 무료 와이파이 등을 갖췄고, 객실과 객실을 연결하는 커넥팅룸도 있다. 숙소 내에 롤러스케이트장, 노래방, 게임존, 승마장, 바비큐 공간 등이 있어 아이와 함께하는 여행자를 만족시킨다.

MAP p.88-E
찾아가기 산안토니오 지역, 비치로드에서 Rte 303으로 이동, 사이판 한인회 근처
전화 + 1 670-235-3313 (카카오톡 채널) 위너스레지던스
요금 더블 · 트윈 $75, 트리플 $85, 패밀리 $105, 원 베드룸 $110~120, 커넥팅룸 $190
체크인/아웃 14:00/12:00
이메일 winnersresidence@naver.com
홈페이지 www.saipanwinners.com

리스 컴포트 하우스
Lee's Comfort House

내 집처럼 편안한 공간을 추구하는 게스트 하우스로 4인실 7개, 6인실 5개, 총 12개의 객실을 갖췄다. 객실에서 넷플릭스와 유튜브 시청이 가능하고, 에어컨과 냉장고, 취사가 가능한 주방까지 마련되어 있다. 무엇보다 산안토니오 비치가 도보 3분 거리에 위치해 조용히 물놀이를 즐기기 좋다. 숙소에 블랙, 브라우니, 망고, 스노 등 네 마리의 강아지와 고양이가 있어 동물을 사랑하는 여행객에게 추천한다.

MAP p.88-E
찾아가기 산안토니오 지역, Kacho Ave에 위치
전화 +1 670-483-5114 (카카오톡 ID) kylsaipan66
요금 4인실 $120~130, 6인실 $140~150
체크인/아웃 14:00/12:00
이메일 kylsaipan@gmail.com

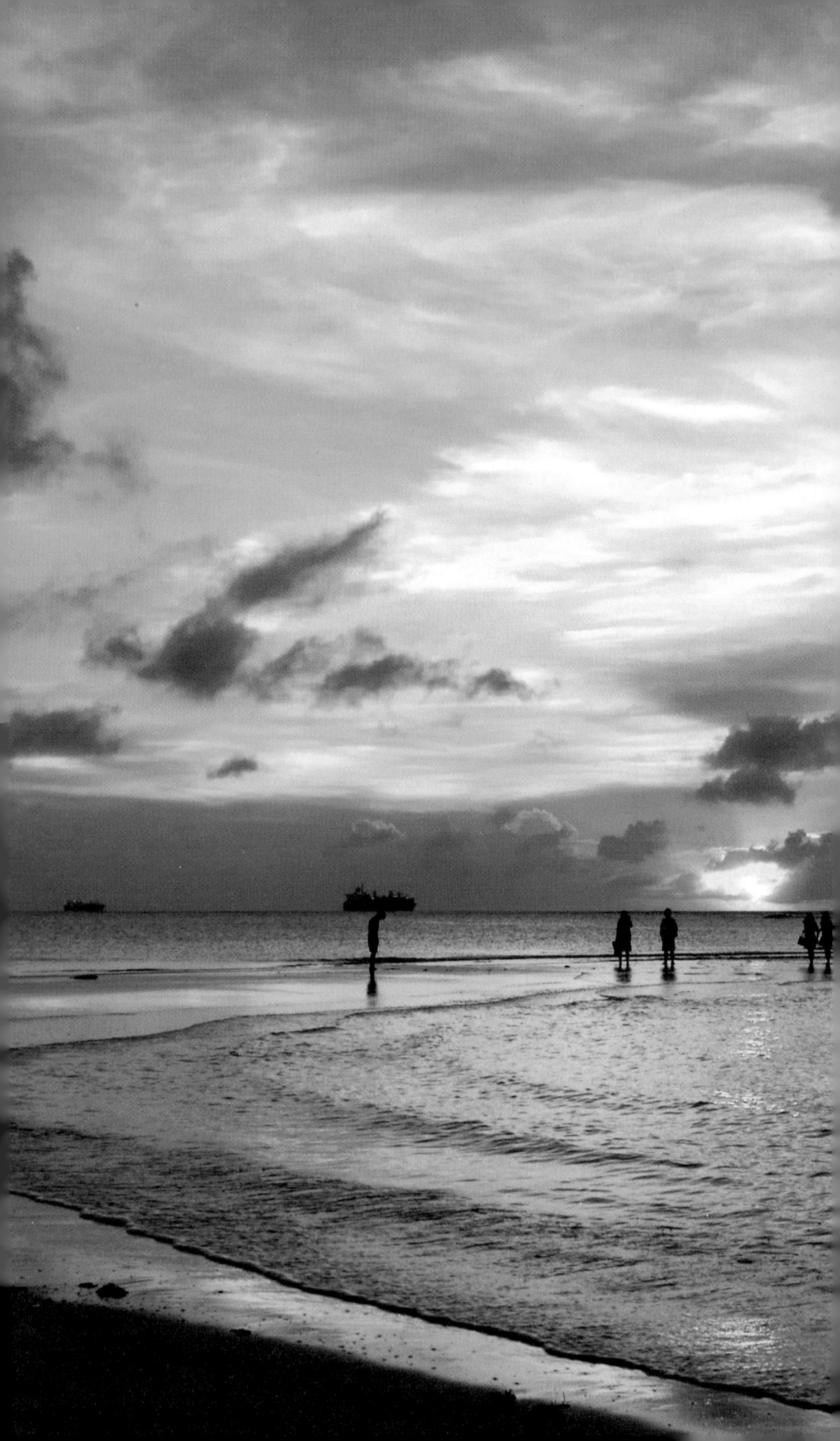

티니안
TINIAN

Hafa Adai
Welcome to
TINIAN

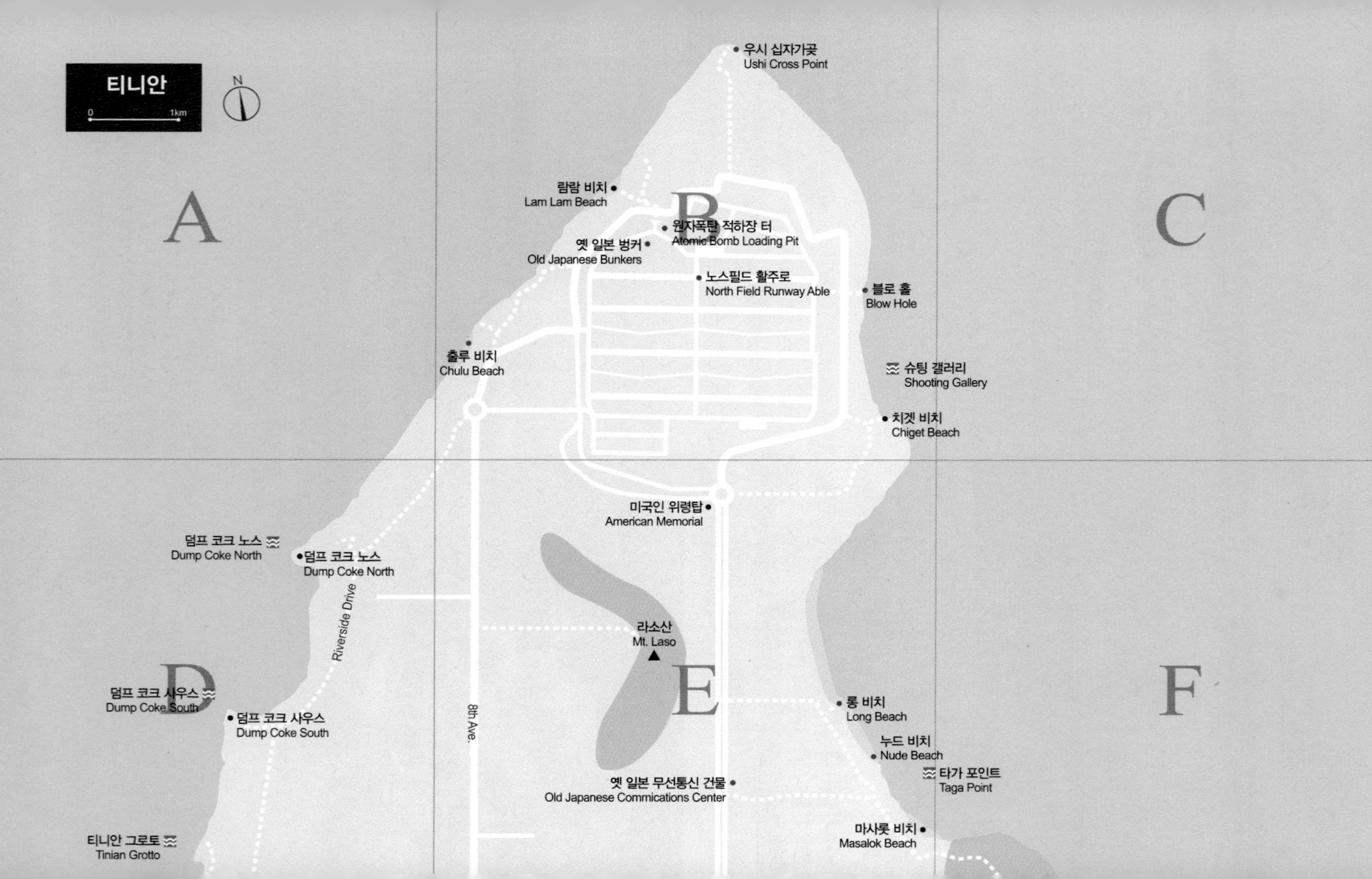

티니안
0
1km
N
A
B
C
D
E
F
우시 십자가곶
Ushi Cross Point
람람 비치
Lam Lam Beach
원자폭탄 적하장 터
Atomic Bomb Loading Pit
옛 일본 벙커
Old Japanese Bunkers
노스필드 활주로
North Field Runway Able
블로 홀
Blow Hole
출루 비치
Chulu Beach
슈팅 갤러리
Shooting Gallery
치겟 비치
Chiget Beach
미국인 위령탑
American Memorial
덤프 코크 노스
Dump Coke North
덤프 코크 노스
Dump Coke North
Riverside Drive
라소산
Mt. Laso
8th Ave.
덤프 코크 사우스
Dump Coke South
덤프 코크 사우스
Dump Coke South
롱 비치
Long Beach
누드 비치
Nude Beach
타가 포인트
Taga Point
옛 일본 무선통신 건물
Old Japanese Commications Center
마사롯 비치
Masalok Beach
티니안 그로토
Tinian Grotto

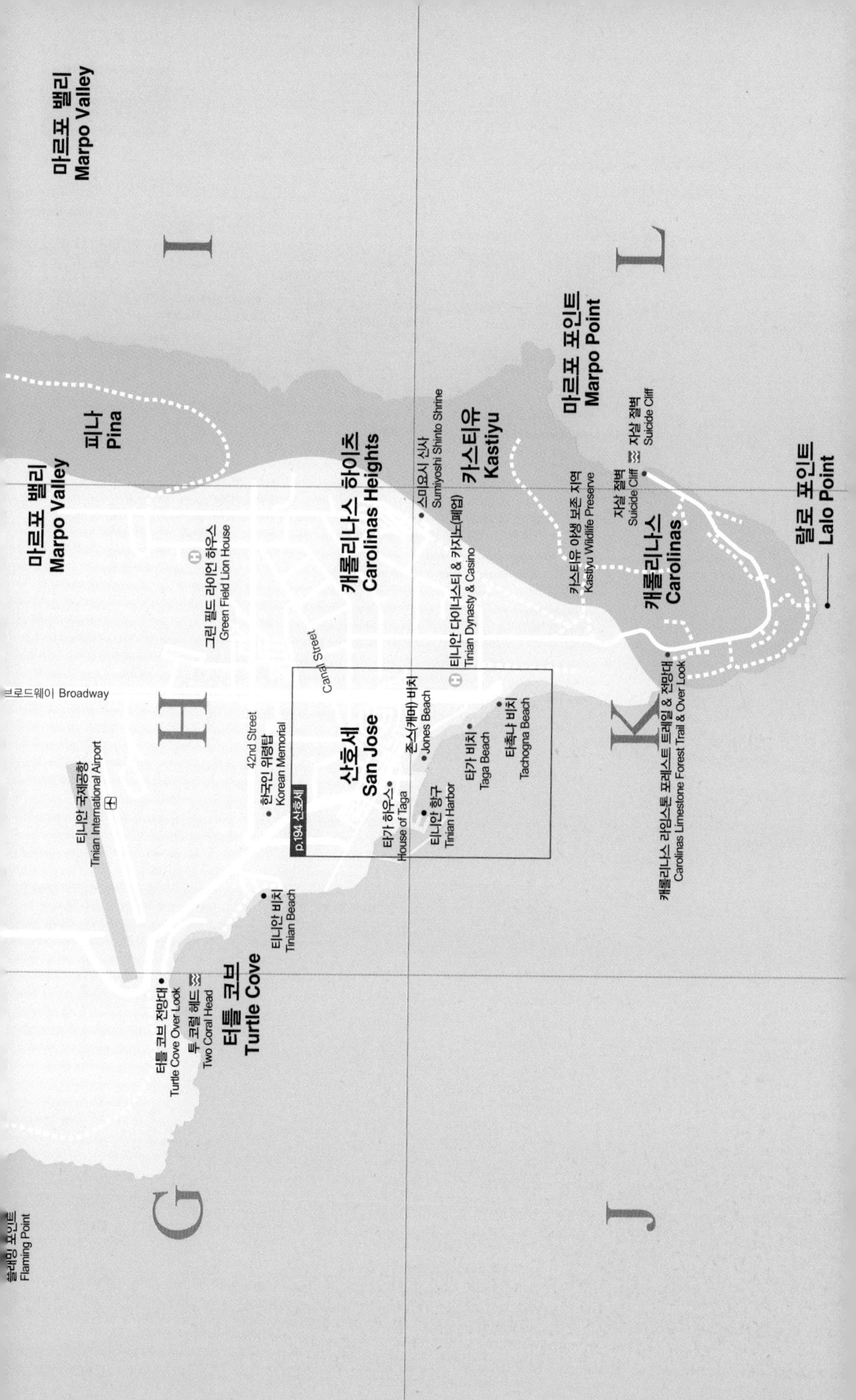

플래밍 포인트
Flaming Point

마르포 밸리
Marpo Valley

마르포 밸리
Marpo Valley

티니안 국제공항
Tinian International Airport

브로드웨이 Broadway

피나
Pina

G

H

I

터틀 코브 전망대
Turtle Cove Over Look

투 코럴 헤드
Two Coral Head

터틀 코브
Turtle Cove

그린 필드 라이언 하우스
Green Field Lion House

42nd Street

한국인 위령탑
Korean Memorial

티니안 비치
Tinian Beach

p.194 산호세

Canal Street

산호세
San Jose

캐롤리나스 하이츠
Carolinas Heights

타가 하우스
House of Taga

존스(캐머) 비치
Jones Beach

티니안 항구
Tinian Harbor

스미요시 신사
Sumiyoshi Shinto Shrine

티니안 다이너스티 & 카지노(폐업)
Tinian Dynasty & Casino

타가 비치
Taga Beach

카스티유
Kastiyu

타촉나 비치
Tachogna Beach

카스티유 야생 보존 지역
Kastiyu Wildlife Preserve

마르포 포인트
Marpo Point

J

K

L

자살 절벽
Suicide Cliff

자살 절벽
Suicide Cliff

캐롤리나스 라임스톤 포레스트 트레일 & 전망대
Carolinas Limestone Forest Trail & Over Look

캐롤리나스
Carolinas

랄로 포인트
Lalo Point

산호세
0
200m
N
A
B
C
D
E
F
티니안 가든 B & B
Tinian Garden B &
바-K-다이너
Bar-K-Diner
사이버 커피숍
Cyber Coffee Shop
럭키 창 마켓
Lucky Qiang Market
유 세이브 슈퍼마켓
U Save Supermarket
칸스 피자 하우스
Khan's Pizza House
케리다스 비비큐
Kerida's BBQ
티안 홍 마켓
Tian Hong Market
티니안 웨스턴
Tinian Western L
8th Ave.
플레밍 호텔
Fleming Hotel
산호세 교회 종탑
San Jose Church Old Bell Tower
소방서
로리 린 호텔
Lori Lynn Hotel
K 타운 커피
K Town Coffee
퀸스 바 & 레스토랑
Queen's Bar & Restaurant
티니안 다이아몬드 호텔
Tinian Diamond Hotel
JC. 카페
JC. Cafe
브로드웨이 Broadway
타가 하우스
House of Taga
타가 우물
Taga Well
티니안 게스트 하우스
Tinian Guesthouse
존스(캐머) 비치
Jones Beach
티니안 항구
Tinian Harbor
나티부 공원
Natibu Park
티니안 다이너스티 & 카지노(폐업)
Tinian Dynasty & Casino
타가 비치
Taga Beach
티니안 오션 뷰 호텔
Tinian Ocean View Hotel
타촉냐 비치
Tachogna Beach

티니안 들어가기

사이판 공항의 국내선 터미널에서 티니안 공항까지 매일 스타 마리아나스 에어(Star Marianas Air)가 운항한다. 6인용 경비행기로 15분 걸리며 왕복 요금은 $130. 한국인이 운영하는 여행사 굿투어를 이용할 경우 기존 스타 마리아나스 항공 스케줄 외에 원하는 시간대를 직접 선택해 예약할 수 있다.

티니안 국제공항
전화 +1 670-433-9294

스타 마리아나스 에어
전화 +1 670-433-9994/9996/9997/9998
이메일 reservations@starmarianasair.com
홈페이지 www.starmarianasair.com

Tip

경비행기는 무게에 민감하기 때문에 탑승 수속 카운터에서 부칠 짐과는 별도로 개인 몸무게를 체크한다. 기내용 짐을 든 상태에서 직접 저울에 올라가면 다른 승객들의 몸무게와 균형을 맞춰 좌석을 정하는 방식. 수속이 끝나면 색깔 번호표를 나눠주는데, 대기실에서 호명하는 색깔에 따라 공항 직원의 안내를 받아 탑승해야 한다.

● 운항 스케줄

스타 마리아나스 에어

사이판 → 티니안

출발	도착	운항
7:30	7:45	매일
8:00	8:15	매일
9:00	9:15	매일
10:00	10:15	매일
11:00	11:15	월~금요일
13:00	13:15	월~금요일
14:00	14:15	매일
15:00	15:15	매일
16:00	16:15	매일
17:00	17:15	매일

티니안 → 사이판

출발	도착	운항
8:00	8:15	매일
8:30	8:45	매일
9:30	9:45	매일
10:30	10:45	매일
11:30	11:45	월~금요일
13:30	13:45	월~금요일
14:30	14:45	매일
15:30	15:45	매일
16:30	16:45	매일
17:30	17:45	매일

※2023년 7월 기준, 항공사 사정에 따라 스케줄이 변경될 수 있으므로 출발 전에 다시 한 번 확인해야 한다.

티니안 시내 교통

티니안에는 대중교통이 없다. 공항이나 호텔에서 렌터카를 이용하거나 호텔에서 제공하는 픽업 서비스, 투어 상품 등을 이용해야 한다. 하루 렌터카 비용은 $50~90 정도.

렌터카 문의
티니안 굿투어 +1 670-433-1004
에이비스 AVIS +1 670-433-2847
아일랜더 Islander +1 670-433-3025

티니안의 축제

2월 티니안 핫 페퍼 페스티벌
2월 티니안 철인 3종 경기
5월 산호세 피에스타

타가 하우스 & 우물 ★★★
House of Taga & Well

고대 차모로 족장의 집

고대 차모로족의 독특한 건축양식을 볼 수 있는 티니안의 대표적인 유적지. 산호세 마을에 있는 이곳은 전설의 인물이자 고대 차모로족의 족장이었던 타가가 살던 집터이다. 예부터 원주민들은 라테 스톤에 반구형 돌을 올리고 그 위에 집을 짓고 살았는데, 타가 하우스의 기둥은 높이가 성인의 키를 훌쩍 뛰어넘는 4.6m에 달한다. 1742년 영국함 선원이 남긴 삽화에 처음 등장하는 이곳은 당시 12개의 라테 스톤이 6개씩 나란히 세워져 있었다고 전해진다. 하지만 전쟁과 태풍, 지진 등을 겪으면서 대부분이 무너진 상태. 현재 타가 하우스에는 단 1개의 기둥만 우뚝 서 있고 나머지는 쓰러진 채 흩어져 있다. 비록 옛 모습은 사라졌지만 라테 스톤의 높이와 크기만으로도 과거 어마어마했던 규모를 짐작케 한다. 타가 하우스에서 조금 떨어진 곳에는 고대 차모로족이 사용한 우물 터도 자리한다.

MAP p.194-C
찾아가기 산호세 마을 내

고대 차모로족의 건축양식인 라테 스톤의 위엄을 느낄 수 있는 유적지

타가 비치 ★★★
Taga Beach

왕족들의 전용 해변

티니안에서 가장 사랑받는 일몰 감상 포인트이자 현지인들의 편안한 놀이터. 고대 차모로족의 족장이었던 타가와 그의 가족만 들어갈 수 있었던 왕족 전용 해변으로, 작고 아담한 규모에 모래사장 뒤로 절벽이 병풍처럼 감싸고 있어 아늑한 분위기를 더한다. 타가 비치로 들어가려면 3m 높이의 절벽에서 뛰어내리거나 절벽에 설치된 간이 철 계단을 이용해야 하는데, 간혹 철 계단이 부식되어 위험할 수 있으니 조심해야 한다. 특히 해질 무렵에는 붉은 노을과 오버랩되는 어린아이들의 다이빙 묘기도 볼 수 있다.

MAP p.194-F
찾아가기 나티부 공원과 타촉냐 비치 사이

타촉냐 비치 ★★★
Tachogna Beach

해양 스포츠 천국

푸른 하늘이 거울에 비친 듯 환상적인 물빛을 자랑하는 해변. 타가 비치 남쪽에 자리한 해변으로 티니안섬 내에서 진행되는 해양 스포츠를 모두 책임진다. 천연 자연림과 고운 모래로 둘러싸여 있는 바다는 수심이 얕고 따뜻해 다양한 종류의 열대어가 서식한다. 덕분에 스노클링과 스쿠버 다이빙을 즐기기에 안성맞춤이다. 해변에 해양 스포츠 숍이 있어 바나나 보트, 제트 스키, 낚시, 호핑 투어 등을 바로 진행할 수 있고, 주말에는 피크닉과 바비큐를 즐기려는 현지인들과 어울리기 좋다.

MAP p.194-F
찾아가기 티니안 오션 뷰 호텔 앞

산호세 교회 종탑 ★★
San Jose Church Old Bell Tower

티니안의 랜드마크

17세기 말 스페인 통치 시대에 세운 높이 20m의 종탑. 티니안의 중심인 산호세 마을, 산호세 교회 앞에 자리한다. 태평양전쟁 당시 포격으로 종탑 일부분이 파괴되었고 탄흔도 여전하다. 교회는 마르시안 펠렛 신부가 1956년에 재건한 이후 꾸준히 보수 공사를 해 새 건물이나 다름없지만, 종탑은 전쟁의 아픔을 간직한 채 남아 있어 티니안의 상징이 되었다.

MAP p.194-A
찾아가기 산호세 마을 내

존스(캐머) 비치 ★
Jones Beach

푸른 바닷속 난파선

산호세 마을과 타가 비치 사이에 위치한 아담한 규모의 해변. 원래는 캐머 비치(Kammer Beach)였으나 티니안에서 목장과 농장을 운영하며 섬의 발전에 이바지한 사업가 케네스 토마스 존스 주니어를 기리기 위해 존스 비치로 이름을 바꾸었다. 왼편에는 난파선이 가라앉아 있고, 해변 너머에는 야생 염소만 사는 무인도인 고트 아일랜드가 자리한다. 난파선 주위로 열대어가 몰려들어 스노클링과 스쿠버 다이빙을 즐기기에도 적당하다.

MAP p.194-C
찾아가기 산호세 마을 내 티니안 항구 옆

한국인 위령탑 ★★
Korean Memorial

세상의 평화를 기원하다

제2차 세계대전 당시 희생된 한국인의 영혼을 달래기 위해 세워진 평화 기원 위령탑. 해외희생동포위령사업회가 1977년 12월에 세운 것으로 당시 티니안에서는 한국인의 유골이 무려 5,000여 구나 발굴되었다고 한다. 초록 빛깔 나무가 우거진 공원 내에 자리해 있으며 위령탑 옆에 한국인의 묘지도 있다.

MAP p.193-H
찾아가기 산호세 마을 위쪽, 8th Ave와 42nd St 사이

우시 십자가곶 ★
Ushi Cross Point

저 멀리 사이판이 다가온다

티니안섬 최북단에 위치한 곳. 티니안에서 사이판까지의 거리는 고작 8km로 이곳에 서면 바다 너머 사이판을 가장 가까운 거리에서 마주할 수 있다. 노스필드 활주로를 지나 험한 비포장도로를 한참 달려야 나오는데, 그 끄트머리에 하얀색 십자가와 작은 추모비가 나란히 자리해 있다. 이는 1974년과 1997년 각각 사이판으로 향하던 배가 전복되어 바다에서 사망한 사람들의 영혼을 기리기 위한 것이다.

MAP p.192-B
찾아가기 노스필드 활주로를 지나 섬 최북단

출루 비치 ★★
Chulu Beach

별 모양 모래를 찾아라

티니안섬 북서부에 위치한 한적한 해변. 제2차 세계대전 당시인 1944년 7월 미군이 첫 상륙한 장소로 랜딩 비치라고도 불린다. 한참을 걸어 들어가도 수심이 무릎 높이밖에 되지 않아 남녀노소 누구나 느긋하게 물놀이를 즐기기 좋다. 출루 비치가 사랑받는 이유는 이곳에서 희귀한 산호모래를 발견할 수 있기 때문. 산호모래는 잘게 부서진 산호가 바닷물과 모래에 깎이고 마모되어 별 모양이 된 것으로 해변의 모래를 한 움큼 집으면 쉽게 찾을 수 있다. 하지만 산호모래 반출은 정부에서 엄격하게 금지하고 있으니 주의할 것.

MAP p.192-B
찾아가기 섬 북서부

일본 무선통신 건물

미국인 위령탑

브로드웨이 Broadway ★

티니안 최고의 드라이브 코스

티니안 중심부를 직선으로 관통하는 도로. 티니안의 도로와 거리는 브로드웨이, 8번가, 2번가 등 미국 뉴욕의 거리 이름에서 따온 것이 많은데, 이는 티니안섬 모양이 뉴욕 맨해튼과 비슷해 미군들이 이름 붙였기 때문이다. 남쪽에서부터 북쪽까지 시원하게 뻥 뚫린 브로드웨이를 중심으로 제2차 세계대전 당시의 일본 무선통신 건물, 전쟁에서 사망한 미국인들을 추모하는 위령탑 등 전쟁의 아픈 흔적을 찾아볼 수 있다.

MAP p.192-E, p.193-H
찾아가기 섬 중심부, 메인 로드

노스필드 활주로 North Field Runway Able ★

버려진 역사의 한 조각

티니안섬 북쪽에 일본 통치 시대에 만든 활주로. 원래는 사탕수수 수출을 목적으로 건설했지만, 제2차 세계대전 당시 미군이 전세를 잡고 확장시키면서 세계 최대 규모이자 가장 바쁜 비행장이 되었다. 활주로는 총 4개이고 길이 2.4km, 폭 20m이다. 노스필드 내에는 전쟁 때 미군과 일본군이 사용한 항공 관리 건물, 방공호, 탄약 창고 등이 폐허가 된 채 남아 있다.

MAP p.192-B
찾아가기 섬 북부, 브로드웨이 방향으로 이동

원자폭탄 적하장 터 Atomic Bomb Loading Pit ★

지구를 뒤흔들다

제2차 세계대전 당시 노스필드 비행장에 설치한 인류 최초의 원자폭탄 보관소. 크기 3×5m, 깊이 2.5m인 이곳에 보관되었던 2개의 원자폭탄 리틀보이와 팻맨이 B-29 폭격기에 탑재되어 1945년 8월 6일과 9일 각각 일본 히로시마와 나가사키에 투하되었다. 널찍한 콘크리트 대지에 덩그러니 남은 적하장 터는 당시의 상황을 사진과 기록으로 전하고 있다.

MAP p.192-B
찾아가기 섬 북부, 노스필드 비행장 내

블로 홀 ★★★
Blow Hole

하늘을 향해 뿜어져 오르는 시원함

티니안 북동부, 사이판이 바라다보이는 해안에 고래 구멍이라는 뜻의 블로 홀이 자리해 있다. 산호초로 이루어진 바위 사이로 작은 구멍이 뚫려 있는데, 파도가 칠 때마다 구멍을 통해 고래가 숨 쉬듯 물줄기가 치솟아 오른다. 파도가 세면 물줄기도 더 높아져 무려 10m까지 수직으로 뿜어져 오르기도 하니 천연 분수가 따로 없다. 블로 홀 바로 옆에는 바닷물이 고여 생긴 천연 풀장도 있지만 워낙 파도가 위험해 수영은 금지되어 있다. 주변 지형 또한 거칠고 날카로운 산호초로 이루어져 있어 운동화를 신고 다니는 것이 좋다.

MAP p.192-B
찾아가기 섬 북동부

치겟 비치 ★
Chiget Beach

꽁꽁 숨겨둔 히든 플레이스

티니안 북동부에 위치한 작고 아담한 해변. 제2차 세계대전의 현장이자 1994년까지 군사 훈련시설로 사용되어 그동안 일반인의 출입을 막고 현장 조사를 실시했으나, 안전하다는 판단 하에 2022년부터 재개방했다. 바다에서 육지 방향으로 움푹 들어온 좁고 아늑한 지형으로 해변을 감싸는 풍경이 무척 아름답다. 물살이 잔잔해 남녀노소 안전하게 물놀이를 즐길 수 있고, 밀물과 썰물에 따라 독특한 바위들이 모습을 드러낸다.

MAP p.190-B
찾아가기 섬 북동부

롱 비치 & 누드 비치 ★★
Long Beach & Nude Beach

길고 긴 바다, 바다, 바다

티니안 북동부에 자리한 롱 비치. 원래 '단쿠로'라는 이름이 있지만 300m 길이로 쭉 뻗은 모래사장 덕분에 롱 비치로 더 많이 알려져 있다. 수영과 스노클링을 즐기기에 안성맞춤. 단, 그늘이 없어 장시간 머물려면 그늘막 텐트를 준비하는 것이 좋다. 롱 비치 오른쪽 끝에는 성인 1명이 겨우 비집고 들어갈 만한 좁은 바위틈이 있는데, 그 틈을 통과하면 누드 비치가 나온다. 작고 아담한 규모에 인적이 드물어 오붓한 시간을 보내기 좋고, 별 모양의 산호모래도 찾을 수 있다. 자유 여행이 힘들다면 ATV 프로그램에 참여할 것. 롱 비치, 누드 비치, 마사롯 유적지까지 사륜구동 오토바이를 타고 달리는 투어가 가능하다.

MAP p.192-E
찾아가기 브로드웨이에서 Unai Dankulo 표지판이 나오면 우회전

길고 긴 롱 비치

프라이빗한 누드 비치

캐롤리나스 라임스톤 포레스트 트레일 ★
Carolinas Limestone Forest Trail

티니안 최고의 산책로

티니안 남부의 캐롤리나스 구릉지대에 위치한 트레킹 코스. 타가 비치와 존스(캐머) 비치, 티니안 항구 등이 훤히 내려다보이는 전망대를 시작으로 때 묻지 않은 천연 자연림 코스가 펼쳐진다. 우거진 나무 숲길은 석회암 절벽과 동굴 등으로 연결되는데, 특히 동굴 안에는 제2차 세계대전 당시 일본군이 사용한 물건들이 남아 있다. 트레킹 코스의 종착역은 원래 티니안 최남단 바다였지만 날카로운 산호초로 길이 위험해 막아두었다. 산림욕을 즐기며 가볍게 산책하기 좋은 왕복 30분 코스도 있으나, 워낙 인적이 드문 곳이라 다른 사람과 짝을 이뤄 이동하는 것이 안전하다.

MAP p.193-K
찾아가기 섬 남부, 자살 절벽으로 가는 길에 위치

자살 절벽 ★★
Suicide Cliff

전쟁, 처절한 아픔의 현장

사이판의 자살 절벽, 만세 절벽과 마찬가지로 티니안에도 자살 절벽이 있다. 티니안 남동부, 캐롤리나스 라임스톤 포레스트 전망대를 지나 도로 끝까지 달리면 등장하는 150m 높이의 깎아지른 절벽. 푸른 바다 너머로 악어 입처럼 돌출된 마르포곶(Marpo Point)이 한눈에 펼쳐지는 아름다운 풍경이지만 제2차 세계대전 당시 패망을 앞둔 일본인을 비롯해 강제로 끌려온 한국인과 오키나와, 동남아시아 사람들이 미군에 항복하지 않고 바닷속으로 뛰어내린 곳이다. 아찔한 자살 절벽 뒤로는 병풍처럼 거대한 돌산이 드리워져 있는데, 포탄의 흔적과 일본군이 숨어 끝까지 저항했던 동굴이 보인다. 현재 자살 절벽은 공원으로 깔끔하게 조성되어 있고, 주변에 크고 작은 위령비가 많다.

MAP p.193-L
찾아가기 캐롤리나스 라임스톤 포레스트 전망대를 지나 도로가 끝나는 지점

세계 평화를 기원하는 기념비

스미요시 신사 ★
Sumiyoshi Shinto Shrine

고요한 과거의 기억

일본 통치 시대에 티니안에 거주하던 일본인들이 세운 신사. 숲속 깊숙한 곳에 있어 나무가 우거진 곳에 나 있는 비포장도로를 뚫고 들어가야 한다. 제2차 세계대전 때 파괴되었다가 재건한 것으로 티니안에 남아 있는 신사 중 가장 보존 상태가 좋다. 도리이, 고마이누, 본당 등 전형적인 신사의 구조를 갖췄으며, 방문하는 사람이 드물어 방치된 느낌이지만 우거진 숲과 초록 빛깔 이끼가 어우러져 신비로운 느낌을 준다.

MAP p.193-K
찾아가기 섬 남부, 캐롤리나스 언덕 근처

Special TINIAN

티니안의 옵션 투어

스쿠버 다이빙

티니안 역시 사이판 못지않은 다이빙 천국. 연중 따뜻하고 온화한 날씨에 해양 생태계가 잘 보존되어 있어 아름다운 산호초와 열대어, 바다거북 그리고 제2차 세계대전 당시 버려진 전쟁 잔해 등을 볼 수 있다. 체험 다이빙은 타촉나 비치에서 진행하며, 펀 다이빙은 티니안과 고트 아일랜드 근처의 다이빙 스폿에서 가능하다. 요금은 체험 다이빙 $50~60, 비치 다이빙 $40이며 보트 다이빙은 공기탱크 2개를 포함해 $140~180 정도. 사이판에 머무르는 경우에도 보트 다이빙을 예약하면 티니안까지 이동해 다이빙 체험을 할 수 있다.

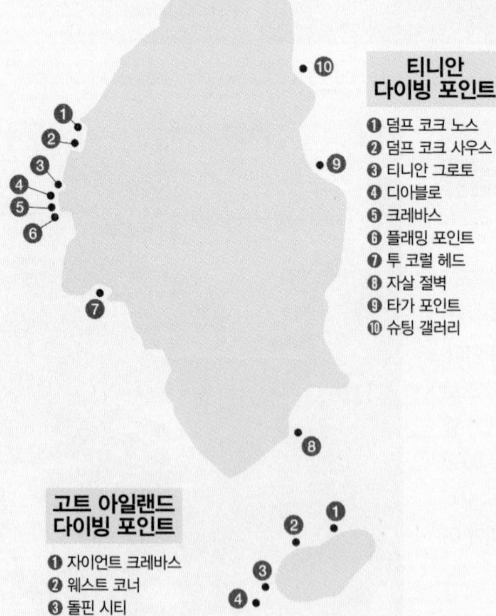

추천 업소

블루 오션 티니안 프로 다이빙
Blue Ocean Tinian Pro Diving

오랜 세월 티니안에 거주하며 실력을 쌓은 한국인 다이버가 오픈한 다이빙 숍. 펀 다이빙을 비롯해 비치 다이빙, 보트 다이빙, 다이버 마스터 교육 다이빙, 다이버들을 위한 3박 4일, 4박 5일 패키지 프로그램까지 다양하게 갖췄다.

전화 +1 670-287-0843
(카카오톡 ID) divetinian
이메일 tiniandiver2@gmail.com

티니안의 인기 다이빙 스폿

덤프 코크 Dump Coke

티니안 북서부에 위치한 다이빙 스폿으로 수심 10~30m. 제2차 세계대전이 끝난 후 쓸모없어진 전쟁용품과 콜라병 등을 버린 장소라고 해서 덤프 코크라는 이상한 이름이 붙었다. 실제 물속에 들어가면 낡고 부식된 비행기 엔진과 프로펠러, 탄약, 탱크 잔해가 열대어와 어우러져 있다.

티니안 그로토 Tinian Grotto

사이판보다 규모는 작지만 티니안에도 그로토가 있다. 신비로운 푸른 빛깔이 감도는 동굴 사이를 드나들고, 수심 50m 이상 깊은 바닥을 내려다볼 수 있는 포인트. 동굴 위로 보글보글 올라오는 공기 방울을 보는 것도 재미있다.

플래밍 포인트 Flaming Point

깎아지른 수직 절벽을 따라 이동하는 포인트. 조류가 있고 최고 수심이 60m에 이르기 때문에 부력 조절과 한계 수심 체크가 필수이다. 거대한 부채산호와 바다거북, 상어, 그루퍼 등을 만날 수 있다.

투 코럴 헤드 Two Coral Head

거대한 산호 리프 2개가 마주하고 있는 다이빙 스폿. 수심 12~18m. 시야가 맑고 투명하며 열대어가 많아 먹이를 주기에도 좋다. 터틀 코브와 연결되며 바다거북도 자주 나타난다.

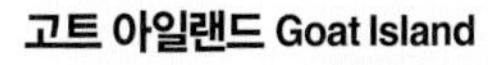

고트 아일랜드 Goat Island

티니안 아래쪽에 야생 염소가 서식하는 작은 섬. 사람의 발길이 드물어 천연 그대로의 바다 세상을 구경할 수 있다. 그로토를 비롯해 자이언트 크레바스, 드롭 오프, 돌핀 시티, 샤크 포인트 등의 포인트가 있고, 수심 45m 이상 바닥까지 내려다보인다. 파도가 잔잔한 5~10월에 다이빙이 가능하다.

티니안 섬투어

사이판에서 경비행기를 타고 출발해 종일 티니안을 둘러보고 다시 사이판으로 돌아오는 당일 여행 프로그램. 대중교통이 없는 티니안에서 섬을 가장 쉽고 편하게 탐험하는 투어다. 티니안의 대표 관광 명소인 타가 하우스, 블로 홀, 출루비치, 브로드웨이, 전쟁 관련 스폿 등을 방문하고, 타촉냐와 타가 비치에서 자유로운 휴식과 스노클링, J.C.카페에서의 점심 식사도 포함되어 있다. 코스 외에 가보고 싶은 곳이 있다면 가이드에게 알릴 것. 친절한 설명과 함께 안내가 가능하다. 왕복 경비행기와 투어 비용을 모두 합해 $160~170 정도.

낚시

티니안에서는 덤프 코크 노스 지역에서 진행하는 갯바위 낚시 프로그램이 인기 있다. 정글을 헤치고 들어가 깎아지른 절벽 위에서 낚시를 즐기는데, 3시간 정도 소요되며 바비큐 식사가 포함된다. 요금은 $60~80. 대어를 낚고 싶다면 차터 보트를 빌려 바다로 나가야 한다. 트롤링 낚시나 보텀 피싱의 경우 1대의 보트에 6인까지 탑승이 가능하고 요금은 $350~450 정도.

ATV

사륜구동 오토바이 ATV를 타고 오프로드를 달려 티니안 구석구석을 돌아보는 투어. 티니안의 ATV 코스는 크게 두 가지로 롱 비치, 누드 비치, 마사롯 유적지, 원주민 문화 체험 등이 포함된 북동부 코스, 그리고 티니안 비치, 터틀 코브 전망대, 일본군이 벙커로 사용했던 동굴 등이 포함된 남서부 코스가 있다. 헬멧과 보호대 착용은 필수. 약 2시간 정도 걸리며, 요금은 $70 정도.

스노클링

맑고 투명한 바다 덕분에 365일 스노클링하기 좋은 티니안. 섬에는 타촉냐 비치를 비롯해 타가·존스(캐머)·티니안·출루·롱 비치 등이 있고, 스노클링 장비 대여는 해양 스포츠 숍이 있는 타촉냐 비치에서만 가능하다. 투어 상품은 산호 스노클링과 거북이 스노클링으로 나뉘는데, 각각 거대한 산호 군락지 혹은 바다거북 출몰 지역이 메인이다. 특히 거북이 스노클링은 수심 20~30m 지역으로 이동해 바다거북과 함께 수영하는 체험을 할 수 있다. 요금은 $45~60.

호핑 투어

티니안 호핑 투어는 스노클링과 보텀 피싱을 결합한 상품이다. 거대한 산호 군락지 위를 헤엄치고 바다낚시까지 즐길 수 있으니 일석이조. 직접 잡은 싱싱한 물고기는 즉석에서 회를 쳐 맛볼 수도 있다. 약 1시간 30분 걸리고, 요금은 $70 정도.

산호세 마을의 일반 마트

유 세이브 슈퍼마켓
U Save Supermarket

MAP p.194-B
전화 +1 670-433-0105
영업 06:30~24:00

럭키 창 마켓
Lucky Qiang Market

MAP p.194-B
전화 +1 670-433-8668
영업 06:30~24:00

티안 홍 마켓
Tian Hong Market

MAP p.194-B
전화 +1 670-433-3735
영업 06:00~24:00

JC. 카페
JC. Cafe

티니안을 대표하는 로컬 레스토랑. 마땅히 먹을 곳이 없는 티니안에서 현지인의 음식 문화를 가장 잘 엿볼 수 있는 공간으로 '2023 베스트 오브 마리아나스 티니안 최고의 레스토랑'에 선정되었다. 실내로 들어가면 가라오케 무대를 갖춘 메인 홀과 단체 손님을 위한 공간, 작은 게임 머신 룸 등이 마련되어 있다. 메뉴는 차모로 요리부터 필리핀식, 아메리칸, 퓨전 등으로 다양하다. 가볍게 즐길 수 있는 브렉퍼스트 메뉴부터 햄버거, 치킨, 앵거스 비프스테이크, 김치 볶음밥, 누들, 해산물 요리까지 갖춰 이른 아침부터 점심, 저녁까지 세 끼 식사를 다채롭게 즐길 수 있다. 필리핀 출신의 주인장 덕분에 크리스피 파타, 레촌 카왈리 등 필리핀식 돼지고기 요리가 수준급이고, 바삭하게 튀긴 프라이드치킨 역시 인기 있다. 밤에는 치맥과 가라오케를 즐기려는 손님으로 북적거린다.

MAP p.194-D
찾아가기 산호세 마을 내
전화 +1 670-433-3412~3413
영업 06:00~22:00
예산 메인 메뉴 $12~30, 음료 $3.25~10

프라이드치킨 & 부리토

바-K-다이너
Bar-K-Diner

티니안 웨스턴 로지 1층에 위치한 캐주얼한 레스토랑. 서부 개척시대 카우보이를 연상시키는 인테리어에 4인용 테이블이 7개 남짓 놓였다. 서양식 스테이크와 버거, 로컬의 입맛을 고려한 해산물 요리, 필리핀의 카레카레, 한국의 불고기덮밥 등 아시안 요리까지 올 데이 다이닝 메뉴를 선보인다. 샌드위치, 부리토, 라이스 볼 등 간단한 브렉퍼스트 메뉴와 도시락 픽업은 드라이브 스루로도 이용 가능하다. 맥주와 와인, 보드카, 위스키, 칵테일 등 다양한 주류가 구성되어 저녁에는 술을 즐기기에도 안성맞춤이다.

코리안 불고기 & 밥스빅 버거

MAP p.194-B
찾아가기 브로드웨이와 Canal St가 만나는 지점
전화 +1 670-433-0045
영업 07:00~14:00, 16:30~21:00
예산 메인 메뉴 $5.95~32.95 음료·주류 $2.50~8

칸스 피자 하우스
Khan's Pizza House

한때 티니안 맛집으로 인기를 끌었던 몬스터 피자 출신 셰프가 오픈한 가게. 몬스터 피자는 사이판으로 이전했지만 그 맛은 칸스 피자 하우스로 이어진다. 콤비네이션, 하와이안, 시푸드, 치즈, 하랄, 베지테리언 등 다양한 피자가 있고, 페퍼로니, 소시지, 살라미, 햄 등 원하는 토핑을 자유롭게 추가할 수 있다. 1인 운영 시스템으로 직접 도우를 반죽하고 피자를 오븐에 구워 만들기 때문에 시간은 다소 걸리지만 맛은 보장한다. 피자 외에도 버거, 치킨, 타코, 스파게티 등의 메뉴가 있다.

MAP p.194-B
찾아가기 산호세 마을 내
전화 +1 670-433-5426
영업 15:00~22:00
예산 메인 메뉴 $6~25, 음료 $3~6

하와이안 피자

퀸스 바 & 레스토랑
Queen's Bar & Restaurant

레스토랑과 바, 가라오케, 나이트클럽을 모두 충족시키는 공간. 조선족 출신의 주인장이 운영하는 곳으로 야외 테이블은 식사와 바비큐 공간, 실내는 흥겨운 가라오케와 나이트클럽으로 꾸며져 있다. 햄버거와 라면, 우동을 비롯해 술에 곁들여 먹기 좋은 치킨, 룸피아, 쇠고기볶음, 오징어튀김, 크리스피 파타 등의 메뉴를 갖췄다. 바비큐 메뉴로는 삼겹살과 곱창 요리가 있다.

MAP p.194-C
찾아가기 산호세 마을 내
전화 +1 670-433-5786 영업 08:00~22:00
예산 메인 메뉴 $12~18, 음료 · 주류 $3~8

케리다스 비비큐
Kerida's BBQ

티니안 산호세 마을에서 터줏대감과 같은 식당. 이른 아침부터 오픈해 현지인들의 간단한 식사와 도시락 등을 책임지고 케이터링 서비스도 제공한다. 아침과 점심에는 뷔페 스타일로 채소볶음, 고기볶음, 국, 튀김 등 원하는 반찬을 선택해 먹을 수 있고, 저녁에는 바비큐 공간으로 변신한다. 돼지고기, 쇠고기, 닭고기 등의 꼬치 가격은 $1.25~1.75. 삼겹살과 곱창도 있으며, 가격이 저렴해 술안주로도 인기가 높다.

MAP p.194-B
찾아가기 산호세 마을 내
전화 +1 670-433-5786
영업 월~금요일 06:00~13:00, 17:30~21:00, 토요일 17:30~21:00
휴무 일요일
예산 메인 메뉴 $3.50~10

K 타운 커피
K Town Coffee

티니안에서 나고 자란 한국인 청년이 오픈한 티니안 유일의 카페. 드라이브 스루 전용으로 시작해 2023년 가을부터 편안한 실내 매장도 마련했다. 아메리카노, 라테, 모카, 캐러멜 마키아토 등 다양한 커피 메뉴가 있고 피치, 라즈베리, 패션프루트 등 맛과 향을 선택 가능한 아이스티, 오가닉티 등을 제공한다. 매주 목요일과 금요일에는 아이스티를 포함한 스페셜 런치 메뉴를 $8에 맛볼 수 있다.

MAP p.194-D
찾아가기 산호세 마을 내
영업 월~금요일 07:00~15:30, 토요일 08:30~14:00
예산 스몰 푸드 $1.25~3.25
음료 $3.75~6.50

Special TINIAN

티니안 기념품, 뭘 사면 좋을까?

1 도니 살리 핫 페퍼 소스

2 티니안 글자를 넣은 티셔츠와 티니안 풍경이 담긴 엽서

3 티니안 여행을 기념하는 모자

4 청정 지역 티니안의 코코넛으로 만든 100% 핸드메이드 코코넛 오일

5 I♥TINIAN 로고가 박힌 작고 앙증맞은 컵받침 세트

6 티니안을 상징하는 그림으로 만든 스티커와 자석

도니 살리 핫 페퍼
Doni Sali Hot Pepper

티니안에서 놓치지 말아야 할 맛에는 티니안 최고의 특산품 도니 살리가 빠질 수 없다. 매년 2월 티니안 핫 페퍼 페스티벌이 열릴 만큼 유명한 도니 살리는 한국의 청양고추보다 5배 매운 고추로 작은 고추가 맵다는 말을 실감케 한다. 맵고 얼큰한 맛을 좋아하는 한국인에게 안성맞춤. 고추를 다져놓은 칠리소스는 마트에서 쉽게 구입할 수 있다.

티니안 숙소

티니안 웨스턴 로지
Tinian Western Lodge

2021년 티니안에 오픈한 독특한 콘셉트의 호텔. '웨스턴 로지'라는 이름처럼 옛 서부영화의 한 장면을 연상시키는 인테리어가 시선을 사로잡는다. 총 9개의 객실의 침구와 커튼, 장식품 등이 모두 서부 개척시대 말을 타고 황야를 달리는 카우보이를 테마로 하고 있다. TV와 에어컨, 냉장고, 전기포트, 욕실용품, 무료 와이파이 등을 제공한다. 호텔 1층에 캐주얼 레스토랑 바-K-다이너가 위치하고, 넓은 정원과 공용 공간, 셀프 세탁 공간도 마련되었다. 객실과 렌터카를 결합한 실속 만점 프로모션을 자주 진행하니 미리 체크할 것.

MAP p.194-B
찾아가기 브로드웨이와 Canal St가 만나는 지점
전화 +1 670-433-0044
요금 1인 $120, 2인 $150, 세금 15% 별도
체크인/아웃 12:00/12:00
이메일 reservation@tinianwesternlodge.com
홈페이지 www.tinianwesternlodge.com

티니안 가든 B & B
Tinian Garden B & B

2022년에 오픈한 티니안 가든 B & B. 평범했던 대저택을 개조해 공용으로 사용하는 널찍한 거실과 라운지, 주방, 세탁실, 6개의 객실을 갖춘 숙소로 바꿨다. 객실은 2개의 퀸 베드룸과 4개의 트윈 베드룸이 있고, 각기 다른 컬러와 인테리어, 장식품으로 꾸며 현지의 고급 주택에 머무는 느낌이다. 객실마다 TV와 에어컨, 냉장고, 무료 와이파이 등을 제공하고, 개인 욕실도 갖추고 있다. 조식은 바-K-다이너에서 오전 7시부터 11시까지 $10에 제공한다.

MAP p.194-B
찾아가기 브로드웨이와 Canal St가 만나는 지점
전화 +1 670-433-0044
요금 1인 $120, 2인 $150, 세금 15% 별도
체크인/아웃 12:00/12:00
이메일 reservation@tiniangardenbnb.com
홈페이지 www.tiniangardenbnb.com

티니안 다이아몬드 호텔
Tinian Diamond Hotel

산호세 마을에 2020년 오픈한 호텔. 티니안의 파란 하늘과 대비되는 밝은 노란색 건물로 스탠더드, 슈피리어, 킹, 퀸, 더블 스위트, 트리플 스위트 등 총 17개의 객실을 갖췄다. 모든 객실은 바다 전망이라 발코니에 앉아 여유롭게 휴식을 취하기 좋다. TV와 에어컨, 냉장고, 전기포트, 욕실용품, 무료 와이파이 등을 갖췄고, 조식은 별도 주문이 가능하다. 티니안 다이아몬드 호텔은 앞으로 카지노와 VIP 숙박시설을 갖춘 호텔로 영역을 넓힐 계획이다.

MAP p.194-C
찾아가기 산호세 마을 내
전화 +1 670-433-1575
요금 스탠더드 $137, 킹·퀸 $164, 더블 스위트 $273, 트리플 스위트 $478
체크인/체크아웃 15:00/12:00
이메일 tdh.reservation@us_big.com
홈페이지 www.tiniandiamondhotel.com

티니안 오션 뷰 호텔
Tinian Ocean View Hotel

2017년 6월에 오픈한 호텔. 강렬한 블루 컬러의 조립식 건물로 가든 뷰, 오션 뷰 등 총 19개의 객실을 갖췄다. 객실은 긴 직사각형 형태로 TV와 에어컨, 냉장고, 전기포트 등이 있고, 무료 와이파이를 제공한다. 일반 객실의 경우, 1층 공용 공간에 마련된 커피 메이커, 토스터, 전자오븐 등을 사용할 수 있고, 패밀리와 스위트룸은 객실 내에 주방이 있어 자유롭게 취사가 가능하다. 무엇보다 타촉냐 비치 바로 앞에 위치해 조용하게 물놀이를 즐기기 좋다.

MAP p.194-F
찾아가기 타촉냐 비치 앞
전화 +1 670-488-2997
요금 가든 뷰 $90, 오션 뷰 $130, 패밀리 $220, 스위트 $210~220
체크인/아웃 14:00/12:00
이메일 tinianhotel2017@gmail.com
홈페이지 www.tinianoceanviewhotel.com

플레밍 호텔
Fleming Hotel

산호세 마을에 위치한 작고 아담한 호텔. 한동안 티니안 다이너스티 리조트 & 카지노에 근무하는 직원의 숙소 겸 티니안에 주둔하는 미군의 숙소로 운영되었다. 객실은 총 6개이며, 모두 같은 규모로 각각 2개의 놓여 있다. TV는 없지만 에어컨과 냉장고, 무료 와이파이를 갖췄으며, 호텔 로비에 생필품을 구입할 수 있는 작은 가게가 있다. 마을 한복판에 위치해 이동이 편리하다.

MAP p.194-A
찾아가기 산호세 마을 내
전화 +1 670-483-0174
요금 $87~95
체크인/아웃 14:00/14:00
이메일 tourific.tinian@gmail.com

로리 린 호텔
Lori Lynn Hotel

중국인 부부가 운영하는 산호세 마을의 호텔. 그리스 산토리니를 연상시키는 블루 & 화이트 컬러 외관에 나무가 우거진 정원을 중심으로 총 27개의 객실이 'ㅁ' 자형 구조로 배치되어 있다. 객실은 TV와 에어컨, 냉장고, 욕실용품 등을 갖췄고, 공항 픽업 서비스를 $5에 제공한다. 최근 기존 건물 근처에 일반 가정집을 개조한 별도의 객실을 마련해 2인, 4인은 물론 단체 여행객까지 충분히 이용할 수 있다.

MAP p.194-B
찾아가기 산호세 마을 내
전화 +1 670-433-3256
요금 $70
체크인/아웃 14:00/12:00
이메일 llorilynns88@yahoo.com

티니안 게스트 하우스
Tinian Guest House

현지 한국인 여행사 굿투어에서 운영하고 있다. 작은 단독주택형 객실로 더블 베드와 2단형 싱글 베드가 놓여 최대 4인까지 머물 수 있다. TV와 에어컨, 냉장고, 전자레인지, 욕실용품 등을 갖췄고, 객실 앞에 작은 바비큐 공간이 마련되어 자유롭게 프라이빗 파티를 즐길 수 있다. 숙소 앞으로 존스(캐머) 비치가 펼쳐지고, 조금만 걸어가면 타가 비치와 타촉냐 비치까지 이어진다. 굿투어와 연계한 객실 & 렌터카 결합 상품이나 다양한 티니안 투어 프로그램을 이용할 수 있다.

MAP p.194-D
찾아가기 존스(캐머) 비치 앞
전화 +1 670-287-8961
요금 $95
체크인/아웃 14:00/12:00
이메일 j-good1004@hanmail.net
홈페이지 www.saipangoodtour.co.kr

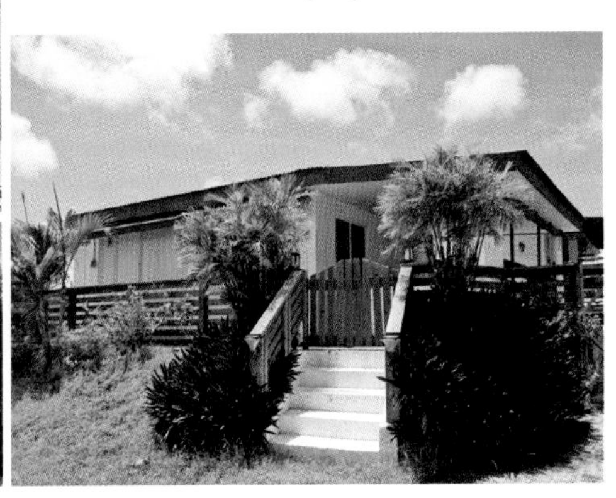

그린 필드 라이언 하우스
Green Field Lion House

캐롤리나스 하이츠로 오르는 숲속에 콕 박혀 있는 호텔. 중국인이 운영하며, 총 9개의 객실을 갖췄다. 거대한 저택을 개조한 곳으로 잘 가꾸어진 정원 안쪽에는 커넥팅룸으로 화장실을 공용으로 사용하는 2인용 객실과 2~6명이 묵을 수 있는 널찍한 객실, 바비큐 공간 등이 있다. 객실에 따라 TV, 거실, 주방, 욕실 유무가 다르니 미리 체크할 것. 무료 와이파이와 픽업 서비스가 제공된다.

MAP p.193-H
찾아가기 마르포 밸리로 오르는 2nd Ave를 따라 이동
전화 +1 670-433-0105
요금 $69~89
체크인/아웃 14:00/12:00

로타

ROTA

LUTA

로타
0
1km
N

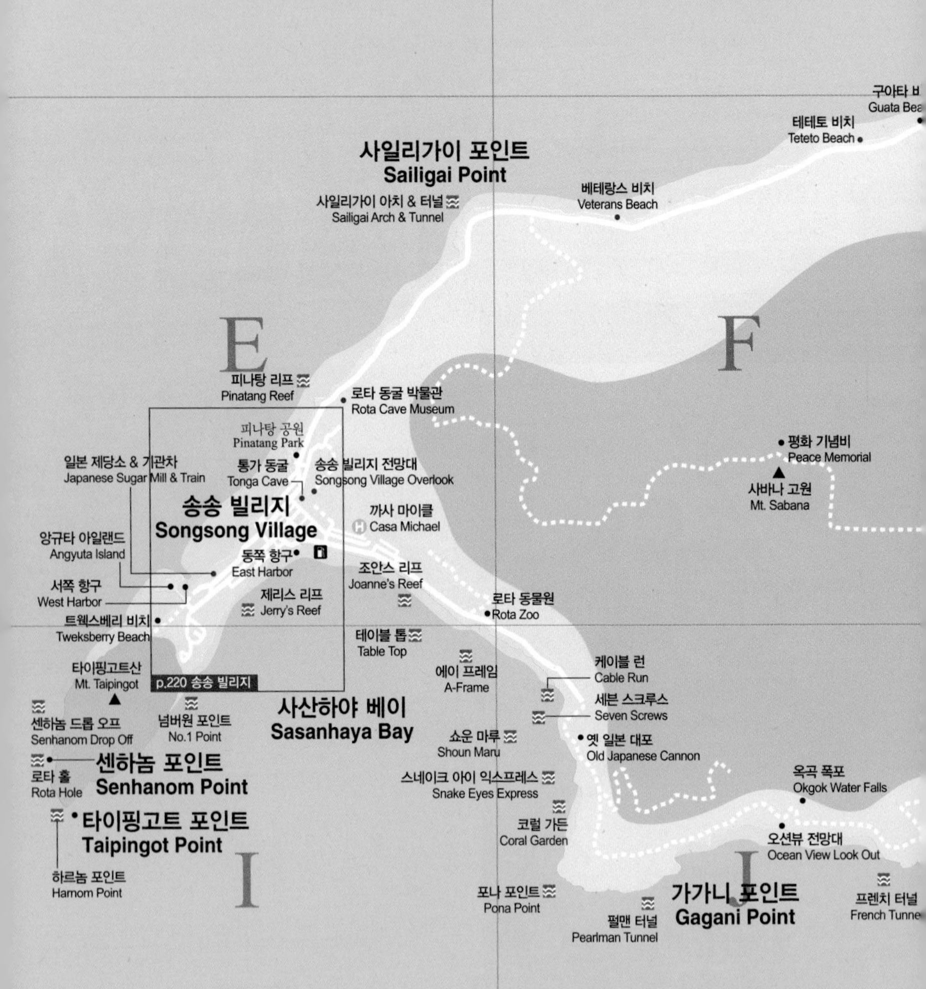
A
B
E
F
I
J
구아타 비
Guata Bea
테테토 비치
Teteto Beach
사일리가이 포인트
Sailigai Point
사일리가이 아치 & 터널
Sailigai Arch & Tunnel
베테랑스 비치
Veterans Beach
피나탕 리프
Pinatang Reef
로타 동굴 박물관
Rota Cave Museum
피나탕 공원
Pinatang Park
일본 제당소 & 기관차
Japanese Sugar Mill & Train
통가 동굴
Tonga Cave
송송 빌리지 전망대
Songsong Village Overlook
송송 빌리지
Songsong Village
까사 마이클
Casa Michael
평화 기념비
Peace Memorial
사바나 고원
Mt. Sabana
앙규타 아일랜드
Angyuta Island
동쪽 항구
East Harbor
서쪽 항구
West Harbor
조안스 리프
Joanne's Reef
제리스 리프
Jerry's Reef
로타 동물원
Rota Zoo
트웩스베리 비치
Tweksberry Beach
테이블 톱
Table Top
타이핑고트산
Mt. Taipingot
p.220 송송 빌리지
에이 프레임
A-Frame
케이블 런
Cable Run
세븐 스크루스
Seven Screws
센하놈 드롭 오프
Senhanom Drop Off
넘버원 포인트
No.1 Point
사산하야 베이
Sasanhaya Bay
쇼운 마루
Shoun Maru
옛 일본 대포
Old Japanese Cannon
로타 홀
Rota Hole
센하놈 포인트
Senhanom Point
스네이크 아이 익스프레스
Snake Eyes Express
옥곡 폭포
Okgok Water Falls
타이핑고트 포인트
Taipingot Point
코럴 가든
Coral Garden
오션뷰 전망대
Ocean View Look Out
하르놈 포인트
Harnom Point
포나 포인트
Pona Point
가가니 포인트
Gagani Point
펄맨 터널
Pearlman Tunnel
프렌치 터널
French Tunne

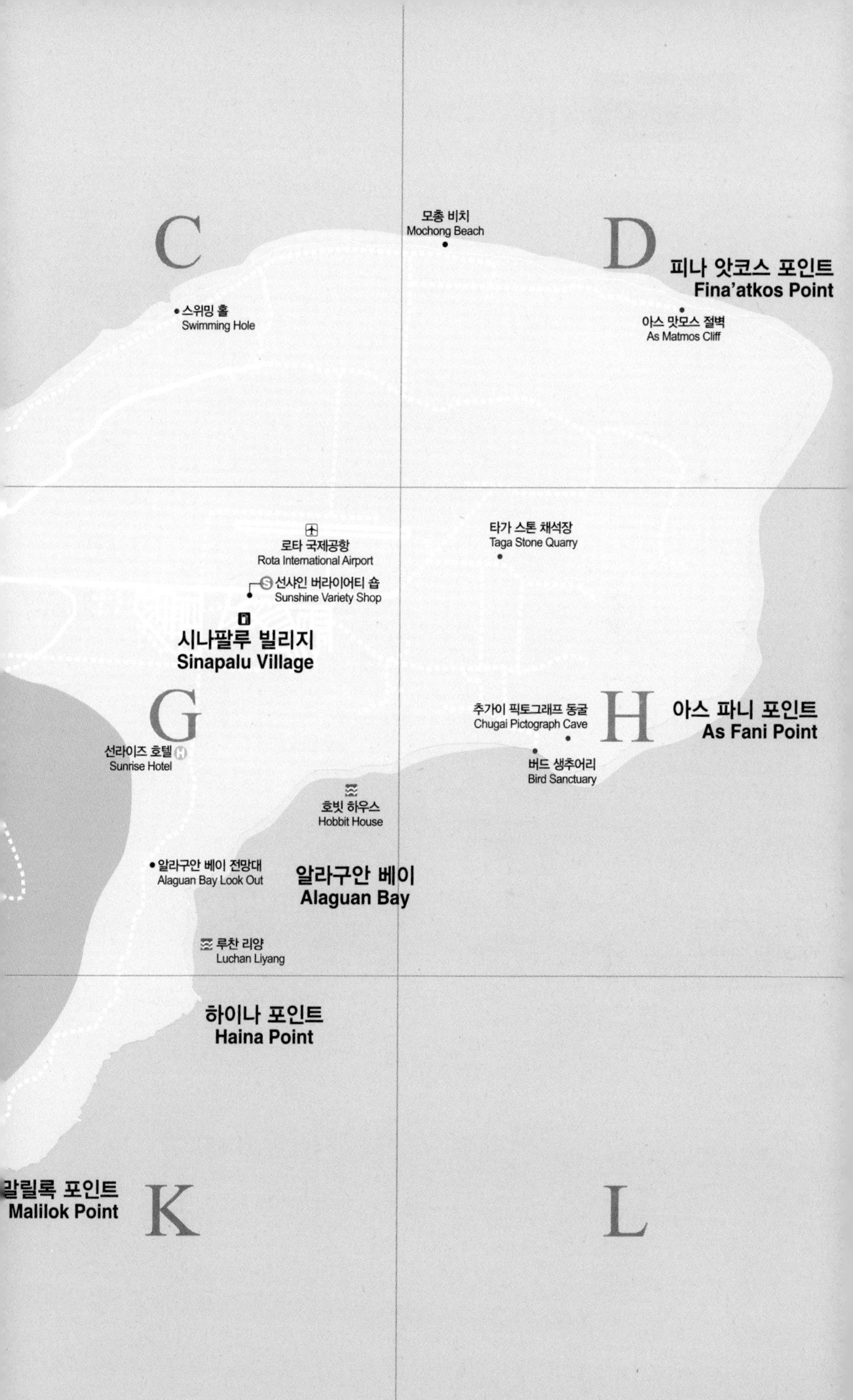

C

모총 비치
Mochong Beach

D

피나 앗코스 포인트
Fina'atkos Point

스위밍 홀
Swimming Hole

아스 맛모스 절벽
As Matmos Cliff

로타 국제공항
Rota International Airport

타가 스톤 채석장
Taga Stone Quarry

선샤인 버라이어티 숍
Sunshine Variety Shop

시나팔루 빌리지
Sinapalu Village

G

추가이 픽토그래프 동굴
Chugai Pictograph Cave

H

아스 파니 포인트
As Fani Point

선라이즈 호텔
Sunrise Hotel

버드 생추어리
Bird Sanctuary

호빗 하우스
Hobbit House

알라구안 베이 전망대
Alaguan Bay Look Out

알라구안 베이
Alaguan Bay

루찬 리양
Luchan Liyang

하이나 포인트
Haina Point

말릴록 포인트
Malilok Point

K

L

N

A

B

C

D

E

F

피나탕 공원
Pinatang Park

송송 빌리지 전망대
Songsong Village Overlook

통가 동굴
Tonga Cave

도쿄엔
Tokyo-En

푸에스토 그릴
Puesto Grill

로타 비비큐 하우스
Rota BBQ House

로타 B & B
Rota's B & B

티아스 카페
Tia's Cafe

소방서

애즈 패리스
As Paris

피자리아
Pizzaria

RHI 중·고등

샌프란시스코 드 보르자 교회
San Francisco de Borja Church

베이뷰 호텔
Bayview Hotel

럭키 스토어
Lucky Store

아일랜드 A-하트
Island A-Heart

동쪽 항구
East Harbor

블루
Blue P

하베스트 마켓
Harvest Market

코럴 가든 호텔
Coral Garden Hotel

발렌티노 호텔
Valentino Hotel

티아나스 커피 하우스
Tiana's Coffee House

일본 제당소 & 기관차
Japanese Sugar Mill & Train

앙규타 아일랜드
Angyuta Island

제리스 리프
Jerry's Reef

서쪽 항구
West Harbor

루빈 스쿠버 다이브 센터
Rubin Scuba Dive Center

트웩스베리 비치
Tweksberry Beach

로타 들어가기

사이판 공항에서 로타로 가려면 국내선 터미널에서 스타 마리아나스 에어(Star Marianas Air)의 10인승 경비행기를 탑승해야 한다. 소요 시간은 30분, 왕복 요금은 $261이다. 단체 여행의 경우에는 탑승 인원을 모아 단독으로 차터 비행기를 예약하는 방법도 있다.

로타 국제공항
전화 +1 670-532-9497
스타 마리아나스 에어
전화 +1 670-433-9994/9996/9997/9998
이메일 reservations@starmarianasair.com
홈페이지 www.starmarianasair.com

● 운항 스케줄

스타 마리아나스 에어

노선	출발	도착	운항
사이판 → 로타	8:00	8:30	매일
	10:30	11:00	월~금요일
	13:00	13:30	토~일요일
	15:30	16:00	매일
로타 → 사이판	9:00	9:30	매일
	13:30	14:00	월~금요일
	14:00	14:30	토~일요일
	16:30	17:00	매일

※항공사 사정에 따라 스케줄이 변경될 수 있으므로 출발 전에 다시 한 번 확인해야 한다.

로타 시내 교통

로타에는 대중교통이 없다. 공항이나 호텔에서 렌터카를 이용하거나 호텔에서 운영하는 제한적인 셔틀버스, 투어 상품 등을 이용해야 한다. 하루 렌터카 비용은 $50~90 정도.

렌터카 문의
버짓 Budget +1 670-532-3535
에이비스 AVIS +1 670-532-2828
아일랜더 Islander +1 670-532-0901

로타의 축제

3월 로타 고구마 축제 / 산이시드로 피에스타
9월 코코넛 페스티벌
10월 샌프란시스코 드 보르자 축제
11월 로타 블루 철인 3종 경기

Tip

스타 마리아나스 에어는 국내선 터미널을 이용한다. 경비행기는 무게에 민감하기 때문에 탑승 수속 카운터에서 부칠 짐과는 별도로 개인 몸무게를 체크한다. 기내용 짐을 든 상태에서 저울에 올라가면 다른 승객들의 몸무게와 균형을 맞춰 좌석을 정하는 방식. 수속이 끝나면 색깔 번호표를 나눠주는데, 대기실에서 호명하는 색깔에 따라 공항 직원의 안내를 받아 탑승해야 한다.

버드 생추어리 ★★★
Bird Sanctuary

새들의 천국

북마리아나 최대 규모의 야생 조류 보호구역이자 로타 최고의 일몰 포인트. 푸른 바다가 내려다보이는 전망대 아래로 60m 높이의 깎아지른 절벽과 울창한 천연 자연림이 펼쳐진다. 철저히 관리해 보존이 잘되어 있어 흰꼬리열대새, 붉은발부비, 괌동박새, 마리아나 까마귀, 검은바람까마귀, 브라운 부비 등 로타에 서식하는 희귀한 새들을 볼 수 있다. 계단을 따라 내려가면 가까운 거리에서 새를 관찰할 수 있는데 낮에는 새의 활동이 뜸하다. 수많은 새의 군무를 보고 싶다면 새들이 먹이를 찾아 무리 지어 이동하는 오전 6~7시와 해 질 무렵인 오후 5~7시가 가장 좋다.

MAP p.219-H
찾아가기 로타 국제공항에서 알라구안만 동쪽 방향

타가 스톤 채석장 ★★★
Taga Stone Quarry

풀리지 않는 미스터리

고대 차모로족의 건축양식을 볼 수 있는 공간. 옛 원주민들은 땅에 라테 스톤 기둥을 세우고 그 위에 집을 지었는데, 당시 집의 기초가 되는 라테 스톤을 만들던 작업장이 바로 이곳이다. 전설의 인물인 타가는 로타에서 산호 석회암을 캐내 라테 스톤을 만들고 이를 티니안까지 보냈다고 전해진다. 하지만 사람의 키를 훌쩍 넘는 3~4m 길이의 거대한 반구형 돌을 어떻게 운반했는지는 여전히 미스터리다. 채석장 앞에는 타가 동상이 있는데 실제 동상의 크기처럼 거인이었다고 한다.

MAP p.219-H
찾아가기 로타 국제공항에서 동쪽 방향

아스 맛모스 절벽 ★
As Matmos Cliff

바람에 맞서라!

로타 북동부 끄트머리에 위치한 깎아지른 절벽. 오프로드를 따라 정글을 헤치고 들어가야 나온다. 끝없이 펼쳐지는 망망대해, 거칠게 부는 바람, 30~40m 높이의 절벽에 매몰차게 부딪쳐 부서지는 파도의 모습은 그야말로 장관이다. 바다를 바라보고 있으면 물 위로 힘껏 뛰어오르는 물고기들도 볼 수 있다. 섬 최고의 바다낚시 포인트로 매년 6월에는 국제 낚시 대회가 열려 강태공들의 마음을 흔든다. 단, 바람이 세고 바위가 뾰족하니 각별히 주의할 것.

MAP p.219-D
찾아가기 섬 북동부, 오프로드가 끝나는 지점

스위밍 홀 ★★★
Swimming Hole

자연이 선물한 천연 수영장

바닷물이 고여 자연적으로 만들어진 작고 아담한 에메랄드빛 천연 수영장. 얕은 수심, 부드러운 모래 바닥, 잔잔한 물, 게다가 암초가 거친 파도까지 막아줘 남녀노소 누구나 안전하게 수영을 즐길 수 있다. 스위밍 홀 안쪽 깊숙한 곳에 있는 바위틈 사이로 짜지 않은 민물이 흘러나오는 것이 특징. 바닷물과 민물이 만나기 때문에 항상 물이 맑고 깨끗하다. 로타에서 가장 로맨틱한 공간으로 꼽히는 곳으로 일몰을 감상하기에도 안성맞춤. 주변에 피크닉 공간이 있어 주말에는 바비큐 파티를 즐기려는 현지인이 많다.

MAP p.219-C
찾아가기 구아타 비치 혹은 로타 리조트 & 컨트리클럽에서 오프로드를 따라 이동

추가이 픽토그래프 동굴 ★★
Chugai Pictograph Cave

점점 희미해지는 차모로의 흔적

선사시대 고대 차모로족의 상형 문자를 볼 수 있는 암각화 유적지. 약 56m 길이의 석회암 동굴 안에 거북이, 물고기, 손바닥 등 약 90개의 그림이 그려져 있는데, 이는 조상 숭배 관습에 따라 죽은 조상과 소통하는 방법으로 여겨진다. 그림은 새똥과 나무 수액, 목탄, 재 등을 혼합해 그린 것으로 추정되고, 대부분 검은색, 짙은 회색, 갈색을 띤다. 동굴은 제2차 세계대전 당시 일본인과 군인이 점거하기도 했다. 평소에는 암각화 보호를 위해 문을 닫아둔 상태로 관람을 원하면 사전 허가를 받아야 한다.

MAP p.219-H
찾아가기 로타 국제공항에서 알라구안만 동쪽 방향

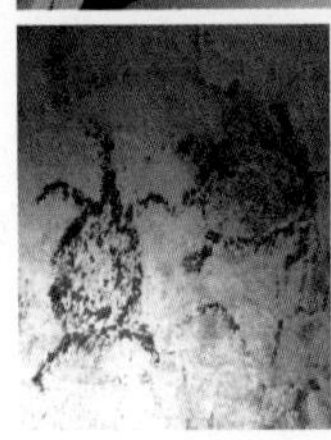

사바나 고원 ★
Mt. Sabana

로타의 봉수대

로타에서 가장 높은, 해발 496m 지점에 위치한 사바나 고원. 우리나라의 봉수대처럼 1600년대 중반부터 이곳에 불을 피워 스페인 함선이 안전하게 섬으로 들어올 수 있도록 길잡이 역할을 했다. 실제 배가 들어오면 수많은 차모로 카누가 마중을 나가고 상호 물물교환도 이뤄졌다고 전해진다. 1973년에는 제2차 세계대전 중에 목숨을 잃은 차모로인과 일본인을 기리기 위해 평화 기념비가 세워졌다. 근사한 전망은 볼 수 없지만 사바나 고원으로 가는 길에 옥수수 농장, 과일 농장, 커피 농장 등이 펼쳐지고, 정상에 바비큐 공간도 마련되어 있다.

MAP P.218-F
찾아가기 섬의 중심부, 중앙 도로를 따라 이동

테테토 비치 & 베테랑스 비치 ★★
Teteto Beach & Veterans Beach

일몰이 아름다운 해변

로타 공항에서 송송 빌리지로 향하는 도로는 단 하나, 해변을 따라 달리는 환상의 드라이브 코스다. 구아타 비치를 시작으로 테테토 비치, 베테랑스 비치로 연결되는데 푸른 하늘과 바다가 만나 로맨틱한 분위기를 연출한다. 테테토 비치는 파도가 잔잔하고 하얀 모래사장이 길게 펼쳐져 여유롭게 물놀이를 즐길 수 있고, 일몰 포인트로도 유명하다. 베테랑스 비치는 미군을 추모하는 공원과 함께 버섯처럼 생긴 울퉁불퉁한 산호 바위가 박혀 있어 독특한 풍경을 이룬다.

MAP p.218-F
찾아가기 섬 북부, 메인 로드를 따라 이동

잔잔한 분위기의 테테토 비치

산호 바위가 독특한 베테랑스 비치

알라구안 베이 전망대 ★
Alaguan Bay Look Out

저 멀리 바다로 향하는 길

로타를 감싸는 알라구안 베이를 한눈에 볼 수 있는 전망대. 끝없이 펼쳐지는 푸른 바다, 왼쪽으로는 버드 생추어리, 오른쪽으로는 하이나 포인트로 이어진다. 버드 생추어리와 가까워 다양한 새를 볼 수 있고, 특히 먹이를 찾아 날아다니는 거대한 검은 박쥐가 자주 출몰한다. 모험을 좋아한다면 숲길을 따라 트레킹에 도전하는 것도 좋은 방법. 길이 험하긴 하지만 날것 그대로의 자연과 만날 수 있다.

MAP P.219-G

찾아가기 로타 국제공항에서 알라구안만 쪽으로 이동

누누 나무 ★
Nunu Tree

정글을 지키는 거대한 나무

로타에서 가장 큰 벵골보리수(반얀트리). 전설에 따르면, 고대 차모로의 영혼이자 숲과 정글의 수호자로 통하는 타오타오모나가 동굴 혹은 거대한 나무나 바위의 갈라진 틈에 산다고 전해지는데, 누누 나무가 바로 타오타오모나 나무로 알려져 있다. 높이 23m, 너비 3m로 어린 아이 30명이 손을 맞잡고 나무를 에워싸도 될 만큼 크다. 현지인들은 깊은 정글에 들어갈 때 꼭 누누 나무의 허락을 받아야 안전하다고 믿는다.

찾아가기 알라구안 베이 전망대에서 말릴록 포인트로 이동

포나 포인트 ★★
Pona Point

전설의 부메랑 코스

로타 최남단에 위치한 곳. 탁 트인 바다 전망에 낚시와 다이빙 포인트로 유명하다. 바람이 워낙 거칠게 불어 포나 포인트 아래로 무언가를 떨어뜨리는 건 불가능한 일. 음료수 캔이나 플라스틱 병을 바다를 향해 있는 힘껏 던져도 다시 되돌아온다.

MAP P.218-J

찾아가기 송송 빌리지에서 가가니 포인트로 이동

통가 동굴 ★
Tonga Cave

기괴한 종유석 세상

송송 빌리지 초입에 위치한 종유 동굴. 제2차 세계대전 당시 일본군이 야전병원으로 이용하던 곳으로 마을에 큰 태풍이 오면 주민들의 피신처가 되기도 한다. 계단을 따라 올라가면 신아동(神我洞)이라는 한자가 새겨진 작은 입구가 나오고, 이곳을 통과하면 아늑한 보금자리처럼 움푹 파인 기괴한 모양의 동굴이 나타난다. 고드름처럼 뾰족하게 내려오는 종유석, 몽글몽글 바닥에서 올라온 석순 등 오랜 세월이 만들어낸 자연의 기기묘묘한 현상을 볼 수 있다.

MAP p.220-D
찾아가기 섬 남서부, 송송 빌리지 초입

로타 동굴 박물관 ★
Rota Cave Museum

역사를 전시하는 동굴

천만 년 전에 생성된 천연 석회동굴을 전시 공간으로 꾸며 박물관으로 개관했다. 최대 높이 10m, 너비 30m, 깊이 70m 규모이며 제2차 세계대전 당시에는 탄약고로 사용되기도 했던 곳이다. 현재 고대 차모로족의 생활을 엿볼 수 있는 토기와 석기 등의 유물부터 스페인·일본 통치 시대의 물건, 총과 대포, 망원경, 군용품 등이 다양하게 전시되어 있다. 박물관 운영 시간이 명시되어 있기는 하지만 실제로 개관하는 건 주인장 마음이라 문이 닫혀 있을 가능성이 있다.

MAP p.218-E
찾아가기 섬 북부, 메인 로드를 따라 송송 빌리지로 가는 길에 위치
전화 +1 670-532-0078
운영 09:00~16:00 요금 $5

송송 빌리지 전망대 ★★★
Songsong Village Overlook

마을 최고 전망대

로타에서 가장 큰 마을 송송 빌리지를 한눈에 내려다볼 수 있는 전망대. 마을 초입에 있는 작은 길을 따라 20분 정도 걸어 올라가면 나온다. 전망대 중심에는 밤이 되면 반짝반짝 불이 들어오는 커다란 별 모양 십자가 탑이 서 있고, 그 앞으로 송송 빌리지가 시원하게 펼쳐진다. 크고 작은 집이 옹기종기 모여 있으며, 쭉 뻗은 주 도로 끄트머리에는 '웨딩 케이크 산'으로도 불리는 타이핑고트산이 버티고 있다. 어디 그뿐인가. 송송 빌리지는 왼쪽으로 태평양, 오른쪽으로는 필리핀해와 맞닿아 있어 바다로 둘러싸인 채 매력을 한껏 발산한다.

MAP p.220-D
찾아가기 섬 남서부, 송송 빌리지 초입

송송 빌리지 ★★★
Songsong Village

정이 가득한 시골 마을

로타 인구 대부분이 거주하는 다운타운. '송송'은 차모로족 언어로 마을을 뜻하며, 스페인 통치 시대에 송송이라 부르기 시작해 현재에 이른다. 마을 광장인 메모리얼 플라자를 중심으로 가정집과 레스토랑, 은행, 소방서, 학교 등이 모여 있고, 서쪽 항구를 지나 안쪽으로 들어가면 트웩스베리 비치, 타이핑고트산과 연결된다. 샌프란시스코 드 보르자 교회(San Francisco de Borja Church)와 묘지도 놓치지 말 것. 독일 통치 시대에 지은 교회로 지금의 건물은 1940년대에 다시 지은 것이다. 매년 10월 둘째 주 월요일에는 샌프란시스코 드 보르자 축제도 열린다.

MAP p.218-E
찾아가기 섬 남서부

타이핑고트산 ★
Mt. Taipingot

2단으로 올린 웨딩 케이크

로타 남서부 끄트머리, 송송 빌리지 안쪽에 자리한 해발 143m의 산. 결혼식에 사용하는 2단 케이크처럼 생겼다 하여 '웨딩 케이크 산'이라는 애칭으로 더 많이 부른다. 울창한 숲을 이룬 산은 동식물 보호구역으로 지정되어 야생 사슴을 비롯한 다양한 동물이 서식한다. 산으로 들어가는 초입 근처에는 1,000그루의 야자나무 산책로와 트웩스베리 비치(Tweksberry Beach), 공원 등이 자리해 있다. 웨딩 케이크의 모습을 제대로 보려면 산을 마주 보고 있는 포나 포인트 쪽으로 이동할 것. 특히 제2차 세계대전 당시 사용한 10m 길이의 일본 대포는 산을 바라보며 사진을 찍을 수 있는 대표적인 포토 존이다.

MAP p.218-I
찾아가기 섬 남서부, 송송 빌리지 안쪽

포나 포인트에 있는 일본 대포

일본 제당소 & 기관차 ★
Japanese Sugar Mill & Train

누구를 위한 사탕수수였나

일본 통치 시대에 난요코하츠 주식회사가 세운 설탕 제분 방앗간. 당시 로타는 사이판, 티니안과 마찬가지로 제당 산업의 중심지였다. 일본은 496m 높이의 광활한 사바나 고원을 사탕수수 농장으로 만들고, 사탕수수를 원료로 이곳에서 설탕을 가공했다. 이제는 무너졌지만 붉은 벽돌로 지은 제당소의 잔해가 아직도 남아 있고, 그 앞으로 사탕수수를 운반하던 빨간 미니 기관차가 전시되어 있다. 많은 한국인도 끌려와 노역에 시달려야 했던 아픈 역사의 현장이기도 하다.

MAP p.220-C
찾아가기 송송 빌리지 안쪽의 서쪽 항구 근처

Special ROTA

로타의 옵션 투어

스쿠버 다이빙

로타 최고의 액티비티는 뭐니 뭐니 해도 스쿠버 다이빙. 1년 내내 온화한 날씨, 맑고 투명한 물, 안전한 지형 덕분에 전 세계 다이버들이 몰려든다. 대표적인 다이빙 포인트는 해저 동굴로 빛이 쏟아져 들어오는 로타 홀, 3개의 난파선, 환상적인 열대어 무리를 볼 수 있는 코럴 가든 등이다. 다이빙 요금은 1회 $80, 2회 $130, 3회 $200 정도다.

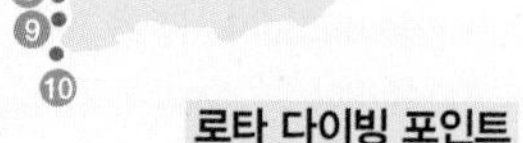

로타 다이빙 포인트

① 사일리가이 아치 & 터널
② 피나탕 리프
③ 센하놈 드롭 오프
④ 로타 홀
⑤ 하르놈 드롭 오프
⑥ 제리스 리프
⑦ 테이블 톱
⑧ 쇼운 마루 난파선
⑨ 코럴 가든
⑩ 포나 포인트

루빈 스쿠버 다이브 센터가 추천하는 로타 최고의 다이빙 포인트

©Rubin Scuba Dive Center

사일리가이 아치 & 터널 Sailigai Arch & Tunnel

수심 13~24m. 둥근 다리 모양의 아치와 긴 터널이 있다. 예쁜 컬러의 부채산호와 스팅레이, 화이트팁 상어 등을 볼 수 있는 곳.

피나탕 리프 Pinatang Reef

수심 10~18m. 로타섬 서쪽 해변을 따라 버섯 모양의 단단한 경산호가 발달해 있는 곳으로 하얀 모래 바닥과 맞닿고 쥐돔, 패럿 피시, 스톤 피시 등이 서식한다.

센하놈 드롭 오프 Senhanom Drop Off

수심 18~40m. 넓고 평평한 거초면과 40m 깊이의 절벽을 볼 수 있는 포인트. 그루퍼와 나폴레옹 피시, 송곳니 참치 등을 구경할 수 있다.

로타 홀 Rota Hole

바닷속 수중 동굴 센하놈 케이브(Senhanom Cave). 수심 10~24m. 천장에 구멍이 뚫려 4월부터 9월까지 사이판 스포트라이트와 마찬가지로 신비로운 빛이 쏟아져 들어온다.

제리스 리프 Jerry's Reef

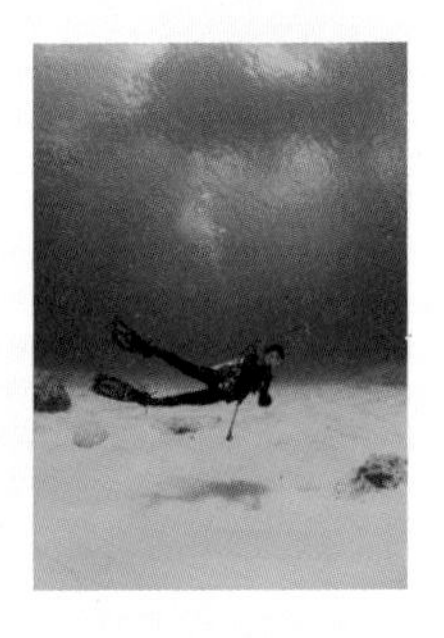

초보자도 쉽게 도전할 수 있는 스폿. 수심 10~18m. 완벽하게 새하얀 모래 바닥이 펼쳐져 있고 그 위로 산호가 동산을 이뤄 열대어가 많다.

하르놈 드롭 오프 Harnom Drop Off

수심 15~34m에 달하는 깊은 바닷속으로 절벽이 이어진다. 거대한 피시볼은 물론이고 바다거북과 나폴레옹 피시 등이 자주 출몰한다.

테이블 톱 Table Top

수심 4.5~18m. 독특한 피나클 지형이 있는 포인트. 거대한 산호 절벽과 갈라진 틈 사이로 아름다운 해양 생태계가 형성되어 있다.

쇼운 마루 난파선 Shoun Maru

제2차 세계대전 당시의 화물선. 수심 20~30m. 처참하게 부서진 선체 안으로 갑판, 엔진, 바퀴 등이 보인다.

코럴 가든 Coral Garden

다이빙과 스노클링을 모두 만족시키는 포인트. 수심 5~18m. 형형색색 산호초와 다양한 열대어가 서식한다.

포나 포인트 Pona Point

수심 10~25m. 시야가 아주 깨끗한 절벽 포인트로 거대한 부채산호와 바다나리, 흰동가리, 라이언 피시 등을 볼 수 있다.

추천 다이빙 숍

루빈 스쿠버 다이브 센터
Rubin Scuba Dive Center

일본인 히로시 야마모토 부부가 운영하는 다이빙숍. 20년 가까이 로타 바다를 누빈 주인장이 친절하게 코럴 가든, 피나탕 리프, 제리스 리프 등 로타 곳곳의 다이빙 포인트를 안내한다. 다이빙 요금은 1회 $80, 2회 $130, 3회 $200이며, 다이빙 체험 사진도 촬영해 전달한다. 낚시를 위한 차터 보트는 $350~$450에 대여 가능하다.

MAP p.220-E
전화 +1 670-532-5353
이메일 rubinyamamoto@gmail.com
홈페이지 rotarubin.com

블루 팜스 Blue Palms
일본 출신의 다이버 3명이 의기투합해 1996년에 오픈한 다이빙 숍. 초보자를 위한 인트로 다이빙부터 펀 다이빙, 자격증 코스까지 다양한 다이빙 프로그램과 스노클링, 낚시 투어 등을 진행한다. 숍 안에 간단한 기념품 코너도 있다.

MAP p.220-D
전화 +1 670-532-3483
이메일 palms@pticom.com
홈페이지 www.blue-palms.com

스노클링

테테토 비치, 구아타 비치, 베테랑스 비치 등이 자리한 로타는 스노클링하기에 최고의 조건을 갖췄다. 바다가 맑고 깨끗해 시야가 30~50m까지 확보되고 아름다운 산호초 사이로 수많은 열대어가 서식한다. 해변에는 렌털 숍이 없으니 송송 빌리지 다이빙 숍에서 스노클링 장비를 대여해 갈 것. 풀 세트 렌털 요금은 $30. 여러 명이 함께 즐기는 경우라면 보트를 빌려 다이빙 포인트인 코럴 가든에서 스노클링을 하는 것도 좋다. 요금은 $45~60.

낚시

전 세계 낚시꾼들의 파라다이스인 청정 지역 로타에서 물고기를 잡아보자. 매년 6월 낚시 대회가 열리는 아스 맛모스나 포나, 가가니 포인트가 대표적인 해안 절벽 낚시 포인트. 나폴레옹 피시, 마히마히 등 대어를 낚고 싶다면 송송 빌리지 내 다이빙 숍에서 차터 보트를 빌려 바다로 나가서 트롤링낚시를 즐겨볼 것. 차터 보트 렌털 요금은 2시간에 $350, 3시간에 $450.

로타 쇼핑

아일랜드 A-하트
Island A-Heart

사이판의 허먼스 모던 베이커리를 이끌었던 후안 게레로가 2022년 로타에 새롭게 문을 연 잡화점. 옷과 모자, 신발, 가방, 수영복, 장난감을 비롯해 낚시용품, 여행 기념품까지 다양한 제품을 판매한다. 잡화점 내에는 작은 카페도 있어 모카 퍼프, 타로, 녹차, 헤이즐넛 크림치즈 등 로타에서 쉽게 맛볼 수 없는 밀크티 메뉴를 선보인다. 가격은 $5.75~6.50, 타피오카 펄은 $1에 추가 가능하다.

MAP p.220-D
찾아가기 송송 빌리지 푸에스토 그릴 맞은편
전화 +1 670-488-0726
영업 월~금요일 09:00~18:00, 토요일 08:00~15:00 휴무 일요일

럭키 스토어
Lucky Store

송송 빌리지에 있는 마켓. 비누, 치약, 화장지 같은 생활필수품부터 음료, 주류, 간단한 스낵까지 다양하게 판매한다. 로타에서 자란 채소로 현지인이 직접 담근 장아찌를 저렴한 가격에 판매하니 한번 맛보는 것도 좋다.

MAP p.220-D
찾아가기 섬 남서부, 송송 빌리지 내
전화 +1 670-532-3401
영업 06:00~20:00

선샤인 버라이어티 숍
Sunshine Variety Shop

시나팔루 빌리지에 있는 마켓으로 로타의 오랜 터줏대감이자 유일한 한국인 가족이 운영한다. 버라이어티라는 이름이 딱 들어맞을 만큼 한국에서 공수한 물건을 비롯해 다양한 생활필수품, 공구, 학용품, 식품 등 없는 게 없다.

MAP p.219-G
찾아가기 섬 동부, 시나팔루 빌리지 내
전화 +1 670-532-3130
영업 06:30~22:00

로타 맛집

도쿄엔
Tokyo-En

강렬한 붉은 컬러 외관이 인상적인 레스토랑. 오랜 세월 로타에 터를 잡고 살아온 일본인이 운영하는 곳으로 일본에서 가져온 전통 소품으로 내부를 꾸몄고, 안쪽에는 일본식 다다미 공간도 마련했다. 회, 소바, 튀김, 라멘, 가츠동 등 다양한 일본 요리를 선보이며, 회와 샐러드, 야키소바, 만두 등으로 구성한 스페셜 벤또 박스도 있다. 저녁으로 한 끼 든든하게 먹고 싶다면 회, 생선구이, 스테이크와 같은 메인 요리와 함께 밥과 국, 샐러드가 포함된 $14~28의 세트 메뉴를 추천.

MAP p.220-D
찾아가기 섬 남서부, 송송 빌리지 내
전화 +1 670-532-1266
영업 10:00~14:00, 17:00~21:00
휴무 일요일
예산 메인 메뉴 $8~28 음료, 주류 $3~8

고구마 크로켓 & 생선구이 세트

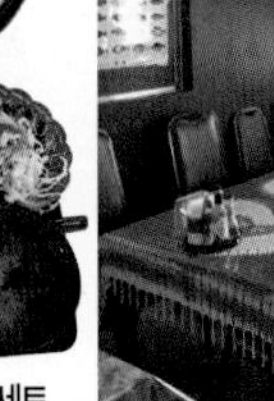

피자리아
Pizzaria

송송 빌리지 중심부에 있는 캐주얼한 분위기의 피자 전문 레스토랑. 치킨 바비큐, 미트러버스, 슈림프 커리, 익스트림 등 총 15종류의 피자가 있고 베이컨, 치즈, 소시지 등의 토핑을 각각 $1에 추가할 수 있다. 피자가 메인이긴 하지만 아메리칸, 멕시칸, 차모로식, 필리핀식 등의 메뉴도 다양하게 갖췄다. 닭고기, 돼지고기, 쇠고기, 해산물 등의 요리는 $13~17로 맥주를 곁들여 먹기 좋아 저녁 시간에 현지인들이 주로 찾는다.

MAP p.220-D
찾아가기 섬 남서부, 송송 빌리지 내
전화 +1 670-532-7402
영업 10:30~22:00 휴무 월요일
예산 메인 메뉴 $19.95~27.95, 음료 · 주류 $3~7

콤비네이션 피자

푸에스토 그릴
Puesto Grill

지난 10년 동안 변화가 거의 없는 송송 빌리지. 없어지는 건 있어도 새로 생기는 건 없다는 이 동네에 2021년 12월 새롭게 오픈해 화제가 된 레스토랑. 깔끔한 외관에 30명이 충분히 앉을 수 있는 넓은 메인 공간과 아늑한 2층 공간까지 갖췄다. 메뉴는 샐러드와 버거, 샌드위치, 누들 등 다양하고, 필리핀 출신의 셰프 덕분에 크리스피 파타, 레촌 카왈리, 카레카레 등의 요리가 수준급이다. 특히 제철 생선을 튀김, 찜, 조림, 국 등 원하는 조리법에 따라 맛볼 수 있다. 단, 주류는 판매하지 않는다.

MAP P.220-D
찾아가기 섬 남서부, 송송 빌리지 내
전화 +1 670-532-4745
영업 06:00~13:00, 17:00~21:00
예산 메인 메뉴 $8~25, 음료 $3

시시그와 계절 생선튀김

애즈 패리스
As Paris

아침, 점심, 저녁 세끼를 모두 해결할 수 있는 로컬 레스토랑. 아메리칸 스타일의 외관, 깔끔한 내부, 60명은 거뜬히 앉을 수 있는 넓은 규모를 갖췄다. 아메리칸, 차모로식, 필리핀식, 일본식 카레, 피자, 햄버거 등 못하는 요리가 없는 만능 셰프 덕분에 맛볼 수 있는 요리가 무궁무진하다. 아침 식사는 $12.95로 저렴한 편. 생선과 오징어, 새우 등 해산물 요리는 로타에서 직접 잡은 싱싱한 재료를 사용하고, 계절에 따라 코코넛크랩 요리도 먹을 수 있다. 닭고기, 돼지고기, 쇠고기는 물론 사슴 스테이크, 말린 사슴 고기, 사슴 회 등 로타의 특별한 별미 요리도 선보인다.

MAP p.220-D
찾아가기 섬 남서부, 송송 빌리지 내
전화 +1 670-532-3356
영업 월~금요일 06:00~21:00,
주말 06:00~13:00
예산 메인 메뉴 $12.95~48.95, 음료·주류 $3~10

매콤한 오징어 채소볶음

로타 비비큐 하우스
Rota BBQ House

바비큐와 베이커리, 케이터링 서비스, 심지어 플라워 숍과 숙박업까지 겸하는 곳. 필리핀 출신 주인장이 천연 식재료의 맛과 영양, 인체에 미치는 효과까지 고려해 아메리칸, 차모로식, 필리핀식 등 다양한 로컬 음식을 내놓는데 가격까지 저렴하다. 닭고기·돼지고기·쇠고기·생선 등을 이용한 꼬치구이는 $1부터 시작한다. 직접 키운 토종닭과 돼지 등을 재료로 한 화덕 구이는 마을 잔치에서 빠지지 않는 일품요리. 송송 빌리지 최고의 베이커리를 갖추고 있어 갓 구운 빵과 천연 모링가 차를 곁들이기에도 좋다.

MAP p.220-D
찾아가기 섬 남서부, 송송 빌리지 내
전화 +1 670-532-2539
영업 08:00~20:00
휴무 일요일
예산 메인 메뉴 $9~11.99, 특별 메뉴 $45

말린 사슴 고기

티아나스 커피 하우스
Tiana's Coffee House

송송 빌리지의 발렌티노 호텔 1층에 자리한 작은 베이커리 카페. 호텔 투숙객뿐 아니라 현지인들도 아침 식사를 하러 자주 찾는 곳으로 점심때까지만 오픈한다. 기본 메뉴로는 매일 아침 굽는 신선한 빵과 페이스트리 그리고 커피, 주스 등의 음료가 있다. 가격도 $2~4로 상당히 저렴해 부담 없이 즐길 수 있다. 특히 월·수·금요일에는 바삭하게 요리한 통구이 치킨을 $12.99에 판매하니 놓치지 말 것.

MAP p.220-D
찾아가기 섬 남서부, 송송 빌리지의 발렌티노 호텔 내
전화 +1 670-532-8466
영업 06:00~14:00
예산 메인 메뉴 $3.50~15, 음료 $3.50~5.50

Special ROTA

로타에서 놓치지 말아야 할 맛!

코코넛크랩

무시무시한 생김새와는 달리 한번 맛보면 잊을 수 없는 특별함을 선사하는 코코넛크랩. 본연의 맛을 즐기려면 통째로 삶아 뜯어 먹는데, 속살은 쫄깃하면서 담백하고 내장은 아주 고소하다. 무분별한 포획으로 멸종 위기를 맞아 현재 보호 대상이며, 매년 9월 15일부터 11월 15일까지만 합법적으로 잡을 수 있어 별미를 맛보려면 시기를 잘 맞추어야 한다.

사슴 요리

깨끗한 자연에서 서식하는 야생 사슴은 로타의 식탁을 더욱 풍요롭게 만든다. 스테이크, 아도보, 켈라구엔, 회 등 사슴으로 만든 다양한 계절 요리를 맛볼 수 있다. 매년 9~11월이 합법적으로 사슴을 사냥할 수 있는 기간으로 신선한 사슴 요리를 즐기기에 최고이다.

로타 고구마

겉은 평범해 보이지만 속은 신비로운 보랏빛을 띠는 무공해 고구마. 부드럽고 고소한 맛에 당도 또한 높다. 로타 최고의 토산품이자 섬의 경제적 부흥에 이바지할 만큼 효자 상품으로 레스토랑에서 크로켓이나 튀김, 디저트 등의 요리로 만날 수 있다.

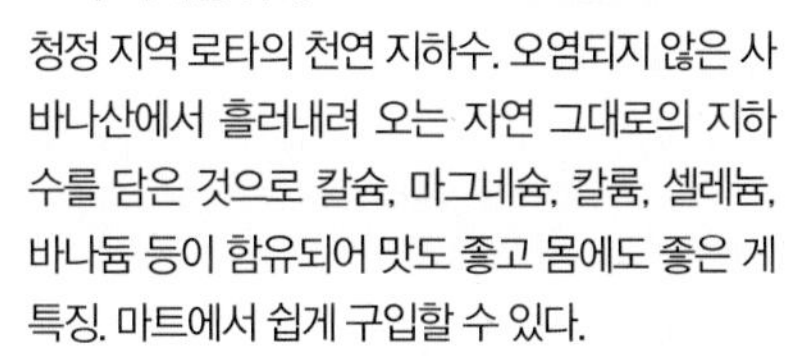

로타 미네랄워터

청정 지역 로타의 천연 지하수. 오염되지 않은 사바나산에서 흘러내려 오는 자연 그대로의 지하수를 담은 것으로 칼슘, 마그네슘, 칼륨, 셀레늄, 바나듐 등이 함유되어 맛도 좋고 몸에도 좋은 게 특징. 마트에서 쉽게 구입할 수 있다.

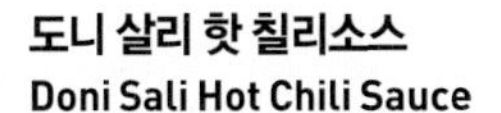

도니 살리 핫 칠리소스
Doni Sali Hot Chili Sauce

일명 로타 고추 소스. 티니안과 마찬가지로 이곳에서도 작고 매운 고추 도니 살리가 유명하다. 도니 살리는 각종 양념과 소스로 이용하는데 한국인 입맛에도 아주 잘 맞는다. 마트에서 고추를 다져놓은 여러 종류의 칠리소스를 판매한다.

코코넛 오일

깨끗한 로타에서 나고 자란 코코넛에서 추출한 100% 천연 코코넛 오일. 건조한 피부를 촉촉하게 가꾸고 면역력 강화와 구강 건강에도 효과적이다. 포장이나 패키지는 세련되거나 깔끔하지 않지만 제품 퀄리티만큼은 보장한다.

발렌티노 호텔
Valentino Hotel

상큼한 민트색 외관이 돋보이는 호텔. 사산하야 베이(Sasanhaya Bay)가 한눈에 들어오는 전망에 대대적인 리노베이션을 거쳐 깔끔한 객실과 서비스를 보장한다. 스튜디오 타입의 싱글 · 트윈룸이 13개, 거실과 2개의 침실, 주방, 욕실 등을 갖춘 콘도 유닛이 8개 등 총 21개의 객실로 이루어졌다. 각각 TV와 에어컨, 냉장고, 욕실용품, 무료 와이파이 등을 갖췄고, 1층에는 작은 마트와 티아나스 커피 하우스가 있어 저렴한 가격에 빵과 커피, 아침 식사를 즐길 수 있다.

MAP p.220-D
찾아가기 섬 남서부, 송송 빌리지 내
전화 +1 670-532-8466
요금 $120.75, 세금 15% 별도
체크인/아웃 14:00/12:00
이메일 hvtino@tanholdings.com

코럴 가든 호텔
Coral Garden Hotel

넓고 푸른 사산하야 베이 전망의 소규모 호텔. 입구에는 야자나무가 부조 형태로 독특하게 새겨져 있다. 총 19개의 객실이 싱글, 더블, 트리플로 나뉘어 있는데 객실은 낡은 편이지만 관리가 잘 되어 있고 각각 TV, 에어컨, 냉장고 등을 갖췄다. 무료 와이파이도 가능하다. 1층에 공용 주방이 있어 자유롭게 이용 가능하며, 투숙객에 한해 피자 전문점 피자리아 5% 할인 쿠폰을 제공한다.

MAP p.220-D
찾아가기 섬 남서부, 송송 빌리지 내
전화 +1 670-532-3201 요금 $63~75
체크인/아웃 13:00/12:00
이메일 info@coralgardenhotel.com

베이뷰 호텔
Bayview Hotel

송송 빌리지 RHI 중 · 고등학교 근처에 위치한 호텔. 언덕 위에 자리 잡아 동쪽 항구가 한눈에 내려다보인다. 싱글, 더블, 트리플 등 총 16개의 객실이 마련되어 있고, 각각 TV와 에어컨, 냉장고, 무료 와이파이 등을 갖췄다. 단체 여행자라면 넓은 거실과 3개의 침대, 주방, 욕실 등을 갖춘 패밀리룸을 추천한다.

MAP p.220-D
찾아가기 섬 남서부, 송송 빌리지의 동쪽 항구 근처
전화 +1 670-532-3414
요금 $55~65(신용카드 사용 불가)
체크인/아웃 12:00/12:00
이메일 bayviewhotel6@gmail.com

로타 B & B
Rota's B & B

로타 비비큐 하우스 2층에 자리한 로타 B & B (Bed & Breakfast). 싱글과 더블, 총 4개의 객실이 있으며 크기는 작지만 각각 싱글 침대 1~2개와 TV, 에어컨 등을 갖췄다. 무료 와이파이는 물론 공항 픽업 서비스도 $15에 제공한다. 객실 앞에 라운지를 겸한 공용 주방이 있어 간단한 요리도 가능하다.

MAP p.220-D
찾아가기 송송 빌리지 내 RHI 중 · 고등학교 뒤편
전화 +1 670-532-2539
요금 $55~65 체크인/아웃 09:00/12:00
이메일 joalmahusay51@gmail.com

까사 마이클
Casa Michael

마이클 부부가 전 세계를 여행하며 수집한 소품으로 집안 곳곳을 꾸민 숙소. 작은 정원과 연못을 중심으로 호스트와 게스트 공간이 분리되어 있고, 객실 내에 침실과 거실, 욕실, 주방 등이 갖춰져 있다. TV는 없지만 그랜드 피아노가 놓였다. 최소 2박 이상 숙박해야 하고, 에어비앤비로도 예약 가능하다.

MAP P.218-E
찾아가기 섬 남서부, 송송 빌리지 내
전화 +1 670-532-3423
요금 $95~150
체크인/아웃 14:00/13:00
이메일 mark@diverota.com

여행
준비하기

Preparation

TANHOLDING
FOOTBALL CL
TINIAN PREM
ALL CL
PIC
SAIPAN

여행 계획 세우기

1 언제, 누구와, 어떤 목적으로 여행할 것인가?

북마리아나 제도의 경우 1년 내내 평균 기온 27도를 유지하는 해양성 아열대 기후로 여행자가 특정 계절에 몰리는 현상은 없지만, 휴가 시즌과 연말에는 가족 단위의 관광객이 많은 편이다. 친구, 연인, 가족 등 누구와 함께 갈지 결정되면 동행자의 취향과 여행의 목적을 고려해 계획을 세워야 한다. 가령 부모님과 함께하는 여행이라면 휴식과 숙소에 신경을 써야 하고, 어린이와 함께하는 여행이라면 놀이와 학습에 중점을 두는 것이 좋다. 자연 관광, 미술관 투어, 해양 스포츠, 맛집 탐방, 쇼핑 등 하고 싶은 것이 확실하다면 일정 짜기가 더욱 쉬워진다.

2 자유 여행인가 패키지여행인가?

자유 여행은 비행기 티켓과 숙소, 이동 수단, 식사, 액티비티, 여행 일정 등을 각자 알아서 준비하는 것으로 시간 여유를 두고 프로모션을 잘 활용하면 여행자의 스타일에 맞춘 여행을 즐길 수 있다. 여행사가 만들어 놓은 일정에 맞춰 여행하는 패키지여행은 여행 일정을 고민할 필요가 없는 게 가장 큰 장점. 사이판의 경우에는 꽉 찬 3박 5일, 4박 6일 상품이 많고 전세기와 단체 할인 등의 혜택을 받을 수 있어 해외여행 경험이 적은 초보 여행자에게 추천한다.

3 패키지여행 상품 고르기

패키지여행은 비행기 티켓과 숙소, 식사, 유명 관광지를 중심으로 짠 코스 등을 포함하고, 한국인 인솔자나 현지 가이드가 여행에 필요한 내용을 미리 공지하고 준비한다. 상품에 따라 호텔 수준이나 객실 업그레이드, 레이트 체크아웃, 식사 제공, 옵션 포함 여부 등 서비스 정도가 달라지니 꼼꼼하게 체크할 것. 여행사에서는 모든 일정이 정해져 있는 풀 패키지 상품 외에 에어텔이나 현지 투어 등의 상품도 선보인다. 에어텔은 왕복 항공권과 숙소가 포함된 상품으로 식사와 교통, 현지 일정은 자유롭게 조정할 수 있고, 현지 투어는 관광 명소나 박물관 투어, 해양 스포츠 등을 현지 가이드와 함께 즐기는 프로그램으로 1일 투어나 다이빙 투어 등이 해당한다.

4 비행기 티켓 구입하기

자유 여행의 첫걸음은 항공권 예약. 인천과 사이판 간의 비행시간은 4시간 30분 정도이고, 주말을 이용한 여행객이 많기 때문에 밤에 출발해 이른 아침에 돌아오는 노선이 많다. 저가 항공사의 경우 가격은 저렴하지만 비행기 스케줄과 환불 여부, 예약 변경, 수하물 규정 등에 제약이 있으므로 무조건 싸다고 선택하기보다 여러 가지 조건을 잘 따져봐야 한다.

항공권은 정규 요금을 내는 정규 항공권과 할인 또는 특가 항공권이 있다. 저렴한 항공권일수록 시간과 환불 여부, 예약 변경, 수하물 규정 등에 제약이 있으므로 신중하게 따져보고 구입해야 한다.

5 숙소 선택하기

사이판의 숙박 시설은 크게 호텔과 리조트, 현지인이 운영하는 게스트 하우스로 나뉜다. 무엇보다 여행 목적과 경비, 입지 조건 등에 따라 나에게 맞는 숙소를 결정하는 것이 중요. 첫 번째로 고려해야 할 사항은 여행 목적. 단순한 비즈니스 여행인지, 휴양을 위한 여행인지, 가족과 함께하는 여행인지 등 목적에 따라 숙소 선택이 달라져야 한다. 가볍게 하룻밤 쉴 곳이 필요하다면 호텔을, 숙소에 머무는 시간이 많고 다양한 부대시설을 즐기고자 한다면 리조트를 추천한다.

두 번째로 고려해야 할 사항은 여행 경비. 숙소는 규모와 시설, 서비스 등에 따라 가격이 다른데, 최대한 사용할 수 있는 금액의 범위를 정하면 선택이 쉬워진다. 호텔과 리조트는 등급에 따라 가격이 천차만별이고 게스트 하우스는 저렴한 편이다.

세 번째로 고려할 사항은 입지 조건. 사이판은 대중교통이 없기 때문에 해변이나 관광 명소와의 거리, 시내 중심가와의 연결 등이 중요하다. 가격이 저렴할수록 교통이 좋지 않으므로 렌터카 비용까지 고려해 선택해야 한다.

6 숙소 예약하기

원하는 숙소가 결정되면 최대한 빨리 예약하는 것이 좋다. 남아 있는 객실 확보도 중요하지만 일찍 예약할수록 특정 기간에 진행하는 프로모션이나 이벤트 할인 등을 적용받을 수 있기 때문. 또한 호텔 예약 사이트를 비교해 가며 저렴한 가격으로 예약할 수도 있다. 여행하는 기간이 성수기라면 더더욱 예약을 서두를 것. 직접 호텔에 연락해 예약하거나, 여행사를 통해 대리 예약을 하거나, 호텔 예약 사이트를 이용하는 방법이 있다. 직접 연락할 경우에는 호텔에서 자체적으로 진행하는 할인 이벤트가 있는지 알아보고, 여행사나 호텔 예약 사이트를 이용할 경우에는 호텔과의 계약을 통해 맺은 특별 요금이 있는지 미리 체크해야 한다. 게스트 하우스는 직접 예약하는 경우가 대부분으로 장기 투숙 할인이나 추가 숙박 인원 등 홈페이지에 기재된 상황 외에 옵션이 있을 수 있으니 잘 따져볼 것.

저가 항공 이용 시 주의할 점

저가 항공은 항공 스케줄이 자주 변경된다. 사전에 공지 없이 변경 또는 항공편이 취소되는 경우가 있다. 스케줄 변경 시 예약 당시 기입한 휴대전화나 이메일로 변경 사항을 보내주는데 출발 몇 시간 전에 보내는 경우도 있다. 마지막까지 휴대폰 메시지나 이메일을 확인하자.

땡처리 항공권

땡처리 항공권은 출발 날짜가 임박해 저렴하게 판매하는 티켓을 뜻한다. 충분히 여행 준비를 할 시간적 여유가 없고, 유효 기간이 짧으며 환불 및 날짜 변경이 안 되는 단점이 있지만 여행 시기를 잘 맞추면 실용적이다.

7 | 사이판 숙소의 종류

호텔

기본적으로 객실과 식음료를 제공하는 공간으로 별 개수에 따라 1~5성급으로 나뉜다. 해변을 끼고 있는 호텔 겸 리조트는 대부분 3~5성급이고, 나머지 호텔은 중저가의 요금에 평범한 시설과 서비스를 갖췄다. 사이판 중심인 가라판에 호텔이 밀집되어 있고, 가라판에서 멀어질수록 요금이 낮아진다. 호텔이라는 이름을 사용하지만 실제 서비스는 그렇지 못한 경우도 있으니 잘 따져봐야 한다.

리조트

객실과 휴양 시설이 결합된 숙박 시설. 단순히 잠만 자는 공간이 아니라 레저, 골프, 다이닝, 쇼핑 등 다양한 서비스를 제공한다. 사이판의 경우 윙 비치, 파우파우 비치, 아추가오 비치, 마이크로 비치, 킬릴리 비치, 산안토니오 비치, 라우라우 비치 등 탁 트인 바다를 앞두고 고급 리조트가 자리한다. 특히 골프 클럽과 워터파크 등의 시설 여부에 따라 투숙객의 선호도가 다르니 미리 체크할 것.

게스트 하우스

게스트 하우스는 배낭여행자들이 저렴하게 묵을 수 있는 곳으로 도미토리 객실에 주방, 욕실 등을 공동으로 사용하는 경우가 일반적이지만 사이판에서는 우리나라의 펜션이나 소규모 호텔과 비슷한 형태로 운영한다. 자체적으로 투어, 렌터카, 픽업 등의 서비스를 제공하는 경우가 많으며 싱글 여행자보다는 커플, 가족 단위 여행자에게 추천한다.

카우치 서핑 Couch Surfing

카우치 서핑은 소파를 뜻하는 카우치와 서핑의 합성어로 배낭여행자에게 추천하는 인터넷 숙박 커뮤니티니. 현지인이 여행자들을 위해 하룻밤 묵을 수 있는 카우치를 무료로 제공하고 같이 생활하면서 문화를 교류하는 시스템이다. 커뮤니티 내에 있는 호스트에게 원하는 날짜와 기간, 숙박 인원 등을 적어 보내면 숙박 가능 여부를 알려준다. 기본적으로 카우치라는 용어를 사용하지만 간혹 게스트 하우스 부럽지 않은 침대나 개인룸을 제공하기도 한다.

홈페이지 www.couchsurfing.com

호텔 예약 사이트

아고다 www.agoda.co.kr
부킹닷컴 www.booking.com
익스피디아 www.expedia.co.kr
호텔패스 www.hotelpass.com
에어비앤비 www.airbnb.co.kr
트립어드바이저 www.tripadvisor.co.kr
호텔스컴바인 www.hotelscombined.co.kr

여권과 비자

전자 여권은 신원과 바이오 인식 정보(얼굴, 지문 등의 생태 정보)를 저장한 비접촉식 IC칩을 내장한 것이다. 앞표지에 로고를 삽입해 국제민간항공기구의 표준을 준수하는 전자 여권임을 나타내며, 뒤표지에는 칩과 안테나가 내장되어 있다.

1 전자 여권 도입

문체부와 외교부가 여권의 보안성을 강화하기 위해 폴리카보네이트 재질을 도입하기로 결정, 2020년부터 여권이 바뀌었다. 종류는 일반 여권(남색), 관용 여권(진회색), 외교관 여권(적색)으로 나뉘며 오른쪽 상단에는 나라 문장이, 왼쪽 하단에는 태극 문양이 새겨진다. 또한, 여권 번호 체계를 변경해 주민등록번호가 노출되지 않도록 개편되어 보안성이 더욱 높아졌다. 기존 여권은 유효기간 만료까지 사용 가능하며, 여권 소지인이 희망하는 경우에는 유효기간 만료 전이라도 전자 여권으로 교체할 수 있다.

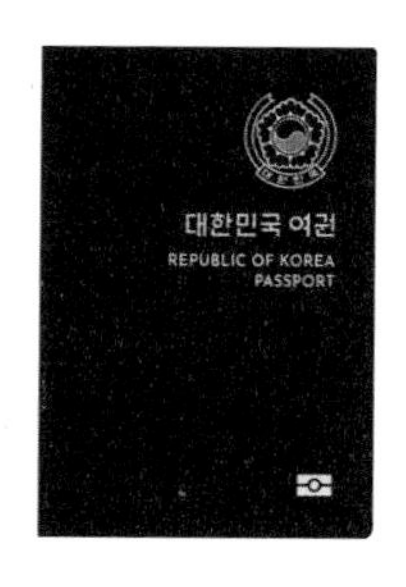

2 여권 신청

여권 발급은 자신의 본적이나 거주지와 상관없이 가까운 발행 관청에서 신청할 수 있다. 서울 25개 구청과 광역시청, 지방도청의 여권과에서 접수를 받는다. 신분증을 소지하고 인근 지방자치단체를 직접 방문해야 하며, 대리 신청은 불가하다. 접수는 평일 오전 9시부터 오후 6시까지 가능하다. 그러나 직장인들을 위해 관청별로 특정일을 지정해 야간 업무를 보거나 토요일에 발급하기도 한다. 발급에는 보통 3~4일 정도 걸리지만, 성수기에는 10일까지 걸릴 수 있으니 여행을 가기로 마음먹었다면 바로 신청한다.

3 여권 종류

일반적으로 복수 여권과 단수 여권으로 나뉜다. 복수 여권은 특별한 사유가 없는 한 5년 내지 10년 동안 횟수에 제한 없이 외국에 나가는 것이 가능하다. 단수 여권은 1년 이내에 한 번 사용할 수 있다. 만 18세 이상, 30세 이하인 병역 미필자 등에게 발급한다.

여권 발급에 필요한 서류

❶ 여권 발급 신청서
❷ 여권용 사진 1매, 긴급 여권 발급(여권 갱신을 하지 못한 여행자들에 대한 부가적인 서비스. 사건, 사고, 출장 등 긴급함이 인정되는 경우에만 발급된다) 신청 시 2매
❸ 신분증
❹ 여권 발급 수수료(복수 여권 10년 48면 5만 3,000원, 24면 5만 원)
❺ 병역 의무 해당자는 병역 관계서류(전화 1588-9090 홈페이지 www.mma.go.kr에서 확인)
❻ 18세 미만 미성년자는 여권 발급 동의서 및 동의자 인감증명서, 가족관계증명서(단, 미성년자 본인이 아닌 동의자 신청 시 발급 동의서, 인감증명서 생략 가능)

4 ┐ 여권 재발급

여권을 분실했거나 훼손한 경우, 사증(비자)란이 부족할 경우, 주민등록 기재 사항이나 영문 성명의 변경 · 정정의 경우는 재발급을 받아야 한다. 재발급 여권은 구 여권의 남은 유효기간을 그대로 받게 되며, 수수료는 2만 5,000원이다. 단, 남은 유효기간이 1년 이하이거나 자신이 원하는 경우에는 유효기간 10년의 신규 여권을 발급받을 수도 있다.

5 ┐ 여권 사진 촬영 시 주의할 점

가로 3.5cm, 세로 4.5cm 규격으로 6개월 이내에 촬영한 상반신 사진이어야 한다. 바탕색은 흰색이어야 하고, 포토샵으로 보정한 사진은 사용할 수 없다. 즉석 사진 또는 개인이 촬영한 디지털 사진 역시 부적합하다. 연한 색 의상을 착용한 경우 배경과 구분되면 사용 가능하다. 해외에서 생길 마찰의 소지를 줄이기 위해서라도 본인의 실제 모습과 가장 비슷한 사진을 준비하자.

6 ┐ 여권 발급 문의

아래 사이트에서 여권 발급에 대한 정보 열람과 관련 서식을 다운로드할 수 있다.

외교부 여권 안내 www.passport.go.kr

7 ┐ 비자

유효기간이 6개월 이상 남은 전자 여권을 소지한 대한민국 국민은 북마리아나 제도 비자 면제 협정에 따라 비자 없이 45일 동안 사이판에 머물 수 있다. 단, 사이판에서 미국 본토로 가려면 ESTA나 다른 비자를 발급받아야 한다. ESTA를 소지하고 있다면 90일까지 체류 가능하다.

8 ┐ 북마리아나 제도 여행 중 여권 분실 시

여권을 분실했다면 즉시 경찰서를 찾아가 도난 · 분실 증명서를 작성하고, 괌 주재 한국영사관에 가서 여권 재발급 수속을 밟아야 한다. 도난 · 분실 증명서와 여권 재발급 비용, 여권용 증명사진 등을 챙겨 가면 재발행 사유서를 작성하고 재발급 받을 수 있다. 만일의 경우를 대비해 여행 전 여권 사본을 준비하거나 여권 번호를 적어 두는 것이 좋다.

여권 재발급 사유에 따라 필요한 서류

❶ 분실 재발급
여권 발급 신청서, 여권용 사진 2장, 여권 재발급 사유서 또는 여권 분실 신고서

❷ 훼손 재발급
여권 발급 신청서, 여권용 사진 2장, 여권 재발급 사유서

❸ 주민등록 오류 정정 재발급
여권 발급 신청서, 여권용 사진 2장, 여권 및 여권 사본 1부, 주민등록 오류 정정 표시가 된 주민등록초본 또는 동사무소의 협조 공문, 여권 재발급 사유서

❹ 영문 성명 정정 재발급
여권 발급 신청서, 여권용 사진 2장, 여권 및 여권 사본 1부, 증빙 서류(변경할 영문 성명이 기재된 재학증명서, 졸업증명서 등 해외 발행 서류), 여권 재발급 사유서

9 ESTA(전자여행허가제) 신청하기

ESTA는 직접 또는 대행사를 통해 신청할 수 있다. ESTA는 한 번 승인받으면 2년간은 재신청 없이 미국을 방문할 수 있다. 홈페이지에 방문해 필요한 정보를 모두 입력하고 결제까지 마치면 화면에 아래와 같이 표시된다. 승인 허가를 받을 때 이 승인 결과 화면을 프린트해 지참하는 것이 좋다.

승인 허가(Authorization Approved)
과거 불법 체류나 입국 거부, 비자 신청 거부를 당했을 때를 제외하고는 대부분 승인된다.
승인 보류(Authorization Pending) 자세한 심사가 더 필요한 경우로 72시간 내에 결과가 나온다.
승인 거절(Travel not Authorized) ESTA로 미국을 방문할 수 없다.
발급 비용 1인 $21

ESTA 이용 시 주의점

항공이나 배편으로 미국에 입국하려면 왕복 티켓 또는 이후 여행을 위한 티켓을 소지해야 한다. e티켓을 가지고 여행할 경우, 심사관에게 보여주기 위해 e티켓을 프린트해 가져가자. 또 캐나다나 멕시코에서 육로로 미국에 입국할 경우에는 체류 기간 동안 사용할 돈을 일정 금액 소지하고 있다는 것을 심사관에게 보여줘야 한다.

10 외교부 해외 안전 여행

국가별 안전 소식, 여행 경보 및 금지국 안내 등 안전한 해외 여행을 위한 각종 정보를 제공한다. 여행 금지 지역과 여행 제한 지역은 보험 가입과 보상이 불가하다. 또한 긴급 영사 콜센터는 연중무휴 24시간 이용 가능하다.
홈페이지 www.0404.go.kr 전화 02-3210-0404

● 대한민국 영사관 괌 출장소
주소 125c Tune Jose Camacho St., Tamuning, Guam 96931 U.S.A
전화 +1-671-647-6488 이메일 kconsul@guam.net
운영 월~금요일 09:00~17:00

● 주한 미국 대사관
주소 서울특별시 종로구 세종대로 188 전화 02-397-4114

비자 면제 신청서 작성 방법

우리나라와 북마리아나 제도는 비자 면제 프로그램이 체결되어
체류 기간이 45일 이하면 비자를 발급받지 않아도 된다.
기내에서 나눠주는 비자 면제 신청서를 작성해 입국 심사를 받을 때
출입국 신고서와 함께 제출해야 한다.
비자 면제 신청서를 작성할 때는 반드시 영문 대문자로 정확하게 기입하고,
14세 이하 어린이의 양식은 부모나 법적 보호자 혹은 보호인이 대리 서명한다.

DEPARTMENT OF HOMELAND SECURITY
U.S. Customs and Border Protection

OMB No. 1651-0109
Expires 11/30/2015

괌 - 북마리아나 제도 연방**(CNMI)** 비자 면제 정보

지시 사항: 미국 연방 규정 8 CFR 212.1(q)에 기재된 해당국* 국민으로서, 방문 비자 없이 괌 또는 북마리아나 제도 연방을 방문해 최고 45일까지 체류하고자 하는 모든 비이민 방문자는 이 양식을 작성해야 합니다. 이 규정은 오직 괌 또는 북마리아나 제도 연방 입국 시에만 적용됩니다. 이 규정은 미국의 다른 지역 입국 시에는 적용되지 않습니다. 쉽게 알아볼 수 있도록 펜을 사용하여 영문 대문자로 기입하십시오. 1번부터 9번까지 기입한 뒤, 모든 사항을 자세히 읽은 다음 양식 하단에 서명과 함께 날짜를 기재하십시오.
14세 이하 어린이의 양식은 부모나 법적 보호자 혹은 보호인이 대리 서명해야 합니다. 기입 완료한 양식을 미국 세관 및 국경 보호국 I-94 양식, 즉 출/입국 기록과 함께 미국 세관 및 국경 보호국 직원에게 제출하십시오. * 해당국 목록은 항공회사에 문의하여 받을 수 있습니다.

❶ 1. 성(여권에 기재된 것과 같아야 함)

❷ 2. 이름

❸ 3. 기타 사용 이름

❹ 4. 출생일(일/월/연도)

❺ 5. 출생지(도시 및 국가)

❻ 6. 여권 번호

❼ 7. 여권 발급일(일/월/연도)

❽ 8. 미국 이민 비자 또는 비이민 비자를 신청했던 적이 있습니까?

☐ 아니요 ☐ 예(있다면 다음 사항을 기재하십시오)

신청 장소

신청 일자(일/월/연도)

신청했던 비자 종류

비자를 발급 받았습니까?
☐ 아니요 ☐ 예

미국 비자가 취소된 적이 있습니까?
☐ 아니요 ☐ 예

9. 모든 신청자는 다음 사항을 읽고 답해야 합니다. 미국 법에 따라 미국 입국이 허용되지 않는 특정 범주에 속한 사람은 비자 면제 혜택을 받을 수 없습니다(단 사전에 비자를 면제받은 사람은 예외). 특정 범주와 비자 면제 비적용 대상에 관한 정보는 미국 세관 및 국경 보호국에서 취득할 수 있습니다. 일반적으로 비자가 면제되지 않는 사람은 다음과 같습니다.

- 전염병(예: 결핵) 또는 심각한 정신 질환을 앓고 있는 자
- 사면, 특사 혹은 다른 사법 조치로 사후 구제를 받았더라도 특정 법률 위반 또는 범죄 행위로 체포 또는 유죄 판결을 받은 전력이 있는 자
- 마약 상습 복용자 또는 밀매자로 인정되는 자
- 과거 미국에서 추방되거나, 불법 입국한 적이 있는 자
- 사기나 고의적인 허위 진술로 미국 비자 또는 다른 증빙 서류를 발급 받으려 하거나 발급 받은 자, 또는 이를 통해 미국에 불법 입국한 자
- 테러 활동에 가담했거나, 테러 조직 회원으로 활동한 자
- 인종, 종교, 국적, 또는 정치적 이견을 이유로 특정인을 핍박하도록 명령, 교사, 지원 또는 가담했던 자. 독일 나치 정부, 나치 점령 지역 또는 나치 동맹국 정부와 직간접적으로 관련이 있거나, 특정국에서 인종 학살에 가담한 자.

❾ 위의 사항 중 해당되는 부분이 있습니까? ☐아니요 ☐ 예
(있다면 귀하는 괌 또는 북마리아나 제도 연방 입국이 거부될 수 있습니다.)

중요 사항: 귀하는 무 비자로 괌 또는 북마리아나 제도 연방에 입국, 최고 45일까지 체류할 수 있습니다. 귀하는 (1) 비 이민자 신분 변경, (2) 임시 또는 영주권자로의 신분 변경, (3) 체류 기간 연장을 신청할 수 없습니다.

경고 사항: 귀하가 현행 괌-북마리아나 제도 연방 비자 면제 프로그램 또는 이전의 괌 비자 면제 프로그램 하에서 미국 입국 규정을 위반한 전력이 있을 경우, 괌 또는 북마리아나 제도 연방 입국을 거부당할 수 있습니다. 현행 입국 규정을 위반할 경우, 괌 또는 북 마리아나 제도 연방에서 추방될 수 있습니다. 비이민 방문자가 현지에서 불법 취업하는 경우에도 추방될 수 있습니다.

권리 포기: 본인은 이에 의거하여 본인의 입국 허가에 관한 미국 세관 및 국경 보호국 직원의 결정에 대한 재심 또는 항소 권리를 포기합니다. 본인은 정치적 망명을 제외한 추방 절차 상의 어떠한 소송에 대해서도 이의 제기 권리를 포기합니다.

확인 서약: 본인은 이 양식에 기재된 모든 사항과 질문을 읽고 이해하였음을 서약합니다. 본인의 모든 답변은 본인이 알고 믿는 한 틀림없는 사실임을 맹세합니다.

❿ 서명 ⓫ 일자

서류작성 간소화 법 안내: 현재 유효한 OMB 통제 번호가 게시되지 않은 경우, 해당 서류의 질문에 응답할 필요가 없습니다. 양식 작성에 소요되는 시간은 지시 사항 검토, 기존 정보 확인, 필요 정보 수집 및 유지, 응답 등을 포함하여 평균 5분으로 예측됩니다. 양식 작성 시간 부담에 대한 의견이나 부담을 경감시킬 수 있는 제언이 있으면 아래 주소로 보내십시오: U.S. Customs and Border Protection, Office of Regulations and Rulings, 799 9th Street, NW., Washington DC 20229.

❶ **성** : 여권상의 표기와 동일하게 기입
❷ **이름** : 여권상의 표기와 동일하게 기입
❸ **기타 사용 이름** : 없으면 기입하지 않아도 됨
❹ **출생일** : 일, 월, 연도 순으로 기입
❺ **출생지** : 도시와 국가 이름 기입
❻ **여권 번호** : 여권상의 표기와 동일하게 기입
❼ **여권 발급일** : 여권상의 표기와 동일하게 기입
❽ **미국 이민 비자 또는 비이민 비자 신청 유무** : '예/아니요'로 표기
❾ '예/아니요'로 표기
❿ **서명**
⓫ **일자**

증명서와 여행자 보험

증명서마다 발급 비용이 드니 효용을 따져보고 발급받는다.
무턱대고 받아놓기만 했다가 제대로 써보지도 못한 채 유효기간이 지날 수 있기 때문이다.

1 국제 운전면허증

자동차 여행을 계획하고 있다면 국제 운전면허증은 꼭 필요하다. 대한민국 운전면허증 소지자라면 전국의 운전면허 시험장 및 경찰서, 도로교통공단과 협약한 지방자치단체에서 발급받을 수 있으며 2018년 7월부터 인천국제공항 제1터미널에 위치한 경찰치안센터(3층 출국장 F · G 카운터 사이)에서도 신청 · 발급 가능하다. 대기 시간을 제외하고 15분 정도 걸리며, 대기 인원에 따라 시간도 달라지니 충분히 여유를 두고 방문하는 것이 좋다. 유효기간은 발급일로부터 1년이다.

1

2

2 국제학생증

관광지 입장료, 교통비, 숙박비 할인 등의 혜택이 있는 신분증이다. 국제학생증은 크게 ISIC와 ISEC가 있는데, 2가지 모두 세계에서 공신력 있는 국제학생증으로 통하지만 발급 기관이 다르고 혜택에 조금씩 다르다.

3 여행자 보험

여행자 보험은 여행 중 발생할 수 있는 갖가지 사건, 사고에 의한 손해를 보상한다. 전화나 홈페이지를 통해 직접 신청하면 저렴한 가격에 보험에 들 수 있다. 보상을 받으려면 현지 병원이 발급한 진단서, 치료비 & 약제품 영수증, 처방전 등을 챙긴다. 도난 사고 시 현지 경찰이 발급한 도난 증명서(사고 증명서)가 필요하다. 새로 구입한 물건 도난 시 물품 구매처와 가격이 적힌 영수증을 준비한다.

삼성화재 direct.samsungfire.com
롯데손해보험 www.lottehowmuch.com
KB손해보험 direct.kbinsure.co.kr
한화손해보험 www.hanwhadirect.com

국제 운전면허증 발급받기

준비 서류 여권(사본 가능), 운전면허증, 여권용(혹은 반명함판) 사진 1매, 수수료 8,500원
유효기간 발급일로부터 1년
전화 1577-1120

국제학생증 발급받기

발급처 ISIC · ISEC 사무실 및 제휴 대학교, 제휴 은행, 제휴 여행사
비용 ISIC 1년 17,000원,
2년 34,000원
ISEC 1년 15,000원,
2년 22,000원
유효기간
발급일로부터 유효 시작
전화 02-733-9393(ISIC),
1688-5578(ISEC)
홈페이지 www.isic.co.kr,
www.isecard.co.kr

환전과 여행 경비

여행지에서는 계획하에 현금과 신용카드를 적절히 섞어 이용하는 게 편하다.
환율 우대를 받을 수 있는 주거래 은행이나 인터넷 환전을 이용하자.

1 방문 환전

달러, 유로, 엔, 위안 등 자주 찾는 통화는 대부분 시중 은행에서 갖추고 있다. 주거래 은행에서 환전 수수료를 우대받자. 우수 고객은 70~80%까지 우대해 준다. 또 인터넷에서 무료로 다운로드 가능한 환전 우대 쿠폰을 이용하면 50~90%까지 환전 수수료를 할인받을 수 있다. 공항에 있는 은행은 환전 수수료가 비싸므로 시간 여유가 있다면 수수료가 가장 저렴한 서울역에 있는 기업은행과 우리은행 환전 센터를 이용하자. 시간이 없는 경우 환율은 조금 비싸지만 공항 내 환전소를 이용할 수도 있다. 여행 일정이 길면 현금을 많이 들고 다니기보다는 현금과 신용카드를 함께 사용하는 것이 낫다.

미국 내 사설 환전소

2 사이버 환전

은행에 갈 시간이 없다면 인터넷이나 스마트폰 애플리케이션을 통해 환전해도 좋다. 은행 업무시간 외에도 이용 가능하고, 외화 수령 또한 출국 전 공항에서 할 수 있어 편리하다. 은행 창구를 이용하는 것보다 환율 우대 혜택 역시 좋은 편이다.

3 신용카드

현금만 가져가는 것이 조금 불안하다면 신용카드를 준비하자. 보안이 취약하다거나 약간의 수수료 부담이 있지만 외국인에게는 가장 편리하고 보편적인 보조 결제 수단이다. 호텔, 렌터카, 항공권을 예약하거나 사용할 때 대부분 신용카드를 제시해야 하고, 현지에서 급하게 현금이 필요할 때 ATM에서 현금 서비스를 받을 수도 있다. 소지한 카드가 외국에서 사용 가능한지 반드시 확인하고, 해외 사용 비밀번호 등록 및 확인을 해둔다.

4 현금카드

현금카드를 이용해 현지 ATM에서 현지 통화를 인출할 수 있다. 현금을 들고 다니는 것보다 안전하고, 신용카드보다 알뜰한 소비가 가능하다. 현금카드 역시 여행을 떠나기 전 해외에서 사용 가능한 카드인지 반드시 확인하고, 본인의 카드에 적힌 브랜드(PLUS, Cirrus)가 붙은 ATM를 현지에서 찾아 인출하면 된다. ATM은 미국 전역에서 쉽게 찾아볼 수 있다. 수수료를 계산하면서도 한꺼번에 많은 돈을 들고 다니지 않도록 주의해 인출한다.

여행 가방 꾸리기

똑같은 일정으로 떠난 해외여행에 누구는 이민 가방처럼 짐을 꾸리고,
또 누구는 가뿐한 트렁크 하나로 마무리한다. 짐은 말 그대로 여행지에서 짐이 될 뿐이다.
짐 싸기 요령만 제대로 터득해도 여행이 200% 즐거워진다.

1 짐은 최대한 작고 가볍게!

여행 가방이 가벼울수록 여행자의 발걸음 또한 가벼워진다. 꼭 필요한 물건만 넣고, 샘플 화장품이나 일회용 · 미니 사이즈 제품으로 채울 것.

2 공간 배치의 힘

같은 배낭, 같은 트렁크도 공간 배치에 따라 넣을 수 있는 양이 달라진다. 여행 가방에 넣을 물건을 정리한 후에는 무거운 것은 아래에, 가벼운 것은 위에 배치한다. 옷, 수영복, 속옷 등은 돌돌 말아 넣고, 깨지는 물건이 있다면 옷으로 감싸 보호한다.

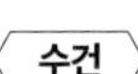

호텔에 묵는다면 따로 준비해 갈 필요는 없지만 호스텔, 게스트 하우스 숙박자라면 타월 1~2장 정도 챙겨가는 것이 좋다.

멀티 방수 팩

카메라에 물이 들어가지 않게 해주는 플라스틱 케이스. 사이판에서 수중 레포츠를 즐길 때 준비하면 좋다.

3 파우치 혹은 비닐팩을 활용하자

옷, 화장품, 세면도구, 비상약 등을 각각의 파우치나 비닐팩에 나누어 담는다. 여러 아이템이 복잡하게 섞이는 것을 막고, 빨랫감이나 물기가 있는 제품도 깔끔하게 분리할 수 있다. 비닐팩은 여러 가지 용도로 재활용이 가능하니 여러 개 챙기는 것이 좋다.

4 태양을 피하는 법

북마리아나 제도는 태양이 뜨겁고 자외선이 강하다. 모자, 선글라스, 자외선 차단제 등은 없어서는 안 될 필수품. 수시로 얼굴에 수분을 공급해줄 미스트 제품이나 야외 활동 후 피부를 보호해줄 수면 마스크 팩 등이 효과적이다.

5 평범한 여행 가방이라면 네임 태그는 개성 있게!

공항의 수하물 찾는 곳에서 간혹 분실 사고가 일어나는데, 이는 모두 모양과 디자인이 비슷한 트렁크를 사용하기 때문. 여행 가방이 평범하다면 네임 태그만큼은 튀는 제품으로 선택해 구별하기 쉽게 한다.

은행 · 전화 · 우편

1 은행

해외에서 사용 가능한 신용카드(비자, 마스터, 아메리칸 익스프레스) 혹은 국제 현금카드를 가지고 있다면 CD/ATM 등의 현금인출기로 한국에 있는 은행 계좌에서 현금을 인출할 수 있다. 현금인출기는 괌 은행, 사이판 은행, 하와이 은행, 퍼스트 하와이안 은행 등 사이판 내 주요 은행에 설치되어 있고, 이외에 호텔과 쇼핑센터 등에서 24시간 이용 가능하다. 1인 한도 인출액은 $600, 카드를 한 번 넣을 때마다 최대 $300까지 인출할 수 있다.

● 괌 은행 Bank of Guam

전화 +1 670-236-2700

영업 월~금요일 09:00~15:00

● 하와이 은행 Bank of Hawaii

전화 +1 670-237-2951

영업 월~금요일 09:00~16:00, 토요일 09:00~13:00

● 사이판 은행 Bank of Saipan

전화 +1 670-235-6260

영업 월~목요일 09:00~16:00, 금요일 09:00~18:00, 토요일 10:00~12:00

● 퍼스트 하와이안 은행 First Hawaiian Bank

전화 +1 670-234-6559

영업 월~금요일 09:00~16:00

알아두면 도움 되는 현금인출기 용어

Insert card. 【카드를 넣으세요.】
Take your card before proceeding. 【카드를 빼주세요.】
Select the language you wish to use. 【언어를 선택하세요.】
Enter your personal identification number. 【비밀번호를 누르세요.】
Press the enter key. 【엔터 버튼을 누르세요.】
Select the type of transaction by pressing the appropriate key. 【원하는 거래 종류를 누르세요.】
Balance inquiry 【잔액 조회】
Fast cash 【정해진 화폐 단위로 인출】
Transfer 【송금】 Withdrawal 【현금 인출】
Enter the withdrawal amount. 【원하는 금액을 누르세요.】
Wait while we process your transaction. 【거래가 진행 중이니 기다려주세요.】
Do you want a receipt with your transaction? 【영수증이 필요한가요?】
Take your receipt. 【영수증을 받으세요.】
We are unable to process your transaction at this time. 【거래를 진행할 수 없습니다.】
Transaction has been cancelled. 【거래가 취소되었습니다.】

2 전화

사이판 내에서 시내전화 걸기

670 (사이판 지역 번호)
▼
123-4567 (전화번호 7자리)

사이판에서 한국으로 걸기

① 호텔 전화로 거는 경우

외선 번호 (프런트에 문의)
▼
82 (한국 국가 번호)
▼
지역 번호 (0은 제외 ex. 01(휴대전화 앞자리), 2(서울), 31(경기))
▼
1234-5678 (상대방 전화번호)

② 공중전화로 거는 경우

011 (국제전화 식별 번호)
▼
82 (한국 국가 번호)
▼
지역 번호 (0은 제외)
▼
1234-5678 (상대방 전화번호)

③ 신용카드 또는 국제전화 선불카드로 거는 경우

접속 번호
▼
카드 번호
▼
비밀번호 (신용카드인 경우)
▼
82 (한국 국가 번호)
▼
지역 번호 (0은 제외)
▼
1234-5678 (상대방 전화번호)

④ 휴대전화로 거는 경우

한국에서와 동일하게 전화를 건다. 수신과 발신 모두 돈을 내야 하며 요금이 비싼 편이다. 할인받으려면 통신사별로 제공하는 휴대전화 로밍 서비스를 이용할 것. 종류에 따라 수신과 발신, 문자, 데이터 등의 혜택이 다르기 때문에 자신에게 맞는 상품을 따져보고 신청해야 한다.

한국에서 사이판으로 걸기

001 / 002 등 (국제전화 식별 번호)
▼
1 (미국 국가 번호)
▼
670 (사이판 지역 번호)
▼
1234-5678 (상대방 전화번호)

국제전화 선불카드

일반 국제전화보다 저렴하게 사용할 수 있는 카드. 카드를 구매해 2만 원, 3만 원, 5만 원 등 금액별로 충전해 사용한다. 카드 종류에 따라 국내→해외, 해외→국내, 해외→해외 등 다양한 상황에서 통화가 가능하다. 할인율이 각각 다르니 꼼꼼하게 따질 것.

심카드 SIM: Subscriber Identification Module

개인 식별 정보를 담은 심카드는 현지 통신사의 관련 서비스를 이용할 수 있게 해주는 일종의 칩이다. 휴대폰 단말기에서 국내 통신사의 유심 칩을 빼고 현지 심카드만 꽂으면 바로 사용 가능한데, 사이판에서는 IT&E와 도코모 퍼시픽(Docomo Pacific) 2개의 통신사에서 심카드를 구입할 수 있다. 무제한 선불 상품을 이용할 경우 전화, 문자, 데이터 등의 선택 여부에 따라 요금이 달라진다. 가령 데이터만 사용하면 하루에 $1.50~1.95이고 전화, 문자, 데이터 모두 사용하면 하루에 $2.50~2.95 정도이다.

프리페이드 폰 Prepaid Phone

저렴한 휴대폰을 구입해 심카드를 꽂은 후 IT&E와 도코모 퍼시픽 2개의 통신사에서 판매하는 선불카드에 돈을 충전해 사용하는 방법. 요금은 일반적으로 전화를 걸 때는 분당 ¢20, 전화를 받을 때는 분당 ¢10, 문자는 건당 ¢4 정도. 충전식 선불카드는 $5, $10, $20짜리가 있고 사이판 내 쇼핑센터에서 쉽게 구입할 수 있다.

사이판 현지 통신사

● IT&E

전화 +1 670-682-4483
영업 월~토요일 08:00~17:00
휴무 일요일
홈페이지 www.pticom.com

● 도코모 퍼시픽(Docomo Pacific)

전화 +1 670-483-2273
영업 월~금요일 08:00~17:00, 토요일 09:00~13:00
휴무 일요일
홈페이지 www.docomopacific.com/cnmi

3 | 우편

사이판에서 한국으로 보내는 항공우편 요금은 편지와 엽서 모두 $1.20. 한국 주소와 이름은 한글로 적되, 한국으로 보내는 항공우편임을 잘 확인할 수 있도록 'South of Korea'라고 정확하게 기입한다. 사이판에서 가장 큰 우체국(United States Postal Service)은 사이판 남부 수수페 지역 아쿠아리우스 비치 타워 호텔과 찰란카노아 비치 호텔 중간 지점에 있고, 그 외 지역은 일종의 사서함처럼 운영한다. 우리나라처럼 집으로 우편물이 배달되지 않고 우편 취급소의 개인 우편함에 보관된 우편물을 찾아가는 시스템. 우체국까지 갈 수 없다면 호텔 프런트나 아이 러브 사이판에 부탁해도 된다.

전화 +1 670-234-6270
영업 월~금요일 08:30~16:00, 토요일 09:00~12:00

렌터카 정보

1 렌터카 Rent-a-car 이용

사이판, 티니안, 로타에서는 만 21세 이상이면 누구나 자유롭게 3시간, 6시간, 24시간, 일주일 등의 기간으로 차를 빌릴 수 있다. 렌터카 사무실은 가라판과 비치로드, 리조트, 공항 근처에 있으며, 방문해서 직접 렌트할 수 있고 전화나 인터넷을 통한 예약도 가능하다. 원하는 차종이 없을 경우를 대비해 미리 예약하는 것이 좋은데, 인터넷 예약 시에는 할인 혜택도 받을 수 있다. 예약할 때는 사이판에 도착하는 항공편과 빌리는 기간, 보증금용 신용카드 번호, 빌리는 장소, 희망 차종 등을 알려준다. 예약하고 나면 예약 확인서를 보내주므로 예약 확인서를 가지고 현지의 렌터카 회사에 방문하면 된다. 자세한 업체 정보는 p.91 · 195 · 221을 참고한다. 한국 운전면허증으로 최대 30일간 운전할 수 있고, 주행 거리에는 제한이 없으며, 연료비는 이용자가 부담한다. 반납 시에는 최초 차량 대여 시와 동일하게 연료를 채워 반납해야 하는데, 부족할 때는 일반 연료비 외에 초과 비용이 부과될 수 있다. 또한 안전한 여행을 위해 자동차보험과 상해보험 등에 가입하길 권한다.

2 보험의 종류

자동차보험 CDW: Collision Damage Waiver

사고 시 렌터카 차량의 피해에 따른 차량 수리비를 일정 금액으로 제한하는 자차 손해 면책 제도. 즉 사고 발생으로 인한 수리비가 많이 발생하더라도 정해진 금액까지만, 수리비가 조금 발생하면 실제 수리 비용만 고객이 부담하면 된다. 본인의 과실로 차량 사고 발생 시 면책금 $500~750를 지불해야 한다.

종합보험 COMP: Comprehensive Insurance

일어날 수 있는 사고와 도난, 유리 파손 등 여러 가지 위험을 일괄해 보상하는 보험.

상해보험 PAI: Personal Accident Insurance

사고 시 본인과 상대방의 차내 인원까지 병원 치료비를 보상하는 보험.

완전 면제 보험 ZDC: Zero Deductible Coverage

사고 발생 시 완전 면책되는 보험으로 면책금을 지불하지 않아도 된다.

3 | 운전 시 유의할 점

제한속도

최고 시속은 주로 60km(35마일)이고 일부 구간만 70km(45마일)이며, 추월은 금지되어 있다. 아스팔트에 산호 가루가 섞여 있어 빗길이 아주 미끄러우니 조심해야 한다.

안전벨트

전 좌석 안전벨트 착용이 의무화다. 3세 미만 유아는 반드시 카시트를 착용해야 하며 유아도 1인으로 취급하므로 5인승 차량 이용 시 유아를 포함해 5명 넘게 탑승하면 벌금이 부과된다.

STOP 표지판

도로 합류 지점에서 빨간색 STOP 표지판이 보이면 무조건 멈추고 통행 차량의 상태를 파악한 후 다시 움직여야 한다.

스쿨버스

도로에 스쿨버스가 정차하면 스쿨버스 뒤에 있는 차는 물론 마주 오는 반대편 차도 반드시 멈추고 스쿨버스가 떠날 때까지 기다려야 한다.

좌회전

도로에 노란 선 또는 노란색 리벳을 친 중앙 차선이 있는데, 이곳에서는 양쪽 방향의 차가 좌회전이나 유턴을 할 수 있다. 주행 차선이 아니므로 주의해야 하고, 좌회전이나 유턴은 일단 중앙 차선에 들어가 정차한 다음에 해야 한다.

단속

교통법규를 위반해 경찰의 단속에 걸리면 차에서 내리지 말고 차창을 열고 면허증, 렌트 계약서, 차량 등록증을 제시한다.

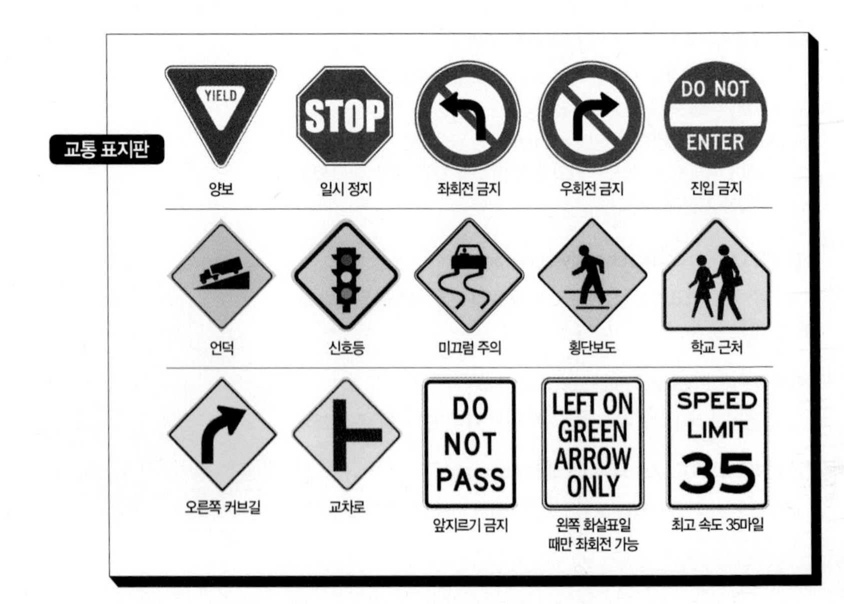

사고 예방과 대응법

1 사고 예방하기

사이판은 치안이 좋은 편이지만 항상 만약의 사고를 대비해야 한다. 여권은 미리 복사해 휴대하고, 현금과 귀중품은 나눠서 보관하며, 신용카드 번호와 카드 회사 연락처는 따로 메모해둔다. 관광이나 쇼핑을 할 때 여권이나 지갑은 항상 몸 앞쪽에 두고, 물놀이를 할 때는 최소한의 물건만 휴대하고 나머지는 숙소 내 세이프티 박스에 보관한다. 차를 주차할 때는 개인 소지품과 가방 등이 보이지 않도록 트렁크에 보관하는 것이 좋다.

2 사고 대응법

소지품 분실 · 도난 시

지갑이나 현금, 신용카드, 여권 등을 분실하거나 도난당했을 경우에는 가장 먼저 해당 카드 회사로 연락해 신용카드 사용을 정지시킨다. 이어 경찰서로 이동, 상황을 설명하고 분실이나 도난을 증명하는 증명서를 발급받는다. 사이판에는 한국 영사관이 없기 때문에 여권 분실 시 괌에 있는 대한민국 영사관(p.247)에 임시 여권 발급을 요청해야 한다. 이때 복사한 여권 사본이 있다면 빠른 처리가 가능하다.

교통사고 발생 시

렌터카를 이용할 경우에는 늘 교통사고를 대비해야 한다. 제한속도, 음주음전, 안전벨트 등과 관련한 교통법규를 지키는 것은 당연하고, 만약 사고가 났을 때는 즉시 차를 세우고 비상등을 켠 후 다친 사람을 구한다. 경찰을 불러 사건 상황을 설명하고, 접촉이나 대인 사고의 경우 상대방의 이름, 주소, 생년월일, 차종, 면허증 번호, 차량 등록 번호, 보험회사, 목격자의 이름 등을 꼼꼼하게 파악한다. 사고가 난 후 24시간 이내에 경찰서와 보험회사 등에 사고 경위를 보고해야 불이익이 없다.

물놀이 사고 발생 시

사이판의 바다는 수심이 얕고 잔잔해 보이지만 막상 안으로 들어가면 물살이 거칠어 휩쓸릴 위험이 있다. 안전 요원이 있는 곳에서 수영을 하고, 그렇지 않을 경우에는 항상 긴장을 늦추면 안 된다. 수영이 미숙한 경우에는 구명조끼 착용이 필수. 음주 후에 바다에 들어가는 것은 자살행위나 다름없다. 해양 액티비티를 할 때는 안전한 기구를 사용하는지, 안전 교육을 제대로 실시하는지 따져야 한다. 리조트와 연결된 해변에서 사고가 났다면 가까운 호텔 안전 요원을 부르고, 인적이 드문 곳이라면 911에 전화해 경찰과 구급차를 부른다.

긴급 상황 시 연락처

비상사태 911
경찰서 +1 670-664-9000
소방서 +1 670-664-9076
구급차 +1 670-234-6222
병원 CHC(Commonwealth Health Center) +1 670-234-8950

사이판 한인회

사이판에 거주하는 한인들의 커뮤니티. 사이판 관련 정보는 물론 위급 상황 시 교민들의 도움을 받을 수 있다.
전화 +1 670-234-0465
홈페이지 saipan.korean.net

쇼핑 정보

1 면세 범위

사이판은 섬 전체가 면세 구역으로 부가가치세 일부를 환급받는 택스 리펀드 절차가 필요 없다. 그러나 한국으로 들어올 때 입국 면세 범위가 규정되어 있기 때문에 한도를 초과하면 세금을 물어야 한다. 우리나라의 1인당 면세한도는 해외에서 취득(무상 포함)한 물품과 구입 물품의 총가격 $600 미만까지다.

2 별도 면세 품목

술과 담배, 향수의 경우 별도 면세 품목에 해당해 1인당 관세 면세 금액인 $600에 포함되지 않는다. 술은 1L 이하 용량에 $400 이하 1병, 담배는 10갑, 향수는 60mL 1병까지 가능하고 이를 초과하면 세금을 물어야 한다.

한국과 미국의 사이즈 비교표

여성 의류					
한국	85	90	95	100	105
	44	55	66	77	88
미국	2~4	4~6	8~10	12~14	16~18

여성 신발					
한국	230	235	240	245	250
미국	6	6.5	7	7.5	8

여성 속옷					
한국	85	90	95	100	105
미국	XXS	XS	S	M	L

남성 의류					
한국	90~95	95~100	100~105	105~110	110 이상
미국	S	M	L	XL	XXL

남성 신발						
한국	255	260	265	270	275	280
미국	8	8.5	9	9.5	10	10.5

세관 신고

세관 신고서는 개인 여행자일 경우 1인당 1부, 부부나 가족 여행일 경우 가족당 1부를 영어로 작성한다. 수하물은 모두 세관 검사 대상이 될 수 있으니 정직하게 기입해야 하고, 수하물을 찾은 후 세관 검사대에 제출한다. 만약 신고할 물품이 있으면 담당 직원이 지시하는 절차에 따른다.

사이판 입국 시 세관 신고 품목 및 세관 신고서 작성법

- **화폐와 통화 증서** 미화 $10,000 이상(또는 동등액의 외국환)을 소지할 경우 지폐, 동전, 여행자 수표, 머니 오더, 양도성 증서(수표, 증권, 주식, 채권 포함) 등 종류에 관계없이 신고해야 한다.
- **농축산물** 농축산물을 통한 해충의 반입을 방지하기 위해 과일, 채소, 식물 또는 식물 제품, 흙, 육류 또는 육류 제품, 새, 달팽이, 기타 살아 있는 동물 또는 육류 제품(날것, 요리한 것, 가공한 것, 판매용/개인용 불문)의 반입 금지. 이러한 품목을 소지한 경우 세관/검역소에 신고하지 않으면 압수당하거나 벌금을 물 수 있다.
- **술과 담배** 77온스 미만의 증류주, 288온스 미만의 맥주 또는 맥아 술, 128온스 미만의 와인 또는 정종, 1파운드 미만의 담배 제품(궐련류 제외), 궐련류 담배 30갑(단, 상품 표기 및 광고법에 저촉되거나 법무장관의 인증을 받지 못한 제품은 10갑까지만 허용)까지 관세 없이 반입 가능. 10갑 이상의 담배를 소지하고 있다면 신고해야 한다.
- **총기와 탄약** 총기와 탄약 등 위험한 무기를 소지하고 있다면 입국 즉시 세관원에게 인계한다.
- **금지 품목 마리화나 등 마약 또는 그 밖의 통제 약물**, 폭발물 또는 인화 물질, 미국 또는 국제 상표 등록 특허를 침해 하는 모든 물건은 반입 금지.

관세청
세관신고서

한국어

오늘 날짜 (월/일/연도) ❶ | 항공사/선박 ❷ | 항공편/선박편 ❸ | 출발지(탑승 국가) ❹

성	이름	여권번호	국적	출생지	생년월일	성별(남/여)

❺

❻ 1b. 이 신고서에 기재된 사람들의 수 (본인 포함)

❼ 2. 북 마리아나 연방에서 체류할 호텔명 또는 주소

❽ 3. 거주 국가 (해당 국가/지역을 칠하시오):
일본 (지역을 선택하시오) / 한국 (도시를 선택하시오): 서울, 인천, 부산, 기타, 대구 / 중국 (지역을 선택하시오) / 북 마리아나 연방, 하와이, 미국 본토, 괌, 팔라우, FSM, RMI, 필리핀, 호주 / 캐나다, 유럽, 홍콩, 대만, 태국, 러시아, 기타

❾ 4. 북 마리아나 연방 여행 목적: 휴가/관광, 승무원/선원, 사업/출장, 취업, 거주 주민, 기타

❿ 5. 북 마리아나 연방에 머무르는 동안 아래 섬(들)을 방문할 예정입니다

	당일여행	1	2	3	4	5	6	7-10	>11
사이판									
티니안									
로타									

⓫ 이 신고서에 기재된 각 사람의 성별과 연령

	본인	2nd	3rd	4th	5th	6th
남성						
여성						
13세 이하						
13 - 15세						
16 - 19세						
20 - 24세						
25 - 29세						
30 - 34세						
35 - 39세						
40 - 44세						
45 - 49세						
50 - 54세						
55 - 59세						
60세 이상						

⓬ 7. 나 (우리)는 미화 $ 10,000 이상 (또는 동등액의 외국환)을 소지하고 있습니다 — 예 / 아니오

⓭ 8. 나(우리)는 과일, 식물, 육류, 식품, 흙, 조류, 달팽이, 살아있는 동물 등의 농축산물을 소지하고 입국합니다 (원산지에 관계없음) — 예 / 아니오

⓮ 9. 북 마리아나 연방의 관세 구역 밖에서 취득한 모든 해당 물품을 신고해야 합니다 — 술 / 담배 / 판매용 물건 / 총기/탄약 / 신고할 것 없음

❶ **오늘 날짜** : 월, 일, 연도 순으로 기입
❷ **항공사** : 자신이 타고 온 항공사명
❸ **항공편** : 자신이 타고 온 항공편 번호
❹ **출발지(탑승 국가)** : 한국이면 KOREA
❺ **성/이름/여권 번호/국적/출생지/생년월일/성별(남/여)** : 여권상의 표기와 동일하게 기입
❻ **이 신고서에 기재된 사람의 수(본인 포함)**
❼ **북마리아나 연방에서 체류할 호텔명 또는 주소**
❽ **거주 국가** : 해당 국가/지역에 칠함
❾ **북마리아나 제도 연방 여행 목적** : 휴가/관광에 칠함
❿ **북마리아나 제도 연방에 머무르는 동안 아래 섬을 방문할 예정입니다** : 방문 예정인 섬과 숙박 예정일수에 칠함
⓫ **이 신고서에 기재된 각 사람의 성별과 연령**
⓬ **미화 $10,000 이상 소지 여부** : '예/아니요'로 표기
⓭ **농축산물 소지 여부** : '예/아니요'로 표기
⓮ **관세 구역 밖에서 취득한 물품 신고** : 해당 내용에 표기

출국 수속

1 출국장으로 들어가기 전에 잠깐

환전, 여행자 보험 가입과 휴대전화 로밍을 하지 않았다면 마지막 기회다. 인천 국제공항에는 은행, 여행자 보험 카운터와 휴대전화 로밍 센터가 있다. 출국장으로 들어가기 전에 해결하자. 에어사이드에 로밍 카운터가 있기는 하나 그곳에서는 로밍 서비스 신청을 받지 않는다.

로밍 카운터

여행자 보험 카운터

트램 타는 곳

2 보안 검색 시 주의

기내에 휴대하는 모든 물건을 바구니에 넣어 검사대 위에 올려놓는다. 주머니에 있는 것을 전부 꺼내 넣고, 액체 휴대품은 비닐 팩에 넣는다. 비닐 팩은 공항 내 편의점과 간이 서점에서 판매하므로 미리 준비하자. 노트북은 가방에서 꺼내 따로 통과시켜야 한다. 부츠나 모자를 착용한 경우 벗어서 문제가 없는지 확인해 주어야 한다.

3 자동 출입국 심사

공항에서 줄 서서 기다리는 일이 딱 질색이라면 자동출입국심사제도를 이용하자. 기존의 자동출입국심사는 각 공항에 위치한 사전 등록 센터에서 여권, 지문, 얼굴 사진을 등록하는 절차를 거쳐야 했으나, 2017년 1월부터 만 19세 이상 대한민국 여권 소지자라면 사전 등록 절차 없이도 자동출입국심사제도를 이용할 수 있게 되었다. 그러나 만 19세 미만, 이름 등 인적 사항이 변경된 사람, 주민등록증 발급 후 30년이 지난 사람은 꼭 사전 등록을 해야 한다. 인천공항 제1터미널은 출국장 3층 F 발권 카운터 앞 등록 센터, 제2터미널은 2층 중앙의 정부종합 행정 센터 쪽(동식물 검역소 옆) 등록 센터에서 하면 된다. 운영 시간은 양 터미널 모두 07:00~19:00까지.

홈페이지 www.ses.go.kr

면세 쇼핑을 했다면

시내 면세점이나 인터넷 면세점에서 쇼핑을 했다면, 출국 심사가 끝나자마자 면세품 인도장으로 갈 것. 성수기에는 인도장이 붐벼 물건을 찾는 데 꽤 시간이 걸린다. 물건을 찾을 인도장이 어디인지 미리 확인해 두자.

4 제1터미널의 101~132번 게이트로 가려면 트램을 타자!

탑승동에 위치한 101~132번 게이트로 가려면 입국 심사를 통과한 후 사진의 표지판을 따라 지하로 내려가, 트램을 타고 이동해야 한다. 트램은 자주 오고 이동 시간도 2분 정도로 짧지만, 사람이 붐빌 경우 트램을 놓치는 경우도 있으므로 20분 정도 먼저 출발해 게이트에 도착하는 것이 안심할 수 있다. 탑승동에도 다양한 면세점이 있다.

여행 회화

여행 중 현지인과 의사소통이 되지 않는다면 그만큼 답답한 일이 또 있을까?
각 상황에 맞는 간단한 영어 회화, 자신의 의사를 제대로 전달할 수 있는 문구를 정리해 보자.

1. 기초 회화

안녕하세요.(기본)	Hello.	죄송합니다.	I am sorry.
안녕하세요.(아침)	Good morning.	얼마입니까?	How much is it?
안녕하세요.(점심)	Good afternoon.	나는 한국인입니다.	I am Korean.
안녕하세요.(저녁)	Good evening.	제 이름은 ~입니다.	My name is ~
실례합니다.	Excuse me.	당신의 이름은 무엇입니까?	What is your name?
감사합니다.	Thank you.	저는 영어를 못합니다.	I can't speak English.
천만에요.	You are welcome.	도와주세요.	Help me.

2. 기본 단어

오늘	Today	주	Week	위	Up
내일	Tomorrow	달	Month	아래	Down
어제	Yesterday	1시간	One hour	크다	Big/Large
오전	Morning	1분	One minute	작다	Small
정오	Noon	100	One hundred	길다	Long
오후	Afternoon	1,000	One thousand	짧다	Short
저녁	Evening	10,000	Ten thousand	많다	Many/Much
밤	Night	오른쪽	Right	적다	A few/A little
일	Day	왼쪽	Left	좋다	Good

나쁘다	Bad	춥다	Cold	내리다	Get off
원하다	Want	가다	Go	보다	See/Watch/ Look
비싸다	Expensive	오다	Come	사다	Buy
싸다	Cheap	걷다	Walk	먹다	Eat
덥다	Hot	타다	Ride/Get on	마시다	Drink

3. 여행 기본 단어

여행하다	Travel	화장실	Toilet/Bathroom
취소하다	Cancel	흡연석/ 금연석	Smoking seat/ No smoking seat
편도/왕복	One way/Round	개점/폐점	Open/Closed
예약	Reservation/Booking	입구/출구	Entrance/Exit
수수료	Handling charge	출입 금지	No entry/No admittance
환불	Refund	빈방 있음/없음	Vacancies/No vacancies
할인	Discount	촬영 금지	No photographs
매진	Sold out	플래시 사용 금지	No flash photography
관광 안내	Tourist information	미성년자 출입 금지	No minors
티켓 판매소	Ticket office	음식물 반입 금지	No food & drinks
신분증명서 필요	ID required	고장 나다	Out of order

원주민 차모로족의 언어

북마리아나 제도의 공식 언어는 영어지만 원주민인 차모로족은 그들만의 언어인 차모로어도 함께 사용한다. 사이판, 티니안, 로타, 괌 등에서 오래전부터 사용해 온 이 언어는 스페인 식민 통치의 영향으로 고대 차모로인의 언어와 스페인어가 혼재되어 있는 게 특징. 하지만 완벽하게 차모로어를 사용할 수 있는 사람의 수가 점점 줄어들고 있어 안타깝다. 가벼운 인사라도 차모로어를 해보자.

안녕하세요	Hafa adai	하파다이	감사합니다	Si yuus mase	시 주스 마세
아침 인사	Buenas dias	부에나스 디아스	부탁합니다	Pot fabot	풋 파봇
저녁 인사	Buenas noches	부에나스 노체스	헤어질 때	Adios	아디오스
맛있다	Mannge	만네헤	네/아니요	Hunggan/Ahe	훈간/아헤
또 봐요	Esta agupa	에스타 아구파	얼마입니까	Kuanto	쿠안토

4. 상황별 기본 회화

▸▸ 공항에서

사이판행 비행기를 예약하고 싶어요.	I'd like to book a flight to Saipan.
예약을 변경하고 싶어요.	I'd like to change my reservation.
도착 시각은 언제예요?	What is the arrival time?
마일리지를 적립해 주세요.	Please add it to my mileage points.
신고할 물품이 있습니까?	Do you have anything to declare?
수하물 찾는 곳이 어디예요?	Where is the baggage claim area?
제 짐이 없어졌어요.	My luggage is missing.
한국 돈을 미국 달러로 바꾸고 싶어요.	I'd like to exchange Korean won to U.S. dollars.

▸▸ 기내에서

가방을 짐칸에 넣고 싶은데, 도와주세요.	I'd like to put my bag in the overhead compartment. Please help me.
저랑 자리를 바꾸실래요?	Would you like to change seats with me?
식사할 때 깨워주시겠어요?	Would you wake me up for meal time?
기내 면세품을 사고 싶어요.	I'd like to buy in-flight duty-free goods.
입국 신고서를 한 장 더 주세요.	Can I have one more arrival card?
베개와 담요를 주실래요?	Can I have a pillow and a blanket?

▸▸ 호텔에서

체크인하고 싶습니다.	I'd like to check in.
짐을 방까지 좀 들어주시겠어요?	Could you bring my luggage up to the room?
아침 식사는 언제 할 수 있어요?	When do you serve breakfast?
다른 방으로 바꿔주세요.	I'd like to change rooms, please.
온수가 나오지 않아요.	There's no hot water.
내일 아침에 모닝콜을 부탁해요.	I'd like to request a wake-up call tomorrow?

방에 열쇠를 두고 나왔습니다.	I've left my key in my room.
택시를 불러주세요.	Could you call me a taxi?
저녁까지 제 짐을 보관해 주실 수 있어요?	Could you keep my luggage until this evening?
영수증 주세요.	Could I get a receipt, please?

▸▸ 레스토랑에서

맛집을 추천해 주시겠어요?	Could you recommend a good restaurant?
이 근처에 한국 식당이 있어요?	Are there any Korean restaurants around here?
오늘 밤 7시에 두 사람 자리를 예약하고 싶어요.	I'd like to make a reservation for two at seven tonight.
어린이 의자가 있나요?	Do you have a high chair for children?
자리를 창가로 바꿔도 될까요?	Could we change to a window seat?
가장 추천하는 메뉴는 뭐예요?	What do you recommend here?
이 요리는 얼마나 걸려요?	How long does this take?
이 요리에 어울리는 와인을 추천해 주세요.	Please select a good wine for this meal.
이거 리필해 주세요.	Could I get a refill, please?
여기 남은 음식 포장해 주세요.	Can I get a doggie bag?

▸▸ 쇼핑할 때

DFS는 어느 방향이에요?	Which way is the DFS?
초콜릿 코너를 찾고 있어요.	I'm looking for the chocolate section.
가장 인기 있는 제품이 어떤 거예요?	What is the most popular?
이거 입어봐도 됩니까?	Can I try this on?
좀 더 큰 치수로 주세요.	I want a bigger size.
좀 깎아주세요.	Could you give me a discount?
이걸 교환하고 싶어요.	I'd like to exchange this, please.
환불해 주시겠어요?	Can I get a refund?

이 제품의 보증 기간은 얼마예요?	How long is the warranty?
신용카드로 계산해도 돼요?	Can I pay by credit card?
선물 포장을 해주세요.	Please gift-wrap it.
이것을 A호텔로 배달해 주세요.	Please deliver it to the A Hotel.

▸▸ 관광할 때

이 도시의 관광 명소는 어떤 것이 있어요?	What are the tourist attractions in this city?
무료 지도 있어요?	Do you have a free map?
입장료는 얼마예요?	How much is the admission fee?
프로그램과 가격표를 보여주세요.	Can I see the program and price table?
한국어 안내원이 있어요?	Do you have Korean guides?
학생 할인이 되나요?	Do you offer student discounts?
투어 프로그램은 시간이 얼마나 걸려요?	How long does the tour program last?
자유 시간이 있나요?	Do we get free time?
투어할 때 보험이 필요한가요?	Do I need insurance for this tour?

▸▸ 문제가 발생했을 때

이 근처에 병원이 있어요?	Is there a hospital nearby?
구급차를 불러주세요.	Call an ambulance, please!
차에 치였어요.	I was hit by a car.
다리가 부러진 것 같아요.	I think my leg is broken.
분실물 취급소는 어디에 있어요?	Where is the lost and found?
도와주세요! 가방을 잃어버렸어요.	Help! I lost my bag.
제 지갑을 소매치기당했어요.	My wallet was stolen.
신용카드를 분실했어요. 정지해 주세요.	I lost my credit card. I'd like to cancel it.
보험 회사를 연결해 주세요.	Can you get my insurance company?

INDEX

ㄱ

가라판 97

가라판 교회 & 종탑 99

그로토 106

ㄴ

나프탄 112

노스필드 활주로 200

누누 나무 226

누드 비치 202

ㄹ

라우라우 비치 102

래더 비치 111

로타 동굴 박물관 227

롱 비치 202

ㅁ

마나가하 아일랜드 96

마린 비치 105

마운트 카멜 성당 110

마이크로 비치 98

만세 절벽 108

ㅂ

버드 생추어리 222

버드 아일랜드 107

베테랑스 비치 225

북마리아나 제도 역사 · 문화 박물관 100

브로드웨이 200

블로 홀 201

비치로드 99

ㅅ

사바나 고원 225

산타 루데스 102

산호세 교회 종탑 198

산후안 비치 105

송송 빌리지 228

송송 빌리지 전망대 228

수수페 호수 110

슈거 킹 공원 100

스마일링 코브 마리나 98

스미요시 신사 203

스위밍 홀 224

ㅇ

아메리칸 메모리얼 파크 97

아스 맛모스 절벽 223
아슬리토 이착륙장 112
알라구안 베이 전망대 226
올드맨 바이 더 시 104
옵잔 비치 111
우시 십자가곶 199
원자폭탄 적하장 터 200
이스트베이 절벽 103
일본 제당소 & 기관차 229

ㅈ

자살 절벽(사이판) 108
자살 절벽(티니안) 203
제프리스 비치 104

ㅊ

최후 사령부 109
추가이 픽토그래프 동굴 224
출루 비치 199
치겟 비치 201

ㅋ

칼라베라 동굴 107
캐롤리나스 라임스톤 포레스트 트레일 202
존스(캐머) 비치 198
킬릴리 비치 111

ㅌ

타가 비치 197
타가 스톤 채석장 223
타가 우물 196
타가 하우스 196
타이핑고트산 229
타촉냐 비치 197
타포차우산 101
탱크 비치 105
테테토 비치 225
통가 동굴 227

ㅍ

파우파우 비치 109
포나 포인트 226
포비든 아일랜드 103

ㅎ

한국인 위령탑 199

저스트고 사이판

개정3판 1쇄 인쇄일 2023년 11월 17일
개정3판 1쇄 발행일 2023년 11월 30일

지은이 김정원
발행인 윤호권
사업총괄 정유한

편집 이정원 **디자인** 표지 김효정 본문 전애경 **마케팅** 정재영 · 김진규
발행처 ㈜시공사 **주소** 서울시 성동구 상원1길 22, 7-8층(우편번호 04779)
대표전화 02-3486-6877 **팩스(주문)** 02-585-1755
홈페이지 www.sigongsa.com / www.sigongjunior.com

ISBN 979-11-7125-234-3 (14980)
ISBN 978-89-527-4331-2 (세트)

*시공사는 시공간을 넘는 무한한 콘텐츠 세상을 만듭니다.
*시공사는 더 나은 내일을 함께 만들 여러분의 소중한 의견을 기다립니다.
*잘못 만들어진 책은 구입하신 곳에서 바꾸어 드립니다.